U0237523

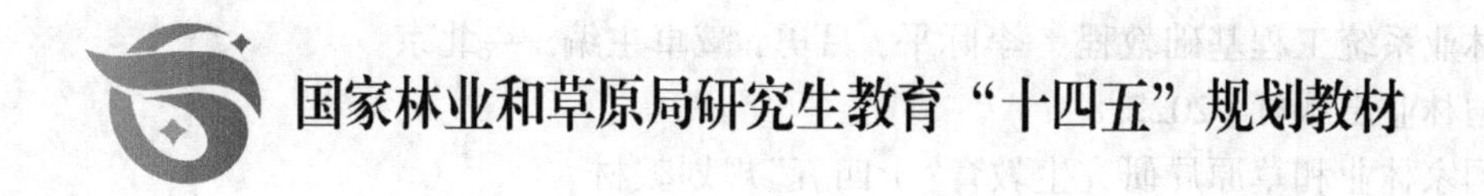

林业系统工程基础教程

李际平　吕　勇　臧　卓　主编

中国林業出版社
China Forestry Publishing House

图书在版编目(CIP)数据

林业系统工程基础教程 / 李际平，吕勇，臧卓主编. —北京：中国林业出版社，2022.8

国家林业和草原局研究生教育“十四五”规划教材

ISBN 978-7-5219-1802-1

Ⅰ. ①林…　Ⅱ. ①李…　②吕…　③臧…　Ⅲ. ①林业-系统工程-高等学校-教材　Ⅳ. ①S7

中国版本图书馆 CIP 数据核字(2022)第 148784 号

中国林业出版社教育分社

策划编辑：肖基浒　　**责任编辑**：肖基浒　王宇瑶

电话：(010)83143555　　**传真**：(010)83143516

出版发行　中国林业出版社(100009　北京市西城区刘海胡同 7 号)

E-mail：jiaocaipublic@ 163. com　　电话：(010)83143120

http：//www. forestry. gov. cn/lycb. html

经　　销　新华书店

印　　刷　北京中科印刷有限公司

版　　次　2022 年 8 月第 1 版

印　　次　2022 年 8 月第 1 次印刷

开　　本　850mm×1168mm　1/16

印　　张　13.25

字　　数　337 千字

定　　价　45. 00 元

序

生态文明建设是关系人民福祉和民族未来的大计，是实现中华民族伟大复兴的重要内容。以2015年中共中央、国务院发布的《关于加快推进生态文明建设的意见》为标志，我国生态文明建设进入关键时期。习近平生态文明思想是这个建设时期的基本指南，其中的人与自然和谐共生、绿水青山就是金山银山、山水林田湖草沙生命共同体等要点，为现代林业创新发展绘制了一幅宏伟的蓝图，也是指导面向新时代森林经营的最高指南。人与自然和谐共生的新发展理念要求林业要践行取之有度用之有节的、寻求人力与自然力协同作用的近自然森林经营模式；“绿水青山“就是指“良好的森林生态系统状态”，“金山银山”与“森林的多种生产和服务功能”是同一概念的不同表述，森林生态系统多功能经营就是落实总书记“两山理论”的林业发展模式，“人的命脉在田、田的命脉在水、水的命脉在山、山的命脉在土、土的命脉在树”的山水林田湖草沙生命共同体思想，指出了森林和树木状态决定着土壤发育进程、土壤发育决定着山林水源涵养能力、水源涵养能力决定着江河田园保持风调雨顺的民生福祉，表达出陆地生态系统内部山水林田湖草沙各个要素之间物质—能量依存和转换关系的本质，展示出林业是建设良好生态的源头和民生福祉的依托。这些要求都推动着林业向着以良好的森林生态系统为目标的新型多功能近自然全周期经营的技术系统进步，需要不断引入系统科学与系统工程的理论和技术来支撑这个创新发展。

系统工程是应用系统思想与定性和定量的系统方法相结合来处理复杂大系统的分析、规划、设计、决策和实施，并不断地进行反馈控制和调整等问题的技术学科。林业系统工程就是以森林生态系统为对象，应用系统工程的原理和方法来科学地管理森林资源和生态系统、合理地组织林业生产过程、以获得最优化发展过程和最佳综合效益的一门工程技术学。林业系统工程是解决森林生态系统经营涉及的跨学科、跨领域、长周期复杂性系统问题的有效手段，用系统工程的原理和方法来合理组织森林经营、科学管理森林资源和生态系统、统筹山水林田湖草的过程优化管理，是通过建设“绿水青山”的良性森林生态系统而实现“金山银山”多功能林业发展的重要技术手段。

我国林业系统工程学科自20世纪80年代中期以中南林业科技大学为依托、在许国祯教授领导下发展起来的。许国祯教授领导的团队将系统工程理论与实践引入林业领域，编著了中国高校第一本《林业系统工程》教材。1992年9月成立的中国系统工程学会林业系统工程专业委员会也一直挂靠在中南林业科技大学(原中南林学院)的林业系统工程研究室。进入21世纪以来，中南林业科技大学的李际平教授团队传承了徐国祯教授的林业系统思想和方法，一直致力于林业系统工程的理论技术研究和人才培养教学，并于2006年出版了《林业系统工程基础》高校教材，丰富了林业系统工程的相关课程，培养了大量林业系统工程人才，有效推动了林业系统工程的发展。经过多年来的教学实践，以李际平教授为首的团队以服务于国家生态文明建设需要和推动林业建设进入社会主义新发展阶段为己任，针对林业的开放性复杂巨系统特征开展了大量定性和定量的研究探索工作，进一步丰富了发展这个复杂巨系统的科学方法论和系统工程学，积累了大量宝贵的教学经验和社会实践资料，在《林业系统工程基础》教材的基础上，由李际平教授主持、吕勇教授和臧卓副教授主笔，重新编写了这个新版的《林业系统工程基础教程》。该书作为国家林业和草原局研究生教育"十四五"规划教材建设的计划项目提出，更为系统深入地介绍了林业系统工程的形成与发展、概念与特性等经典系统工程的学科内容，并在多个方向上都有进一步的创新突破，系统工程方法论方面深入介绍了霍尔系统工程三维结构和系统分析方法等系统工程方法论，系统建模和模型求解方面基于 LINDO/LINGO 系统工程专用软件技术讲解了主流优化模型的建模方法与模型求解方案，在系统动力学、系统分析评价、系统决策分析等方面都有理论与实际结合的应用发展，为林业进一步研究解决森林生态—经济的复杂大系统问题提供了有益的参考，是一本优秀的林业院校参考教材，也是适合林业工作者、研究者阅读学习的参考书。我们相信该书的出版将对林业在践行人与自然和谐共生之生态文明思想指导下的创新发展有积极的推动作用。

2021 年 12 月于北京

前　言

当代科学技术发展突飞猛进，现代林业建设进入了一个崭新阶段，林业系统工程也获得快速发展。人们从社会实践中，深化了对森林、林业的认识，森林问题和林业问题是涉及自然、经济、社会、文化等多个方面的问题，是一个带有系统性或社会性的复杂问题。对于林业这个开放的复杂巨系统，只有把人们的认识，从定性到定量综合集成起来，才能形成认识和改造复杂巨系统的方法论。

2006年，根据“湖南省高等教育21世纪课程教材建设项目确定的教材编写规划”，我们出版了《林业系统工程基础》(李际平等编著，国防科技大学出版社出版)，该书一直被中南林业科技大学的林学专业、资源环境管理与城乡规划专业、土地资源管理专业以及全国大部分农林院校的林学专业作为参考教材，使学生受到了系统的、科学的思维方式的训练，提升了同学们综合应用系统工程的理论、方法和林学专业的基本理论及知识去解决林业实际问题的能力，效果显著。经过十多年来的教学实践，我们又积累了大量的教学经验和社会实践成果，有必要对2006年出版的《林业系统工程基础》进行修订和完善。因此，根据国家林业与草原局普通高等教育“十四五”规划教材建设项目确定的教材编写计划，在该教材的基础上，我们调整结构、组织内容，增加了主要系统模型相应的软件或程序，丰富了林业实践应用案例，重新修订出版《林业系统工程基础教程》，使之更能适合于相关专业本科生与研究生的分类教学。

《林业系统工程基础教程》由中南林业科技大学李际平、吕勇和臧卓编写完成。全书共分8章。第1章绪论，主要介绍系统思想的产生、系统工程的产生与发展、林业系统工程的产生与发展；第2章林业系统工程概述，主要介绍系统、系统工程、林业系统工程的概念与特性；第3章系统工程方法论，重点介绍霍尔系统工程三维结构和系统分析方法论；第4章结构模型化技术与系统诊断，重点介绍解析结构模型和系统诊断模型的建模方法与应用；第5章系统模型，主要介绍系统模型的概念、主要优化模型的建模方法与步骤、LINDO/LINGO软件的使用方法；第6章系统动力学，着重介绍系统动力学的理论、方法和应用实例，并介绍了Vensim系统仿真平台；第7章系统评价原理与方法，着重介绍系统评价的理论、系统评价主要方法和系统评价步骤；第8章决策分析，论述决策分析的基本理论、决策方法以及决策支持系统。

本书可作为高等院校林学及相关专业本科生和研究生教材，书中标“*”的章节建议作为研究生的授课内容。本书也可作为林业系统各级管理人员、工程技术人员、企业领导干部和广大企业家的参考书或培训教材。

在本书的编写过程中承蒙许多林业系统工程工作者的大力支持和帮助，特别是中国系统工程学会林业系统工程专业委员会主任委员陆元昌研究员对本书的编写提出了许多宝贵的意见和建议，并为本书写了序；在该书的计划、编写和出版过程中得到了中南林业科技大学研究生院、林学院的大力支持，在此表示衷心感谢。

林业系统工程是一门尚在发展的新兴交叉科学，涉及的知识面非常广泛，应用领域众多。本书内容虽是多年的科学研究和教学实践的成果总结，但限于编者的水平，书中不妥和错漏之处仍在所难免，敬请广大读者批评指正。

编 者

2021 年 10 月

目　录

第1章
绪　论

随着科学技术的快速发展，人类在研究自然、社会、工程、经济、国防等领域的许多问题时，仅仅依靠单一的知识储备和技术手段已经无法满足当前的需要。而系统工程的理论体系和思想方法是解决跨学科、跨领域等大型复杂问题的有效手段。虽然系统工程这门学科在第二次世界大战后才逐步形成，但是系统及系统工程思想早在人类漫长的社会实践中就已逐渐产生。

系统思想经历了从经验到哲学再到科学，从思辨到定性再到定量的发展过程，最终形成了当今从总体上研究各类系统共性规律的科学。进入20世纪以来，人类社会实践越来越丰富，也越来越复杂，突出表现在活动空间范围越来越大，时间尺度变化越来越快，层次结构越来越复杂，效果和影响越来越广泛和深远。随着科学技术的发展，系统论、系统学、运筹学、控制论、信息论等提供了思想理论基础和方法，数学和计算机技术等能提供定量化的技术和手段。正是这种社会实践的需要和在科学技术上的可能，在系统科学体系的应用层次上产生了系统工程。

系统工程是利用一切可以利用的思想、理论、技术、模型和方法将系统状态由现状层提升到目标层的一种综合性方法。近半个世纪以来，系统工程在社会、经济、区域规划、环境生态、能源、水利、交通、农业、林业、科技、教育、军事等各个领域和部门得到了迅速发展和广泛应用。林业系统工程就是基于系统科学和林业科学理论，以林业系统为研究对象，综合应用系统工程的原理和方法，以实现林业的可持续发展为目标的一门新兴交叉学科，应用越来越广泛和深入，其理论和技术正在不断发展和完善。

1.1　系统思想的产生

系统是自然界和人类社会中一切事物存在的基本方式，各种各样的系统组成了我们所在的世界。系统无处不在，形形色色，如太阳系、银河系；社会系统、经济系统、生态系统；分子系统、原子系统、基本粒子系统等。系统有大有小：生物圈是一个系统，一滴水也可以看成一个系统；一个企业是一个系统，一部机器也是一个系统；整个社会是一个系统，一个行政组织也是一个系统，单独的一个人也可以看成一个系统；“山水林田湖草”是一个系统，森林也是一个系统，林分是一个系统，单株树木也可以看成一个系统。

20世纪初，“系统”(system)从一个日常用语演变成一个科学术语，成为系统科学的研究对象。系统科学就是以系统为研究对象，用系统论、系统学、系统工程技术来认识系统的概念和范畴，研究系统的要素、结构、层次、功能、特性及分类等内容，并在时空上探索系统动态发展的一般规律。

科学的系统思想形成于20世纪中叶。系统思想(system thought)的基本涵义是：关于事物的整体性观念、相互联系的观念、演化发展的观念。

系统观念源远流长，其概念来源于古代人类社会实践经验。

【例1-1】都江堰水利工程

战国时期(公元前256年)，秦国蜀郡太守李冰和他的儿子，主持修建了驰名中外的都江堰水利工程，该工程包括三大主体工程：

(1)“鱼嘴”岷江分水工程

“鱼嘴”是指分水堤，长约3000 m，宽处约300 m，把岷江水一分为二，并实现其四六分水。丰水季节内江四成灌溉，外江六成分洪；枯水季节则相反，内江六成灌溉，外江四成分流。利用放流原理，把沙石排入外江。

(2)“飞沙堰”分洪排沙工程

“飞沙堰”长300 m，高2 m，是用笼石砌成，当水位超过“水则”警戒线时，洪水或翻越或冲堤堰直接进入溢洪道，同时排走90%以上的沙石，起到防洪、排沙、减灾的作用。

(3)“宝瓶口”引水工程

“宝瓶口”位于内江总干渠前端，紧扼内江的咽喉，呈倒梯形，平均宽20 m，石劈上刻有观察水位的“水则”，实行限量进水，使多余的水进入溢洪道。

这三大主体工程，加上120个附属渠堰工程，巧妙地形成一个整体工程。鱼嘴、宝瓶口、飞沙堰三大工程相辅相成，密切配合，共同达到自动引水分流、自动调控两江流量、自动防洪排沙的作用。该工程不仅在施工时期有一套管理办法，而且建立了持续不断的岁修养护制度。每年按规定淘砂修堤，使工程经久不衰。至今两千多年，灌区已达30余县市，灌溉面积扩大到近千万亩，成为世界古代史上科学治水的伟大创举和一大奇观，是中华民族文明史上可以与长城比肩而立的伟大工程。都江堰水利工程被列为著名的世界历史遗产。该工程体现了完整的整体观念、优化方法和开放的发展的系统思想，即使用现在的观点来看，仍不愧为一项宏伟的系统工程建设的典范。

【例1-2】中国长城

万里长城的修筑，贯穿了系统思想。从设计和规划的系统性来看，一万多里的地域、高山峻岭、深谷流沙，为抵抗匈奴的骚扰，从疆土整体性出发，设计、修筑出完整的防御体系；从长城的结构组成来看，“五里一隧(古代告警的烽火、小放哨)、十里一墩(小哨所)、三十里一堡(小驻站)、百里一城(大驻站)”等形成严密的结构与有机联系；从施工方法来看，借助地形特点，就地取材，用夯土筑成，城墙有防碱夹层设计，历数千载仍能保存，体现施工过程的优化；从长城的整体效能来看，在当时幅员辽阔、绵延万里的疆域设置一系列烽火台，从整体结构、相互联系、信息传递到快速决策，形成了一个完整的防御系统。

【例 1-3】丁渭修皇宫

北宋真宗年间(公元 1015 年)，皇城失火，宫殿烧毁，宋真宗派大臣丁渭主持皇宫修复工程。丁渭经过通盘筹划，提出了一个施工方案：首先将皇宫前的大街挖成大沟，取土烧砖，省去远处运土；然后把汴水引入大沟，用水路运输建筑材料，使工程顺利进行；皇宫修好后，将碎砖废土填入沟中，修复大街。此方案使烧砖、运料、处理废物三项繁重的工程任务从空间上、时间上最巧妙地结合起来，得到最佳解决，是“一举三得”的最优方案。

【例 1-4】田忌赛马

公元前 600 年，齐威王和大臣田忌赛马，分别从百马群中挑一、二、三等马各一匹，分别进行比赛，赢者得千两金。齐王的上、中、下马相应比田忌的上、中、下马都好，如果采用“上→上、中→中、下→下”策略，田忌肯定输。谋士孙膑给他出了一个策略：以自己的下马→齐王的上马，输；自己的上马→齐王的中马，赢；自己的中马→齐王的下马，赢。田忌采纳孙膑的排列组合法，改变出马的顺序，以三战两胜赢了齐王。

由此可见，我国古代在农业、水利、工程、军事思想等方面的成就和知识，都反映了朴素的系统概念在古代人类社会实践中的自觉应用，而且朴素的系统概念，在古代的哲学思想中就有所反映。古希腊的唯物主义哲学家德谟克利特(Democritus，约公元前 467—前 370 年)就曾论述过“宇宙大系统”，他在物质构造的原子论基础上，认为原子组成万物，形成不同系统层次的世界。古希腊的著名学者亚里士多德(Aristotle，公元前 384—前 322 年)关于事物的整体性、目的性、组织性的观点以及关于构成事物的目的因、动力因、形式因、质料因的思想，可以说是古代朴素的系统观念。我国春秋末期思想家老子就曾阐明自然界的统一性，用自发的系统概念观察自然现象。古代朴素唯物主义哲学思想强调对自然界整体性、统一性的认识，把宇宙作为一个整体系统来研究，探讨其结构、变化和发展，以认识人类赖以生存的大地所处的位置和气候环境变化规律对人类生活和生产的影响。例如，在西周时代，就出现了用阴阳二气的矛盾来解释自然现象，产生了“五行观念”，认为金、木、水、火、土是构成世界大系统的五种基本要素。在东汉时期，张衡提出了“浑天说”。现代耗散结构理论的创始人普利高津(I. Prigogine)在《存在到演化》一文中指出：“中国传统的学术思想是着重于研究整体性和自发性，研究协调和协和。”但是，当时都缺乏对这一整体各个细节的认识能力，正如恩格斯在《自然辩证法》中指出：“在希腊人那里——正因为他们还没有进步到对自然界的解剖、分析——自然界还被当作一个整体而从总的方面来观察。自然现象的总联系还没有在细节方面得到证明。”直到 15 世纪下半叶，近代科学开始兴起，近代自然科学发展了研究自然界的分析方法，包括实验、解剖和观察，才把自然界的细节，从总的自然联系中抽出来，分门别类地加以研究。这就是哲学史上出现的形而上学的思维方法。19 世纪上半叶，自然科学取得了巨大的成就，特别是能量转化和细胞的发现及进化论的建立，使人类对自然过程的相互联系的认识有了很大的提高。马克思、恩格斯的辩证唯物主义认为，物质世界是由许多相互联系、相互依赖、相互制约、相互作用的事物和过程所形成的统一整体。这也就是系统概念的实质。当然，现代科学技术对于系统思想的发展是有重大贡献的。系统思想是进行分析和综合的辩证思维工具，它在辩证唯物主义中汲取了丰富的哲学思想，在运筹学、控制论、各门工程学和社会科学中获得定性与定量相结合的科学方法，并通过系统工程充实了丰富的实践内容。

概括地说，系统思想是进行分析与综合的辩证思维工具，它在辩证唯物主义中取得了哲学的表达形式，在运筹学等学科中取得了定量的表达形式，在系统工程那里获得了丰富的实践内容。古代中国和古希腊朴素的唯物主义自然观(以抽象的思辨原则代替自然现象的客观联系)；近代自然科学的兴起，以及由此产生的形而上学哲学自然观(把自然界看作彼此不相依赖的各个事物或各个现象的偶然堆积)；19 世纪自然科学的伟大成就，以及建立在这些成就基础之上的辩证唯物主义自然观(以实验材料来说明自然界是有内部联系的统一整体，其中各个事物、现象是有机地相互联系、相互依赖、相互制约着的)；20 世纪中期现代科学技术的成就，为系统思想提供了定量方法和计算工具；这就是系统思想如何从经验到哲学再到科学、从思辨到定性再到定量的大致发展情况。

1.2 系统工程的产生与发展

1.2.1 系统工程的产生背景

第二次世界大战后，科学技术迅猛发展，社会经济空前增长，同时资源遭到过度开采，生态环境严重恶化。人们面临着越来越复杂的大系统的组织、管理、协调、规划、计划、预测和控制等问题。这些问题的特点是空间活动规模上越来越大，时间变化越来越快，层次结构越来越复杂，影响越来越深远和广泛。要解决这样高度复杂的问题，单靠人的经验已显得无能为力，必须采用科学的方法。此时，信息科学和计算机的发展又大大提高了信息的收集、存储、传递和处理的能力，为实现科学的组织和管理提供了强有力的手段。系统工程正是在这样的情况下，首先从军事和大型工程系统的研制中产生并逐渐发展起来。

美国贝尔电话实验室在 1940 年开始建立横跨美国东西部的微波中继通信网时，就充分利用当时的科学技术成就来规划和设计新系统。1951 年正式把研制微波通信网的方法命名为系统工程。

1945 年，美国国防部和科学研究开发署与道格拉斯飞机公司签订了称为“兰德计划”的合同，为美国空军研究洲际战争形态，提出了有关技术和设备的建议。1950 年以后，兰德公司已演变为一个非营利的咨询机构，该公司在积累多年的研究经验基础上创立的系统分析以及规划计划预算编制法等得到了广泛应用。

1958 年，美国海军特别计划局在执行“北极星”导弹核潜艇计划中发展了控制工程进度的新方法，使“北极星”导弹提前两年研制成功。这些方法用网络技术来进行系统管理，可在不增加人力、物力和财力的情况下使工程进度提前、成本降低。

1961 年，美国开始实施由地面、空间和登月三部分组成的阿波罗工程，并于 1972 年成功结束。在工程高峰时期有 20 000 多家厂商、200 余所高等院校和 80 多个研究机构参与研制和生产，总人数超过 30 万人，耗资 255 亿美元。完成阿波罗工程不仅需要火箭技术，还需要了解宇宙空间和月球本身的环境。为此美国国防部又专门制订了“水星”计划和“双子星座”计划，以探明人类在宇宙空间飞行的生活和工作条件。为了完成这项庞大和复杂的计划，美国航空航天局成立了总体设计部以及系统和分系统的型号办公室，以便对整个计划进行组织、协调和管理。在执行计划过程中自始至终采用了系统分析、网络技术和计算机仿真技术，并把计划协调技术发展成随机协调技术。由于采用了成本估算和分析技术，这项史无前例的庞大工程基本上按预算完成。阿波罗工程的圆满成功使世界各国开始接受系统工程。

1.2.2 系统工程的发展历史

系统工程的发展历史大致分为萌芽、发展、初步成熟三个阶段：

(1)萌芽阶段(1940—1956年)

1940年，美国贝尔电话公司与丹麦哥本哈根电话公司研究电话的自动交换机时运用了排队论的原理，系统分析观点和方法处理问题，并首先提出了系统工程(systems engineering)这个名词。第二次世界大战期间出现了运筹学，开始应用于大规模军事系统，如英国制订作战计划、防空雷达的配置与应用、护航队的编制、反潜艇作战方案的制定。1944年，美国陆军建立了自动化防空火炮系统：雷达自动搜索→跟踪目标→带动高炮群→自动对准飞行中的敌机→自动计算出炮弹发射方向，以便准确地接近目标→自动装填定时起爆引信→带动炮弹自动上膛和击发→直到敌机被击落或逃走。1945年，美国空军建立兰德(RAND)公司，将系统工程的理论、方法、技术用于航天国防、计算机等领域。1950年，麻省理工学院试验系统工程学的教育；1954年，开创了系统分析。1956年，美国个别杂志上发表了有关文章。20世纪50年代，系统工程在军事上得到广泛应用。

(2)发展阶段(1957—1964年)

1957年，美国密执安大学的古德(H. Goode)和麦考尔(R. E. Machol)出版了《系统工程》。1958年，美国在北极星导弹的研究中首先采用了计划评审技术(PERT)，把系统工程推进到管理领域。20世纪60年代初，美国成立系统科学委员会，出版大量关于系统工程理论研究和应用的书籍。

(3)初步成熟阶段(1965—)

1965年，美国密执安大学的学者麦考尔编写《系统工程手册》，概括了系统工程的各个方面：方法论、系统环境、元件、理论、技术、系统数学等，使系统工程学成为一个比较完善的体系，理论上日趋完善。系统工程的研究从基础理论到工程应用，从自然界到人类社会、经济等多个领域。1969年，阿波罗登月成功，被公认为是系统工程成功的范例，引起人们对系统工程的广泛重视。1972年，在美国成立了国际应用系统分析研究所。

1969年，比利时物理化学家普利高津提出耗散结构理论(dissipative structure theory)。同年，德国物理学家哈肯(H. Haken)提出了协同学(synergetics)。

耗散结构理论和协同学从宏观、微观以及两者的联系上回答了系统自己走向有序结构的基本问题，两者都被称为自组织理论。

20世纪80年代以来，非线性科学(nonlinear science)和复杂性科学(complexity science)的兴起对系统科学的发展起了很大的积极推动作用。系统工程理论研究和实践应用，世界各国发展的道路不尽相同。

美国的系统工程是从运筹学基础上发展起来，20世纪70年代已有系统工程师17.5万人。日本从美国引进系统工程学理论，通过质量管理发展起来，1975年系统工程师达11

万人。苏联是从控制论的基础上发展起来的。虽然世界各国系统工程发展的道路不同，但目标一致，都是谋求总体最优。

1.2.3 系统工程在中国的发展

系统工程在中国的发展是20世纪50年代从推广应用运筹学开始的。当时，形成这样一个认识：我国有计划按比例的经济建设十分需要运筹学。1954年中国科学院力学研究所建立了我国第一个运筹学研究所，1960年与中国科学院数学研究所的运筹学研究室合并，成为数学研究所的运筹学研究室。华罗庚从六十年代初大力推广“统筹法”，与此同时，我国国防尖端技术科研工作的总体设计、组织等方面成功运用了系统工程的理论和方法，取得了丰富的实践经验。1978年9月，钱学森、许国志、王寿云在《文汇报》发表了“组织管理的技术——系统工程”，提出了利用系统思想把运筹学和管理学统一起来的见解，在全国产生了强烈的反响，这是我国推广应用系统工程出现新局面的标志。1979年10月在北京举办了系统工程讨论会，会上国内21名知名科学家联合向中国科协倡议成立中国系统工程学会。1980年11月中国系统工程学会在北京成立，由自然科学领域的科学家钱学森和社会科学领域的经济学家薛暮桥担任名誉理事长，从此我国系统工程的研究和应用进入一个新的阶段。40年来，中国系统工程学会先后成立了29个专业委员会和6个工作委员会。学会每两年召开一次全国性学术年会，组织本学科及相关学科开展学术交流，重要学术课题的探讨和研究，提高系统工程学科水平。

1.3 林业系统工程的产生与发展

1.3.1 林业系统工程的产生背景

林业系统工程(system engineering of forestry)是从农业系统工程的农、林、牧、副、渔、工、商协调发展中作为一个子系统提出来的。1980年以来，农业系统工程得到迅速发展，林业系统工程也逐渐发展成熟。

中国最早于20世纪60年代开始系统地、有组织地将系统工程应用于军事部门，20世纪70年代中期，钱学森等发表了《组织管理的技术——系统工程》，推动了中国系统工程的全面发展。20世纪80年代初，在钱学森的直接领导下，全国蓬勃开展了农业系统工程理论研究和应用。1980年，杨挺秀(中国科学院)、张象枢(中国人民大学)、周曼殊(国防科技大学)等教授倡议成立农业系统工程研究会筹备组。1981年9月，在长沙举办全国第一期农业系统工程培训班，之后在湖南、黑龙江、山西、安徽、四川、福建等地共举办过10期全国农业系统工程培训班，共培训1100多名学员；全国各省、市、县共办培训班200多期，培训学员1万多名，在全国开展大量理论研究和实践应用工作。1985年7月18日，在山西太原正式成立全国农业系统工程学会，召开第一届年会，并于1987年、1989年、1993年分别在吉林靖宇县、河南中牟县和湖南长沙市召开第二届、第三届和第四届学术年会。80年代末及90年代初，在全国370多个省、市、县用系统工程方法进行总体规划设计，成果达1000多项，例如：黑龙江海伦县；湖南桃源县、浏阳县、桂东县；山东长清县；宁夏固原县上黄村等。

我国林业系统工程也是在20世纪80年代发展起来的。1981年，林业界老前辈沈鹏飞教授(华南农业大学)最先提出应用系统工程的理论和方法研究森林经理工作。1982年，中南林学院徐国祯教授发表《森林经理与系统工程》引起全国林业工作者的极大兴趣。1984年，中南林学院首先成立林业系统工程研究室。1984年9月，在长沙举办了全国第一期林业系统工程学习班。1986年和1987年分别举办了全国第二期、第三期林业系统工程学习班。此外，在山西、云南、辽宁、福建、广东等省多次举办过短训班，北京林业大学、东北林业大学、中南林业科技大学等农林院校先后开设了林业系统工程课程或专题讲座。1992年，《林业系统工程》教材由中国林业出版社首次出版，并于1994年获林业部优秀教材二等奖。

1991年9月，中国系统工程学会(SESC)林业系统工程专业委员会在湖南株洲成立。中国系统工程学会是国家一级学会，独立社团法人，中国科学技术协会成员，1979年由钱学森、宋健、关肇直、许国志等21名专家、学者共同倡议并筹备，1980年11月18日在北京正式成立。至2020年年底有专业委员会27个，林业系统工程专业委员会是其中之一。1987年，经中国系统工程第五届年会理事会批准，同意成立了林业系统工程专业学组(筹)；1990年，中国系统工程学会第六届年会再次确认筹组林业系统工程专业委员会。1991年，在中国系统工程学会的指导下，且在林业部科技委的支持与组织下，筹建林业系统工程专业委员会。同年9月，在湖南省株洲市正式召开全国首届林业系统工程学术讨论会暨林业系统工程专业委员会(筹)成立大会，选举产生了以董智勇为理事长、徐国祯为常务副理事长、王永安为秘书长、49位理事组成的理事会，讨论并通过了本专业委员会章程。1992年10月15日，经中国系统工程学会第三届二次理事会批准正式成立。中国系统工程学会林业系统工程专业委员会挂靠中南林业科技大学(原中南林学院)林业系统工程研究所。董智勇、粟显才、张蕾(女)、陆元昌相继担任主任委员。中国系统工程学会林业系统工程专业委员会机构宗旨：组织和团结广大林业科技工作者，开展林业系统工程的研究和推广应用。围绕我国现代林业的热点和重大问题，运用林业系统工程的思想、理论和方法，努力寻找解决林业这个开放的复杂巨系统问题的方法，在林业生态建设、林业经济建设、林业产业发展、林业改革推进中，把系统工程思想与方法运用到林业的各项工作中去，并不断总结、不断提高、不断创新，为林业管理部门、林业企事业单位提供科学的决策方案和对策建议。

1.3.2　林业系统工程研究的内容与实践

(1) 林业系统工程研究的必要性

森林是一个开放的复杂巨系统，林业是一类社会—经济—生态复合经营系统。因此，林业研究的对象涉及人口、资源、环境和社会、经济、生态各个方面，加上林业生产的特点，尤其需要用系统工程的原理和方法来合理组织森林经营、科学管理森林资源，统筹山水林田湖草，以实现森林可持续经营与林业可持续发展。所以，林业系统工程是现代林业发展的必然要求。

林业系统工程既是现代林业发展的客观需要，又是林业生产实践的经验教训的总结。过去，我们一方面对森林和林业的特点认识不足，观念陈旧，特别是缺乏系统的观念；另一方面在思想方法上又犯了形而上学的简化论错误。现代林业已不再是简单的植树造林，伐木取材，而是充分发挥森林资源的多种功能和多重价值，不断满足社会多样化需求的可持续发展的林业，是生态化、产业化、社会化、综合化的林业。它既是国民经济的一项基础产业，又是一项社会公益事业，具有公益性、市场性、协调性、高效性和开放性等基本特征。所以，现代林业的发展要求现代的科学、技术和管理，特别是现代化的组织管理。例如，把林业生产的各个环节，从时间上、空间上、时空结合上组织起来，实现决策民主化、科学化、制度化；同时，需要从方针、政策、资金、技术、人才、法律、行政等方面配套治理；还需要依靠林权制度的改革、运行机制的优化、经营方式的转变。另外，现代林业的研究对象已经从木材、森林生态系统转变为开放的复杂巨系统，它涉及许多领域，如生物工程、生态工程、环境工程、企业管理、区域规划、流域治理、森林保护等，也需要把林业系统的内外关系理顺理通，建立起合理的层次结构、功能目标，需要采取多学科、多部门协同作战及定性与定量综合集成的方法，这也正是系统工程的优势所在。

所以，现代林业从概念开发上采取一种系统思维方式，在方法论上应用系统工程的原理和方法，已被实践所证明是非常必要的。作为生态系统工程、社会系统工程、产业系统工程、环境系统工程的现代林业，需要系统工程来解决所面临的系统性、复杂性、不确定性问题。

(2) 林业系统工程研究的主要内容

作为一种先进的思维方式和科学方法论，系统工程可以应用到林业建设的各个方面，特别是在林业规划决策的民主化、科学化和制度化方面。归纳起来，林业系统工程研究的内容主要体现在以下几个方面：

①森林资源管理系统工程　利用电子计算机技术和模型技术可以模拟森林资源动态变化、林业生产结构优化的过程。特别是通过系统动态仿真模型的应用，把森林资源动态变化和林业生产结构的调整与林业发展的政策研究结合起来，对森林资源的系统管理和林业生产结构的调整起到很大的作用。在广东雷州林业局取得了良好的效果，其初步成果有：雷州林业局系统诊断模型，雷州林业局战略思想与战略开发，雷州林业局林业区划与土地利用规划聚类分析模型，雷州林业局林种、树种结构优化模型，雷州林业局以林为主、多种经营优化结构模型，雷州林业局综合利用优化结构模型，雷州林业局森林资源动态仿真模型，雷州林业局成本效益分析，雷州林业局林业生产结构系统动力学模型，林业决策支持系统模型。

②林业生态系统工程　应用生态学和经济学原理模拟生态系统，建成新的生产工艺体系——生态系统工程，通过精密的结构布局，充分利用有限的空间，发挥生物物种各自的生理生态学特性，并有效占据现有生态位，从而最大限度地增加单位空间生物量。例如，多层次的农林间作，茶胶间作(广东)、农桐间作(河南兰考)等多种形式的农林复合系统以及林、参、药人工生态系统(吉林靖宇)等。此外，适应不同坡度、土层而建立的农、林、牧、水综合生产体系，可以取得最好的环境效益和经济效益。运用系统工程的原理和方法可以把我国传统的农林间作制提高到系统科学和系统工程的水平，对促进农林业经济发展有十分重大的意义。

新技术革命的另一个重要特征就是使林业发展向综合化、多途径方向发展，而技术的多样化必然又导致各种新产业的兴起。例如，利用生物有机循环形成的人工生态系统，充分利用遗传工程、细胞工程、酶工程和微生物工程等现代生物技术，可以为人类获得多种理想的农、林产品，从而形成新的产品体系。该技术非常适合小规模、小范围的家庭经营，还可促进林业生产的专业化、企业化发展，因而有人称为“农家系统工程”。因此，建立在新技术革命基础上的知识密集型林业生产技术体系将大大不同于以使用大量石油、化肥、农药为特点的资金、劳力、能源密集型的大型农、林业。根据我国人多地少、山地占很大比重的特点和我国农民习惯沿用传统农业的生产经营方式，建立起以分散、小型、集约化为特点的“四旁”林业、庭园林业、生态林业，有着十分广阔的前景，并使农村家庭经济的发展转移到依靠最新科学技术上来。

③林业产业系统工程　林业既是一项公益事业，又是国民经济的基础产业。在全面落实科学发展观，建立资源节约型和环境友好型社会，在既要发展经济又要保护生态环境的要求下，林业承担着生态建设和林产品供给的双重任务。生态要保护、要建设，离不开林业产业这个经济基础，林业产业的发展也必须建立在生态经济良性循环的基础上，所以新型的林业产业必然是系统化的林产业，是“知识密集型的林产业”(钱学森，1985)。把林产业作为林业复合生态系统中的一个主导产业，必须协调好国民经济各方面的关系，以及林业内部各方面的关系，只有这样，才能使得林业为生态建设、循环经济、和谐社会做出应有的贡献。

④林业区域发展系统工程　在大农业区划的基础上，对林业从生态和经济两个方面研究林业地域差异性，采取“因地制宜、分类指导、统筹兼顾”的原则，研究林业生产中局部和整体、当前和长远、经济和生态、林业与其他国民经济部门的关系，并对土地利用规划和生产结构组建、林业生产现阶段生产关系与生产力相适应、林业部门的产业结构和发展商品经济等问题，通过建立多种数学模型，从定性到定量地获得各种备选方案，形成了林业调查—系统诊断—战略研究—林业区划—总体规划—项目规划—组织实施的区域发展规划系统工程，为林业决策科学化、民主化、制度化提供了坚实的基础。如在湖南的安化、永顺、桂东，浙江的临安，山西的应县等都进行了此项工作。

⑤林业的社会组织管理系统工程　在处理人口、资源、环境，生态、经济、社会各种关系时，林业也是一个以人为主体，涉及社会经济和自然生态方方面面的问题的系统工程。不论是森林经营管理，还是系统工程的要求，组织管理显得十分重要。林业作为一项系统工程来看，当然离不了以人为本的全面协调各方面的关系，所以在林业的各项工作中不仅包括了调整人与森林的关系，也包括了人与人之间的关系，也就是在不同社会群体、不同利益集团对森林利益要求出现矛盾和冲突时，如何协调好各个方面的关系。显然这是一项社会系统工程，要应用社会组织管理的技术和方法来处理各种关系。

⑥林业信息管理系统工程　我们正进入一个信息化的时代，信息技术应用于林业的各个领域与各个方面，发挥着越来越重要的作用，既是林业一切调查研究的起点，也是林业决策的重要依据。现在世界各国正把信息产业作为国民经济的主导产业。林业生产周期长、与社会各方面关系密切，必须及时掌握森林资源的一切变化，才能不失时机地作出科学的决策。所以，森林资源信息管理系统的建立以及林业决策系统的依据都离不开信息和信息管理。当今世界信息管理的理论、模式、技术与方法都在不断地发展与变化，为了对

信息管理实行有效的调控，必须充分研究森林资源，掌握和管理林业信息，并把它作为一项系统工程来研究。

⑦各种林业经营模式　我国幅员辽阔，林业生产条件不一，区域性差异很大，经济发展也不平衡，因而林业发展的模式必然是多样化的。此外，由于林业的多效益，不同国民经济部门对林业效益的要求不同，因此必须选择与山地自然条件、社会经济条件相适应，符合各个经济部门特定需要的专门经营模式，研究其组成要素、结构功能和系统优化的技术与模型，实现林业为社会的综合发展服务。例如，森林旅游系统工程、防护林系统工程、森林采运系统工程、环境保护系统工程、森林昆虫综合防治系统工程以及林业企业管理系统工程。

(3) 林业系统工程基础理论与方法

在系统科学体系中，系统工程是直接改造客观世界的工程技术，为系统工程直接提供理论和方法的技术科学主要是运筹学、控制论、信息论、耗散结构理论、突变论、协同学，还有"超循环理论""非线性科学"和"复杂性研究"等。由于研究对象系统的不同，系统工程应用到哪一类系统上，还要用到与这类系统有关的学科知识，并把它们有机结合起来，按照综合集成法研究和解决问题，以求得整体功能的优化。

林业系统工程的理论基础就是系统科学、系统工程方法与林学理论的综合。用一般系统论、开放的复杂巨系统理论去开发林业的概念。森林是一个系统、林业是一个系统、林业是一类复合生态系统的概念。如何去界定林业这个系统，描述这个系统，把它作为一类开放的复杂巨系统来研究它的复杂性和复杂性管理的理论，就是林业系统工程最基本的概念和理论基础。除了系统科学的理论基础外，基于林业的相关理论，在系统工程方法论的思想指导下，采用系统建模、系统模拟、系统评价和系统决策方法，解决林业生产、经营与管理中的各类复杂性问题。

思考与练习

1. 什么是系统思想？
2. 简述系统工程的发展历史。
3. 简述林业系统工程的必要性。

第2章

林业系统工程概述

环境与发展是当今世界的主题，人类从来没有像今天这样认识到森林和林业的重大生态意义和社会意义。森林问题和林业问题是涉及自然、经济、社会、文化等多个方面的问题，远远超出了森林和林业本身，是带有系统性或社会性的复杂问题，必须用系统科学的观念、系统思维方式、系统工程方法来研究森林和林业，重新认识森林和林业的内涵、价值、意义和作用。

2.1 系统的概念

2.1.1 系统的定义

系统科学作为一门正在发展中的科学，由于所研究的具体对象的不同、思维方式的不同、专业角度的不同，对系统的概念开发和内涵理解也在不断深化之中，因此，系统就有许多不同的定义。目前，有关系统的具体定义多达数十种，但对于系统的一般概念来说，通常可归纳为二大类，即描述式定义和数学式定义。

(1) 描述式定义

①奥地利生物学家冯·贝塔郎费(L. V. Bertalanffy)于1945年发表了《一般系统论》(*General System Theory*)，他对系统的定义是："系统是相互作用的多要素的复合体，是处于相互作用中并与环境发生关系的各个要素的集合。"

②美国《韦伯斯特大辞典》中的定义："系统是有组织的或者被组织化了的总体，是构成结合起来的总体的各种概念、各种原理的综合，是以有规划的相互作用或相互依赖的形式结合起来的对象的集合。"

③日本工业标准运筹学用语中的定义："系统是许多组成部分保持有机的秩序，向同一目标行动的集合体。"

④钱学森等学者(1978)在回顾我国研制"两弹一星"的工作历程时说："我们把极其复杂的研究对象称为'系统'，即由相互作用和相互依赖的若干组成部分结合成具有特定功能的有机整体，而这个'系统'本身又是它所从属的更大系统的组成部分。"

总的来说，系统就是具有特定功能的相互间具有有机联系的许多组分(要素和子系统)所构成的一个具有层次结构的整体(集合、总体、统一体)。

该定义说明了系统具有的几个基本特点：

第一个特点是多元性。系统既是多样性的统一，又是差异性的统一。系统的组分之间存在差异性，在一定条件下可能整合成为一个系统的要素。组分的多样性和差异性是系统“生命力”的重要源泉。

第二个特点是相关性。系统中不存在与其他要素无关的孤立的组分(要素和子系统)，所有组分都按照该系统特有的、足以与别的系统相区别的方式彼此关联在一起，组分之间相互依存、相互作用、相互激励、相互补充、相互制约。

第三个特点是整体性。系统的多元性和相关性又决定了系统具有一个更为重要的特点，即整体性。系统是由它的所有组分构成的统一整体，具有整体的结构、整体的特性、整体的状态、整体的行为和整体的功能等。

(2) 数学式定义

系统可以解释为具有特定功能的相互间具有有机联系的许多要素所构成的集合，因此，可基于数学中的集合理论采用数学模型来描述一个系统。

$$S=\{E,\ R\} \tag{2-1}$$

式中，S 表示系统(system)；E 表示系统 S 中全部要素(elements)构成的集合；R 表示由要素集 E 产生的所有关系(relations)的集合。

式(2-1)表明：系统是由要素集和关系集共同构成的集合，同时要素集和关系集又可以细分为若干子集。

2.1.2 系统的分类

在自然界和人类社会中普遍存在着各种不同性质的系统，为了便于研究，可以按照不同的标准对其进行分类。

(1) 按照系统规模划分

系统可以分为：小系统(little system)、大系统(large system)和巨系统(giant system)。

(2) 按系统结构的复杂程度划分

系统可以分为：简单系统(simple system)和复杂系统(complex system)。

一般来说，小系统和大系统(子系统数量有几十个、数百个)都属于简单系统，巨系统(子系统数量达成千上万、上百亿、万亿)可能是简单的，也可能是复杂的。将这两个标准结合起来进行分类，就得到钱学森关于系统的一种完备分类(图 2-1)。

根据需要，还可以按不同的分类标准(系统的结构、特性、行为、功能等)对系统进行分类。

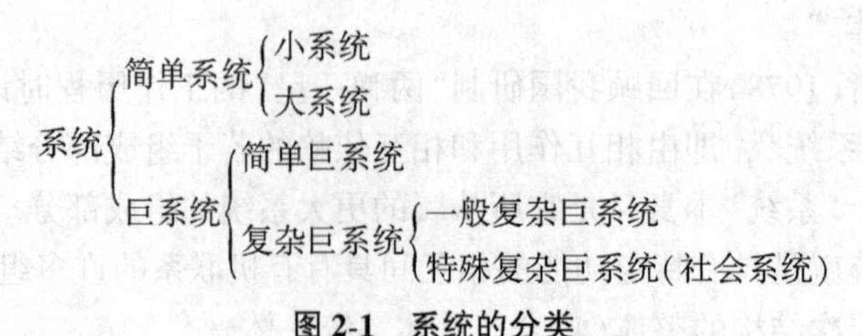

图 2-1 系统的分类

(3) 按系统的自然属性划分

系统可以分为：自然系统和社会系统。自然系统是自然形成的、单纯由自然物(矿物、植物、动物、海洋等)组成的系统，如太阳系、海洋系统、原始森林生态系统、大气系统等，它们不具有人为的目的性与组织性；社会系统也称为人工系统，它是由人类介入自然界并且发挥显著作用而人工生成的各种系统，如行政系统、医疗卫生系统、通信系统、运输系统、教育系统等。

(4) 按系统的物质属性划分

系统可以分为：物质系统和概念系统。物质系统也称为实体系统，是以矿物、生物、机械和人群等物质实体为要素所组成的系统，包括社会系统在内的"有生命"系统和包括物理、化学、地质系统在内的"无生命"系统；概念系统则是由概念、原理、法则、制度、习俗、传统等概念性的非物质实体所组成的系统，如森林资源管理信息系统、军事指挥系统等。

物质系统又称为"硬系统"，它主要由硬件组成；概念系统又称为"软系统"，它主要由软件组成。

(5) 按系统的运动属性划分

系统可以分为：静态系统和动态系统。静态系统是指系统的状态参数不随时间变化而显著改变、系统任意瞬间的输出仅与该时刻的输入有关的系统，如教室布置、封存的设备、仪器等；动态系统是指系统的状态参数随时间而改变、系统任意瞬间的输出不仅与该时刻的输入有关，而且与系统初始状态有关的系统，如生产系统、社会系统、服务系统、森林资源信息系统等。

(6) 按系统与环境的相关属性划分

系统可以分为：封闭系统和开放系统。封闭系统是与周围环境不进行物质、能量、信息交换的系统，其初始条件唯一决定系统的结局，如拒绝外来思想和势力影响的封闭社会和不同外界发生经济往来完全自给自足的封闭经济；开放系统是与周围环境不断进行物质、能量、信息交换的系统，如经常地和广泛地进行社会流动的开放社会，同别国或地区开展经济贸易往来的开放经济，森林生态系统也是典型的开放系统。

自然界和人类社会中的许多系统都是复杂的，往往是多种系统形态的组合和交叉，以上各种分类并不是绝对的。系统工程所研究的系统，是动态的、开放的系统，是包含物质系统和概念系统的复合系统。

2.1.3 系统的要素

系统的要素(elements)(或系统要素)是指构成系统的基本单元，是系统的组成部分。要素的本质特征是具有基元性，相对于给定的系统，它是不能也无需再细分的最小组成部分，否则它就是一个子系统。因此，要素不具有系统性，不讨论其结构问题。系统是由要素组成的，但系统不等于它的各要素简单相加，而是由要素有机组织起来的。

系统与要素的关系如下：

(1) 系统必须由两个以上的要素或子系统组成，一个要素不能组成系统

例如，构成森林资源系统的要素的数量和种类极其众多；又如，森林经营系统就是由

造林、培育、保护、利用、更新等若干个子系统和要素组成。

(2) 构成系统的所有要素具有某种或某些共同属性

例如，森林经营类型就是由在同一林种区内、地域上不一定相连的小班组成一个森林经营技术系统。这些小班具有优势树种相同、立地质量相同、林分起源相同、经营目的相同、需要采取相同的经营措施和林学技术计算方法等共同属性。

(3) 构成系统的各个要素之间、要素与整体之间以及整体与环境之间有一定的相互关系

例如，美国社会学家波沙特曾将家庭人口数对家庭关系的影响表示为：

$$r=\frac{(n-1)n}{2} \tag{2-2}$$

式中，r 为家庭关系数；n 为人口数。

若一家有两代人：父、母、子共3人，代入公式，可得 $r=3$，即夫妻、父子、母子三对关系；又若另一家有三代人：祖母、父、母、子共4人，代入公式，就得 $r=6$，即有夫妻、父子、母子、祖孙、婆媳、母子(祖母与父亲)六对关系。

要素之间的关系可能是单向的，也可能是双向的，还可能是通过中介传递的，如妯娌关系。

(4) 系统各个要素之间的关系必须产生集合体的功能

例如，在平原农业地区，由乔木树种组成的林带、林网、片林所形成的农田防护林(系统)就可产生防风固沙、调节气温、增加作物产量等功能。

2.1.4　系统的结构

系统的结构(structure)(或系统结构)是指系统内各要素和子系统及它们之间的相互联系、相互作用的方式(系统把其要素整合为统一整体的模式)的总和。系统结构就是系统内各个要素的组织形式，是要素间的关系。作为一个系统，必须同时包括要素的集合及其关系的集合，两者缺一不可，二者结合起来，才能决定一个系统的具体结构，才能组成一个系统。

凡系统必有结构，系统结构是系统的组织化、有序化的重要标志。结构既是物质系统存在的方式，又是物质系统的基本属性，也是系统具有整体性、层次性和功能性的基础和前提。

系统研究中最关心的就是系统结构，因为系统结构说明了要素之间的联系，如何形成一个整体(系统)的形式。在系统要素给定的情况下，调整系统结构，就可以提高系统的功能，这就是组织管理工作的作用，是系统工程的着眼点。

当系统的要素很少、彼此之间差异不大时，系统可以按单一的模式对要素进行整合。当系统的要素数量很多且彼此之间差异不可忽略时，不再按单一模式进行整合，需要划分不同的部分分别按照各自的模式组织整合，形成若干子系统(subsystem)，再把这些子系统(S_i)组织整合为系统(S)。

子系统(S_i)的条件为：

①S_i 是 S 的一部分(子集合)，即 $S_i \in S$。

②S_i 本身是一个系统，基本满足前述系统的要求。

相对于 S_i，S 称为母系统。

要素和子系统都是系统的组成部分，简称为组分。应注意子系统与要素的区别：要素的本质特征是具有基元性，是给定系统的“最小单位”，对于所研究的问题来说，它不需要继续分解了。要素不具有系统性，不讨论其结构问题；子系统则需要继续分解，子系统具有可分性、系统性，需要时也能够讨论其结构问题。

结构分析的重要内容就是划分子系统，分析各个子系统的结构(要素及其关联方式)，阐明不同子系统之间的关联方式。

总之，所有的系统结构都是由若干要素，按照一定的联系方式或数量比例关系而形成的，系统结构是系统保持整体性以及具有一定功能的内在根据。同时系统结构也给要素以某些新的特征，从而使要素成为该系统的要素，以区别于孤立存在的要素。系统结构与系统要素的相互关系可以概括为结构与要素的相对独立性和相互依赖性。

2.1.5　系统的环境

系统的环境(environment)是指一个系统之外的一切与它相关联的事物构成的集合。更确切地说，系统(S)的环境(E)是指系统之外的一切与系统具有不可忽略的联系的事物的集合，即

$$E_S = \{x \mid x \in S \text{ 且与 } S \text{ 具有不可忽略的联系}\}$$

系统的环境有一定相对性，在不同的研究目的下，对于不同的研究者，同一系统的环境划分也有不同。

任何系统都是在一定的环境中产生出来，又在一定的环境中运行、延续、演化，不存在没有环境的系统。系统的结构、状态、属性、行为等或多或少都与环境有关，这就是系统对环境的依赖性，所以研究系统必须研究它的环境，以及它同环境的相互作用。同一系统的环境中的不同事物之间总有某种内在的联系，并且通过与该系统的联系而形成某种更大的、更高层次系统。

系统存在于一定的环境之中。环境可以分层次研究，小环境之外还有大环境、更大的环境。一个系统又可以有多种环境。所以研究一个系统往往从环境辨识开始，应当用系统观点认识环境，把环境当作系统来分析。一般而言，研究大系统(巨系统)，要向内看，研究其内部因素，发挥内部的潜力；研究小系统，要多向外看，研究其外部环境，适应环境的变化。

系统与环境的分界称为系统的边界(boundary)。系统是可以分界的，但事实上不存在边界，边界是根据特定的研究对象和研究目的而人为划定的。从空间上看，边界是系统与环境分开来的所有点的集合；从逻辑上看，边界是系统的形成关系从起作用到不起作用的界限，它规定了系统要素的关系起作用的最大范围。

任何事物都是从环境中相对划分出来的，所以系统与环境的划分具有相对性，也就是说，系统边界是相对的，有的边界是明确的，有的边界则是模糊的。

根据系统与环境有无相互关系，可以将系统分为开放系统和封闭系统。与环境有物质、能量和信息交换的系统称为开放系统；反之则称为封闭系统。系统边界概念有助于理解开放系统与封闭系统的区别，封闭系统的边界是完全封闭的、连续的，没有可以进出的

通道；开放系统的边界则往往有间断点，即具有可以进出的通道。封闭系统的边界具有刚性和不可渗透性；开放系统的边界具有柔性和可渗透性。但任何事物都处于普遍联系之中，绝对的封闭系统是不存在的，只是系统与环境的相互关系微弱，忽略其环境影响，可被视为封闭系统。

2.1.6　系统的行为

系统的行为(behavior)是指系统相对于它的环境所表现出来的任何变化，或者说，系统可以从外部探知的一切变化。系统行为属于系统自身的变化，是系统自身特性的表现，但又同环境有关，反映环境对系统的作用或影响。

不同系统有不同的行为，同一系统在不同环境(情况)下也有不同的行为。系统有各种各样的行为：学习行为、适应行为、演化行为、自组织行为、平衡行为、非平衡行为、局部行为、整体行为、稳定行为、不稳定行为、动态行为等。可以说系统科学是研究系统行为的科学。

2.1.7　系统的功能

(1)系统功能的定义

系统功能(function)是指系统在特定环境中发挥作用的能力。它是描述系统的行为，特别是系统与结构、环境关系的重要概念，是指系统行为所引起的，有利于环境中某些事物乃至整个环境存续与发展的作用。被作用的外部事物，称为系统的功能对象，也就是说功能就是系统行为对其功能对象生存发展所作的贡献。凡是系统都有其功能，例如，森林就是一个多功能的系统，它具有涵养水源、保育土壤、固碳释氧、积累营养物质、净化大气环境、保护生物多样性等多种生态服务功能。

系统功能是由结构和环境共同决定。系统结构是系统的内在构成，系统功能是系统的外在行为。结构联系着要素，功能联系着环境，所以系统是结构、环境与功能的统一体。

(2)系统功能与系统结构的关系

凡系统必有结构，结构决定功能，系统功能与系统结构关系密切。

①构成系统的要素不同，系统的功能不同　例如，林分的经营对象主要树种(目的树种)不同，则林分的经济价值、生态效能均不相同。

②构成系统的要素相同，结构不同，功能也不同　例如，用材林林分的经营对象主要树种相同，若其林分密度不同，则密度小的，可以培育大中径材，而密度大的只能培育中小径材。

③存在“一构多功”“同构异功”与“异构同功”等现象　这说明系统结构与系统功能存在着多样化，两者并不是一一对应关系。例如，结构相同的森林，处在不同的区位，其主导功能不同，公益林(包括防护林和特种用途林)主要是发挥其保护和改善人类生存环境、维持生态平衡、保存种质资源等功能；商品林(包括用材林、薪炭林和经济林)则主要是发挥其生产木材产品和林副产品等功能。又如，算盘和计算器，结构不同，却都具有相同的计算功能。

④结构与功能具有等级性　由于要素与结构的相对独立性，就导致结构的等级性；由

于过程和功能的相对独立性，就导致功能的等级性，最后成为结构与功能等级的辩证统一。例如，一个林业企事业单位是由若干部门组成，各有其不同的职能，有机地形成具有一定层次结构的整体。其整体功能依赖于各个等级功能的协调。

⑤结构与环境相互作用而实现一定的功能　由于外界环境变化超出一定范围，就会引起系统内部结构变化，系统功能对象的变化也会引起系统结构的变化，所以功能对象变化成为系统结构变化的前提条件。由于环境总是在不断变化，通过影响系统功能变化而导致系统结构变化。例如，亚热带常绿阔叶林的演替，亚热带及热带森林多由耐阴常绿阔叶林树种组成，这些树种逐代更新，群落稳定。当这类森林被采伐或破坏以后，森林环境改变以后，则会由喜光阔叶树种更新起来。

⑥系统功能是由结构和环境共同决定，而非单独由结构决定　系统的功能与环境有很大的关系。首先是功能对象的选择，只有用于本征对象，系统才能发挥应有的功能。所谓“人尽其才，物尽其用”就是要把系统用于它的本征对象。系统功能的发挥还需要环境提供各种适当的条件、氛围，为充分发挥系统功能，需适当选择、营造、改善环境。只有当环境给定后，才可以说结构决定功能。就人造系统而言，通常是在要素和环境都给定的情况下设计或营运的，关键是如何设计改造系统的结构，同样的要素，不同的结构方案，可能制造、组建或营运出功能显著不同的系统。所以只有当要素和环境给定后才可以说结构决定功能。

2.1.8　系统的特性

从系统科学的观点来看，一般系统都具有以下几个方面的特征属性：

(1) 系统的集合性

集合是指具有某种属性的事物的全体，系统就是全部要素的集合。系统的集合性是指系统必须是由两个或两个以上具有共同属性又可以互相区别的要素所形成的一个集合，它是系统最基本的属性。例如，森林生态系统是由以乔木树种为主体的生物群落(包括林内的植物、动物、微生物等)以及所在生境(包括土壤、气候等)具有随时间、空间不断进行能量转换、物质循环、信息传递的有生命和再生能力的功能系统。森林生态系统的组分都具有共同的属性，是一个完整的集合。

(2) 系统的相关性

系统的相关性是指系统的要素与要素之间、要素与整体之间、整体与环境之间存在的相关关系。组成系统的要素是相互联系、相互作用、相互影响的，如果不存在相关性，众多要素就如同一盘散沙，只是一个“集合(set)”，而不是一个“系统(system)”。例如，构成人体的呼吸、消化、循环、排泄、神经等各组成部分，它们之间通过特定的相互依存、相互制约关系而有机地结合在一起，才使人成为一种具有特殊高级功能和高级智慧的高等动物。如果某一器官出现问题，就会影响其他器官的正常运行，人便会有不舒服的感觉。又如，森林生态系统按其成分可分为两种。

①生物成分　包括自养生物和异养生物。自养生物包括光能自养生物，即绿色植物；化学无机自养生物即化能合成微生物。它们是森林生态系统中的生产者。异养生物(动物、真菌、细菌、病毒)是从其他有机体取得营养，它们是森林生态系统中的消费者和分解者。

②非生物成分　即环境因子，包括太阳辐射、大气、水、土壤和岩石。非生物成分为生物成分提供能量、营养物质和生活空间。森林生态系统的组成结构最为复杂，尤其是热带雨林，物种非常丰富，种间关系复杂，森林植物间的直接作用有共生、寄生、附生、绞杀等；间接作用，即植物通过本身的新陈代谢，改变它周围环境，然后由环境再产生影响。如在森林生长发育过程中，森林中的多种植物，由于受营养面积的限制，每个个体得不到充分的生活养料，因而发生竞争，导致林木分化和自然稀疏。

(3) 系统的层次性

要素的组织形式是系统的结构，而系统结构又往往可分为不同的等级层次，系统的层次就是指系统的这种等级层次结构。系统的层次结构表述了在不同层次的要素或子系统之间的从属关系或相互作用关系。一般来说，一个系统包含许多层次，高低层次之间是包含与被包含、覆盖与被覆盖的关系。低层次隶属和支撑高层次；高层次包含或支配低层次。但低层次也不是被动的、被决定的，它具有一定的独立性。

层次是系统科学的基本概念之一。层次分析是认识系统的重要工具，层次分析就要回答系统是否划分层次，层次的起源，分哪些层次，不同层次的差异、联系、衔接和相互过渡，不同层次的相互缠绕，层次界限的确定性与模糊性，层次划分如何增加系统的复杂性，层次结构设计的原则等问题。

系统的层次性指系统中的每一组分可以作为一个系统来研究，而整个系统同时又是更大系统的一个组成部分。系统作为一个相互作用的诸要素的总体，它可以分解为一系列的子系统，并存在一定的层次结构，这就是系统空间结构的特定形式。不同的层次结构中存在着动态的信息流和物质流，构成了系统的运动特性，为深入研究系统层次之间的控制与协调功能提供了条件。一般来说，层次越高，组织性越强；层次越低，组织性越差。

例如，森林生态系统与草原、荒漠、冻原、沼泽、农田等生态系统一样从属于陆地生态系统；森林生态系统本身又可以分为寒温带针叶林、温带针阔叶混交林、暖温带落叶阔叶林、亚热带常绿阔叶林、热带雨林及季雨林等生态系统。

例如，一个社会大系统也有多个层次(图 2-2)：

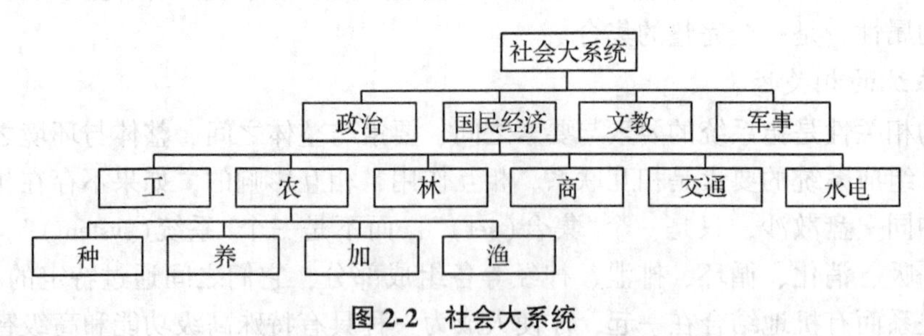

图 2-2　社会大系统

系统具有层次性，系统中的子系统对系统具有相对的独立性，同样可以作为一个单独的系统来研究，而整个系统同时又是更大系统的一个组成部分。复杂巨系统就可以分解为一系列的子系统，并存在一定的层次结构，或者说复杂系统是从要素层次开始，由低层次向高层次逐步整合、发展，最终形成系统的整体层次。

（4）系统的整体性

系统的整体性又称为系统的总体性、全局性。是指系统的局部问题必须放在系统的全局之中才能有效地解决，系统的全局问题必须放在系统的环境之中才能有效地解决。局部的目标与诉求，要素的质量、属性和功能指标，要素与要素之间、局部与局部之间的关系，都必须服从整体的目标，它们共同协调实现系统整体的功能。

系统的整体观念是系统概念的精髓，整体性是系统最基本的特性。在一个系统中，系统整体的特性和功能在原则上不能归结为组成它的要素的特征和功能的总和；处于系统整体中的要素的特征和功能也异于它们在孤立状态时的特征和功能，一般系统论就强调了亚里士多德的一个著名论断："整体大于部分之和"。系统是由两个或两个以上的可以相互区别的要素，按照作为系统所应具有的综合整体性而构成的。在一个系统整体中，具有独立功能的系统要素以及系统要素之间的相互关系是根据逻辑统一性要求，协调存在于系统整体之中。也就是说，任何一个系统要素不能离开整体去研究，要素之间的联系和作用也不能脱离整体的协调去考虑。系统不是各个要素的简单集合，否则它不会具有作为整体的特定功能。脱离了整体性，要素的机能和要素间的作用便失去了原有的意义，单独研究任何系统的要素不能得出有关整体的结论。构成系统的要素和要素机能、要素的相互联系均服从系统整体的目的和功能，在整体功能的基础上展开各要素及其相互之间的活动，这种活动的总和形成了系统整体的行为。例如，在一个系统中，每个要素不一定都很完善，如果协调好、综合好，可成为具有良好整体功能的系统；反之，如果每个要素都良好，但作为整体，如果协调不好，则也不可能具备良好的整体功能。

（5）系统的目的性

通常系统都具有特定的目的。研究一个系统，首先必须明确它作为一个系统所体现的目的与功能。人们正是为了实现一定的目的，才组建或改造某一个系统。

不同的系统有不同的目的，需要具有不同的功能。系统的目的一般通过具体的目标或指标来描述，复杂的系统通常是多目标的，需要分解为若干层次，构建一个指标体系来表达其目标。在指标体系中，有时指标之间是相互矛盾的，有时是互为消长的，需要相互协调，达到整体最优。例如，衡量一个工业企业的经营业绩，不仅要考核它的产量、产值指标，更重要的是考核它的利润、成本、规定的质量和环保等指标。为此，要从整体出发，力求获得全局最佳的经营效果，要在相互矛盾的目标之间做好协调，寻求平衡或折衷方案。同时，系统的目标不是单纯由系统自身决定的，还同环境紧密相关；环境改变了，系统原有的目标就要做出相应的调整。

（6）系统的环境适应性

如同要素必须适应其系统一样，系统也必须适应其环境。系统的环境适应性就是指系统随其环境的变化而改变其结构和功能以适应环境变化的能力。任何系统都存在于一定的物质环境之中，并与环境进行物质的、能量的和信息的交换，环境的变化必然引起系统及其要素的变化。系统必须适应其环境的变化，才能生存与发展。经常与其环境保持最优适应状态的系统，才是理想的系统。

例如，森林生长发育过程中，森林内林木之间相互竞争引起的自然整枝、林木分化和自然稀疏，就是森林为了适应环境变化，调节林分密度的一种自然现象。又如，森林的水平分布，从赤道向两极依次出现的热带雨林及季雨林、亚热带常绿阔叶林、暖温带落叶林、温带针阔叶混交林、寒温带针叶林等生态系统，就是森林适应环境条件的一种地理现象。

2.2 系统工程

2.2.1 系统工程的定义

自从“系统工程”(systems engineering)这个名词诞生之日起，随着人们认识的深入和社会实践的促进，理论界产生了许多版本的系统工程概念。

现列举国内外知名学者对系统工程的解释来认识和理解“系统工程”。

①美国著名学者切斯纳(H. Chestnut)指出：“系统工程认为虽然每个系统都是由许多不同的特殊功能部分所组成，而这些功能部分之间又存在着相互关系，但是每一个系统都是完整的整体，每一个系统都要求有一个或若干个目标。系统工程则是按照各个目标进行权衡，全面求得最优解(或满意解)的方法，并使各组成部分能够最大限度地互相适应。”

②日本学者三浦武雄指出：“系统工程与其他工程学不同之处在于它是跨越许多学科的科学，而且是填补这些学科边界空白的边缘科学。因为系统工程的目的是研究系统，而系统不仅涉及工程学的领域，还涉及社会、经济和政治等领域。为了圆满解决这些交叉领域的问题，除了需要某些纵向专门技术以外，还要有一种技术从横向上把它们组织起来，这种横向技术就是系统工程。换句话说，系统工程就是研究系统所需的思想、技术、方法和理论等体系化的总称。”

③日本工业标准 JIS 规定：“系统工程是为了更好地达到系统目标，而对系统的构成要素、组织结构、信息流动和控制机制等进行分析与设计的技术。”学术界往往将系统分析作为系统工程的同义词来解释。

④1978 年，钱学森教授指出：“系统工程是组织管理系统的规划、研究、设计、制造、试验和使用的科学方法，是一种对所有系统具有普通意义的科学方法。”“系统工程是一门组织管理的技术。”

综上所述，系统工程是以研究大规模复杂系统为对象的一门交叉学科。它是把自然科学和社会科学的某些思想、理论、方法、策略和手段等根据总体协调的需要，有机地联系起来，把人们的生产、科研或经济活动有效地组织起来，应用定量分析和定性分析相结合的方法和计算机等技术工具，对系统的构成要素、组成结构、信息交换和反馈控制等功能进行分析、设计、制造和服务，从而达到最优设计、最优控制和最优管理的目的，以便最充分地发挥人力、物力和财力，通过各种组织管理技术，使局部和整体之间的关系协调配合，以实现系统的综合最优。

2.2.2 系统工程的特点

与其他工程技术类学科比较，系统工程具有 5 个特点：

①跨学科或综合集成特性　综合性是系统工程的一个主要特点。任何一项工程任务都不是靠某一个学科或某一种技术就能很好地完成。从系统本身的分析、设计，到环境的考

察分析，以及主体的综合目标，系统工程必然涉及广泛的知识领域。

②优化特性　其任务是运用各种相关科学的理论和方法进行系统分析，低成本、高效率地设计和实现系统整体的优化。

③技术或方法特性　即系统工程是一种方法。当然，这种方法涉及多个学科、多种技术，如各种数学方法、建模理论、优化、评价方法等，这些都是系统工程学的重要内容。

④系统性　或者说整体性，这是系统工程的主要特点。对于研究对象，在系统辨识、系统设计、系统实施等各项工作中，必须全面地、多角度地考察，才能从整体上正确地认识系统自身、系统与其中的元素、系统与其他系统、系统与环境、系统的目标、研究者的任务等，这是实现系统优化的基础。

⑤目标性　这也是管理学所重视的一个基本概念。一般管理强调组织活动的有序性；现代管理强调管理的目标性。目标有工程目标和技术目标两个概念，这里所强调的是工程目标。

2.3　林业系统工程

2.3.1　森林的系统观

森林(forest)是指大量密集生长的乔木，它们彼此之间及其与其他生物(植物、动物和微生物等)和非生物环境之间密切联系、相互影响、共同形成的统一体，是一个以树木为主体的生物群落和生态系统。

系统观(system view)是指以系统的观点看自然界，把研究对象看成完整的有机体和复杂系统，用普遍联系的和整体的观念来看待事物。

森林的系统观(system view of forest)就是把森林看成一个系统，作为一个系统整体来研究其要素、结构、功能、环境和运行机制。森林的系统观揭示了森林这个客观实体的多因素、多变量、多层次交互作用的复杂关系，以及系统内存在的复杂的因果关系、结构功能转换关系，从而反映森林是一个多要素、多结构、多功能的复杂系统。

(1)森林是一类自然生态系统

森林是温带与热带地区的主要植被，是陆地生态系统的主体，约占陆地生态系统面积的1/3，是在一定自然地理系统上发育起来的自然生态系统。森林生态系统吸收太阳能，积累生物物质，促进物质循环，形成区域性气候、水文并成为一般地理景观的决定性因素。森林生态系统具有组成要素众多、结构复杂、能在很大程度上抵御恶劣环境、保持自然界生态平衡的作用。所以，森林包含有“系统”一般概念的几个基本特点：

①森林是由一定等级、结构、秩序有机组织起来的复杂系统，只有按等级结构组织起来的系统才是稳定的、易于延续下去的。例如，森林有非空间结构和空间结构，水平结构和垂直结构，群落结构与林层结构，林木空间分布格局、树木空间竞争关系和树种空间隔离程度等。

②森林这个系统的各个层次、等级都有一定的界面位置，即生态位。正是由于各个生物体准确地履行了各自生态界面的功能，保持系统物质流、能量流、信息流的正常运转，生物圈的巨大规模循环过程才能得以正常运转、和谐发展。

③森林是一个动态的且与环境相适应的系统，它自身功能的发挥，可以反映出整个等级结构变化的过程。

④森林是一个物质、能量、信息流动的过程系统。这个过程决定了森林的演替。

(2) 森林是一类资源系统

森林是由土地资源、生物资源、气候资源、水资源、矿物资源和景观资源等构成的资源系统。这些资源及其功能是相互联系而存在，互相影响而发展的，它们能够存在和延续，依靠的是森林资源系统的稳定和结构与功能的健全，即它们的物质流动、能量平衡、信息传递。整个森林是一个自我调节与再循环的复杂系统，存在着多种资源的协调性，出现更多综合性的秩序构型。例如，景观格局、土地利用制度、林种树种结构和植被配置等。将森林作为资源系统来看，不但要深入分析各种资源自身特点和变化规律，更重要的是把它们作为一个有机整体来综合研究，把局部与整体的关系处理好，从而实现森林资源系统的整体功能和综合效益最优化。

(3) 森林是一类复杂巨系统

复杂巨系统是指组成系统的要素或子系统数量非常大(如成千上万个以上)且它们之间的关系又很复杂的系统。森林就是一类典型的复杂巨系统，因为森林作为一个资源系统，其资源数量大、种类多，所占据的空间范围广，生长周期长；物种多样、结构复杂、功能多种、演替行为复杂，各种形式的物质流、能量流、信息流的流动和转换过程更为复杂；同时森林作为一个与自然、经济、社会紧密结合的复合生态系统，更是具有大型性、多样性、动态性、开放性。

森林系统的复杂性主要表现在：①森林的生物多样性，包括物种多样性、遗传多样性、生态系统多样性和景观多样性；②森林的结构复杂性；③森林的内外关系的复杂性；④森林的机制的复杂性；⑤森林的自组织性和他组织性；⑥森林的异质性与整合性；⑦森林的生态平衡的复杂性；⑧森林的开放性。

2.3.2 林业的系统观

林业(forestry)就是通过先进的科学技术和管理手段，从事培育、保护、利用森林，充分发挥森林的多种效益，且能持续经营森林，促进人口、经济、社会、环境和资源协调发展的基础性产业和社会公益事业，是国民经济的重要组成部分之一。林业是一项基础产业，又是一项公益事业，是一个具有“双重属性”的特殊行业，既要承担改善生态面貌，维护生态安全的任务，还要承担好满足社会对林产品和生态产品需求，促进国民经济可持续发展的任务。

林业的系统观(systematic view of forestry)就是把林业看成一个系统，是由一系列资源、目标、管理及过程相互联系、相互影响的整体，并从属于“山水林田湖草”以及整个国民经济大系统；用系统观来认识林业，从普遍联系的角度出发，把林业与其他系统如工业、农业、交通、环境、文化、艺术等相联系，把林业发展与资源开发、土地利用、经济建设、环境保护、精神文明建设等联系起来，用“系统”的观念来研究林业的整体性、关联性、动态性、开放性、复杂性，并从组成要素、层次结构、功能目标以及特定环境下的运行过程去研究如何构建一个可持续发展的林业复合生态系统。

林业是一类复合生态系统，是一种多维的、多层次和多目标的，由人类社会—森林生物群落—自然环境所组成的复杂巨系统。现代林业正是基于把林业作为一个复合生态系统来研究，并以现实社会中林业存在的问题为导向，来研究林业发展过程中所带有的系统性问题，用大系统的观念、开放的观念、多效益的观念和可持续发展的观念来经营管理森林资源。

作为复合生态系统的林业具有以下主要的系统特征：①林业的系统整体性；②林业的系统关联性与协调性；③林业的系统非线性与多元性；④林业的系统开放性与动态性；⑤林业的系统复杂性。

林业的系统观，即将林业看成一类复合生态系统，对于林业的发展同样具有重要意义。当代林业的发展已出现生态化、产业化、社会化、综合化的趋势，复合生态系统的系统观念、系统思想和系统方法在林业发展的许多领域，如林区系统开发、流域综合治理、森林城市建设、区域发展规划、统筹山水林田湖草，都得以广泛应用和实践。

综上所述，林业的系统观提出了一种系统思考，运用多学科、跨学科综合的理论，通过一条生态途径，即广义的生态系统方法，采取从定性到定量综合集成的方法和系统工程组织管理的手段来研究林业这一复合生态系统。

2.3.3　林业系统工程的概念

林业系统工程(forestry system engineering)就是把林业看成一个系统，运用系统工程的一般原理和方法，科学地管理森林资源，合理地组织林业生产的一门工程技术。其本质是，在对以森林资源为主体的林业各个要素充分调查的基础上，对林业系统进行科学规划、设计、决策和实施，并不断进行反馈控制与调整等组织管理，以使林业获得最优的发展过程和最佳的综合效益。

林业是国民经济的重要组成部分，是培育和保护森林以取得木材及其他林产品，并发挥森林的生态效益以保护环境、改善环境、美化环境的建设事业，是经济效益、生态效益和社会效益同步发展的多产业、多功能的综合性产业。林业是一个系统，是由一系列相互制约、相互影响的有关人力、资源、目标、观念以及过程所联系着的整体，这个整体是由许多基本单元所组成，并从属于整个国民经济大系统之中。林业是以森林为主体，以营林为基础，开展多种经营，实现综合利用的一种“知识密集型”的产业体系。林业是一个由人类参与经营管理的，与生态、经济、社会紧密结合的，生产周期长、经营面积辽阔、区域性差异显著的、开放的复杂巨系统。所以研究林业问题特别强调整体和综合协调，必须采用系统的思维方式和系统工程的理论和方法才行。

林业系统工程所要处理的是林业这个复杂系统的局部和整体、当前和长远、经济效益和生态效益及社会效益、林业和国民经济各部门之间的相关关系，涉及土地利用、林业生产结构，林业中的生产关系与生产力相适应，林业部门的产业结构和商品经济发展等问题。所以既要研究林业系统内各个部分、各个生产环节、各个阶段的相互关系，又要研究林业与外界环境的各种关系。建立在生态平衡和可持续发展基础上的林业系统包括合理的土地利用、林种、树种、多种经营等方面的结构，以及合理的林业产业和产品结构，并有合理的人才结构与之相配合，以实现整体最优化，使森林能持续、最佳地发挥综合效益。

衡量这个系统功能的标准是：生物产量高、生态效益良好、经济收入多、社会化程度高、实现可持续发展。使用系统工程的方法可以使这些标准定量化和模型化，使林业系统内外各种因素及其相互关系处在一种有序状态。

林业系统工程所采用的方法是用于解决林业系统问题的一套工作步骤、方法、工具和技术，综合应用运筹学、控制论、信息论、管理科学、心理学、经济学、生态学以及计算机科学等有关学科的理论与方法，以及定量分析和定性分析相结合的方法，对林业系统的构成要素、组织结构、信息交换和反馈控制等功能进行分析、设计、规划和服务，从而达到最优设计、最优控制和最优管理的目的，使林业系统内外各项活动协调有序、局部和整体之间的关系协调配合，以实现林业系统的综合最优化。

所以，林业系统工程就是把森林和林业看成一类开放的复杂巨系统，一类社会-经济-生态复合经营系统，结合林业的特点，用系统工程的一般原理和方法去组织林业生产，科学管理森林资源，通过系统层次结构的合理构建、目标功能与所处的环境研究，以获得最佳的发展过程和最优的综合效益，实现林业的全面、协调与可持续发展。

思考与练习

1. 用系统概念所涉及的范畴(如系统的要素、结构、层次、环境、功能、边界等)描述一个有关林业或者森林的系统。
2. 简述系统的分类。
3. 简述系统结构与系统功能的关系。
4. 系统一般具有哪些特性?
5. 为什么说发展林业需要系统工程方法?

第3章

系统工程方法论

系统工程是运用系统的理论和方法去研究规模巨大、结构复杂的系统对象，是一门先进的、综合的组织管理技术，从20世纪30年代末至40年代初利用运筹学解决一些武器、装备的合理应用的问题开始，经历了从硬系统方法到软系统方法，再到综合集成方法的发展过程，逐步形成了独特的系统工程方法论。

方法(method)是用于完成一个既定目标的具体理论、技术、工具或者程序；系统方法是利用系统概念将研究对象放在系统中加以考察的一种科学的思维方法，因此，凡是将研究对象看作系统、用系统观点来认识问题、处理问题的方法，都称为系统方法(system method)。常用的系统方法有结构方法、功能方法、历史方法和模型方法。

方法论(methodology)则是研究问题的一般途径、一般规律，它是解决问题的一种辩证逻辑程序，即解决一个问题所必须遵循的思维和途径。它高于“方法”，指导“方法”的使用。方法论是哲学范畴，是世界观的组成内容之一，辩证法和唯物论是最基本、最重要的方法论。

系统工程方法论(systems engineering methodology)(或称为系统方法论)是用系统思维和系统理论去解决现实系统问题的一种特殊的逻辑方法论，是用于解决复杂问题的一般程序、逻辑步骤和通用方法。它可以是哲学层面上的思维方式、思维规律，也可以是操作层面上的一般过程或程序，它反映系统工程研究和解决问题的基本思路或模式。系统工程方法论的基本特点是：研究方法强调整体性、技术应用强调综合性和管理决策强调科学性。

3.1 系统工程的基本过程

3.1.1 霍尔系统工程三维结构

系统工程方法论中出现较早、影响最大的，是美国学者霍尔(A. D. Hall)于1969年提出的系统工程三维形态(three-dimensional morphology of system engineering)，称为霍尔系统工程三维结构或霍尔系统工程方法论。

霍尔将系统的整个管理过程分为前后紧密相联的7个阶段和7个步骤，并同时考虑到这些阶段完成各个步骤的工作所需的各种专业管理技术知识，概括地用时间维、逻辑维和知识维来表示，对系统工程的一般过程做了比较清楚的说明，为解决工程类、项目类问题

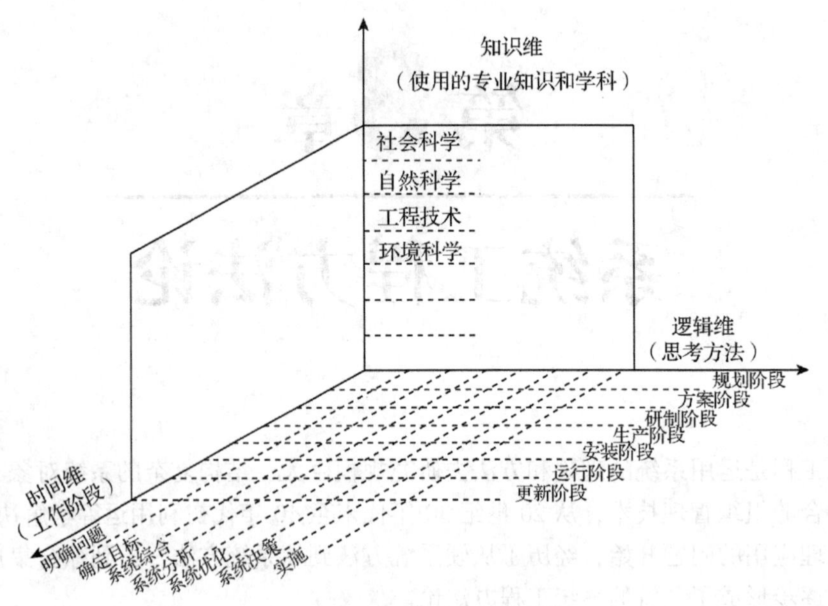

图 3-1　系统工程的三维结构图

的组织管理提供了一套较为规范化的方法。

霍尔系统工程三维结构由时间维、逻辑维和知识维组成，三个维度构成一个整体（图 3-1）。

(1) 时间维

时间维描述一个项目从开始到结束的整个生命周期的活动秩序，它由重大的决策点来分隔，分隔点之间的区间称为阶段（phase），即时间维表示按时间顺序排列的系统工程全过程，一般分为 7 个阶段：

①规划阶段　首先，对系统进行调查研究，定义系统的概念，明确系统目标、环境条件、制约因素，制订系统的开发计划，提出一个总体的初步设想和构思。

②方案阶段　根据规划阶段所提供的若干设计思想和总体初步设想和构思，从社会经济、技术可行性等方面进行综合分析，提出具体计划方案并选择一个最优方案。

③研制阶段　以计划为行动指南，把人、财、物组成一个有机的整体，对系统中关键项目进行试验和试制，并拟订生产计划。

④生产阶段　制定各项技术操作规程（细则），生产出系统的零部件（硬件、软件）及整个系统。

⑤安装阶段　将系统进行安装、调试和运行。

⑥运行阶段　完成系统的运行计划，使系统按预定目标运行服务。

⑦更新阶段　完成系统评价，在现系统运行的基础上，改进和更新系统，使系统更有效地工作，同时为系统进入下一个研制周期准备条件。

(2) 逻辑维

逻辑维描述问题的求解程序，是指每一个阶段所要进行的逻辑步骤（step），即运用系统工程方法进行思考、分析和解决问题时应遵循的一般程序。常分为 7 个步骤：

①明确问题　通过全面系统的调查，收集资料，了解研究系统的历史、现状、发展趋

势。以问题为导向，明确问题的范围、结构、原因，解决问题的目的及任务。

②确定目标　对所要解决的问题提出相应的目标，并制定出衡量达到目标的具体指标，并对目标的必要性和可行性进行论证。

③系统综合　搜集并综合实现预期目标的一组备选方案，对每一种方案进行必要的说明，从多目标、多途径、多方案中选优。

④系统分析　应用系统工程方法技术，将综合得到的各种方案，系统地进行比较分析，必要时，建立数学模型进行仿真实验或理论计算。

⑤系统优化　对数学模型（各种方案）给出的结果进行分析与综合，评价与比较，并进行优劣排序、筛选出满足目标要求的最佳方案。

⑥系统决策　决策者对提供的可供选择的多种优化方案，吸收专家、群众多方意见，根据经验、方针、政策等确定最佳方案。

⑦实施　执行方案，完成各个阶段的管理工作。

(3)知识维

知识维（有的也称为专业维）是指完成上述各种步骤所需要的各种专业知识，包括工程、医学、建筑学、商业、法律、管理科学、环境科学、计算机技术、社会科学以及艺术等专业方面的知识。

霍尔（1969）在他的“第三维”旁标注的是“professions”，其含义是很明确的，即“专业维”。但现在许多教科书上，霍尔系统工程三维结构的“第三维”都写成“知识维”，其源于萨加（A. P. Saga）。萨加在引用霍尔三维结构时将第三维写成了“knowledge”，即知识维。

运用系统工程知识，把7个时间阶段和7个逻辑步骤结合起来，便形成所谓霍尔的系统工程活动矩阵（表3-1）。

表3-1　霍尔系统工程活动矩阵

逻辑维（步骤） 时间维（阶段）	① 明确问题	② 确定目标	③ 系统综合	④ 系统分析	⑤ 系统优化	⑥ 系统决策	⑦ 实施
规划阶段	a_{11}						a_{17}
方案阶段		a_{22}					
研制阶段			a_{33}				
生产阶段	a_{41}			a_{44}			a_{47}
安装阶段					a_{55}		
运行阶段						a_{66}	
更新阶段	a_{71}						a_{77}

矩阵中时间维的每一阶段与逻辑维的每一步骤所对应的点 a_{ij}（$i=1, 2, \cdots, 7$；$j=1, 2, \cdots, 7$），代表着一项具体的管理活动。矩阵中各项活动相互影响、紧密相关，要从整体上达到最优效果，必须使各阶段步骤的活动反复进行。

反复性是霍尔活动矩阵建立的一个重要特点，它反映了从规划到更新的过程需要控制、调节和决策。活动矩阵中不同的活动对知识的需求和侧重也不同。逻辑维的7个步骤体现了系统工程解决问题的研究方法，定性与定量相结合，理论与实践相结合，把系统工程的方法运用于大型工程项目，尤其是探索性强、技术复杂、投资大、周期长的“大科学”研究项目，可以减少决策上的失误和计划实施过程中的困难。霍尔的三维结构方法论，不仅适于工程系统也同样适用于社会系统。

3.1.2 切克兰德方法论

从20世纪70年代起，人们开始注意系统工程推广应用于社会经济方面的政策性问题。由于社会经济系统具有影响因素多、复杂多变和难以进行定量分析的特点，社会经济系统中的许多问题很难像工程技术系统那样事前就按若干评价标准设计出符合需要的最优系统方案，因而完全按照解决工程技术问题来处理会有许多困难。针对这种情况，英国学者切克兰德在大量实践的基础上提出了所谓“软”系统方法论。这是理论研究的一个较大的更新和转折，为解决社会经济问题提供了新的概念、观点、方法和模式。

(1)基本观点

①基于作为客体存在于现实世界的问题的特性，切克兰德把问题分为两类。一类是有结构问题(或称“硬”系统问题)，即能够被描述为寻找一种有效手段以获取确定的目标的问题；另一类是无结构问题(或称“软”系统问题)，即不能够被描述为寻找一种有效手段以获取确定的目标的问题。这类问题表现为一种不满或不安的感觉。

②根据结构的内在特性，切克兰德把系统分为两类：“硬”系统和“软”系统。所谓“硬”系统(或称良结构系统)，是指机理清楚，完全能够用明确的数学模型来描述系统要素及其相互关系的系统，如物理系统和工程系统；所谓软系统(或称不良结构系统)，是指机理不清，很难用明确的数学模型描述的系统，如社会系统和经济系统。

③根据不同方法所决定的问题类型，切克兰德把霍尔方法论和系统分析方法论归结为“硬”系统方法论，指出它们在本质上是一致的：都是工程师在工程领域中提出来的，都是主要针对系统目标已明确的或给定的结构化问题，即“硬”系统问题，在处理现实世界问题时都遵循“手段—目标”的统一模式，将解决问题过程转化为分析系统现状，确定系统描写，选择合适方案(手段)三个阶段，使系统从现时状态过渡到目标状态。切克兰德把他提出的方法论称为“软”系统方法论，主要针对问题本身难以定义的“软”系统问题。

(2)基本思路

切克兰德的“软”系统方法论由无结构问题情景，问题情景的表达，相关系统的基本定义，概念模型，问题表达与模型的比较，寻找可行、满意的变化以及改善问题情景的行动等7个阶段组成。这7个阶段之间的关系如图3-2所示。图中的虚线将7个阶段划分为现实世界和系统思维两部分，其中第1、2、5、6、7阶段表示现实世界部分；第3、4阶段表示系统思维部分。

①阶段1和阶段2：表达问题　首先要搞清楚问题与问题情景的区别。问题是指实际系统的状态与期望的状态之间的差异；而问题情景是指感到有问题的存在但无法明确定义的某种环境。第1、2阶段的主要任务是收集尽可能多的对问题的知觉，并考察问题情景中缓慢变化的“结构”元素和连续变化的“过程”元素以及它们之间的相互关系，建立起尽可能多的问题情景，以显示一系列可能的、与问题有关的观点的选择以及为进一步研究问

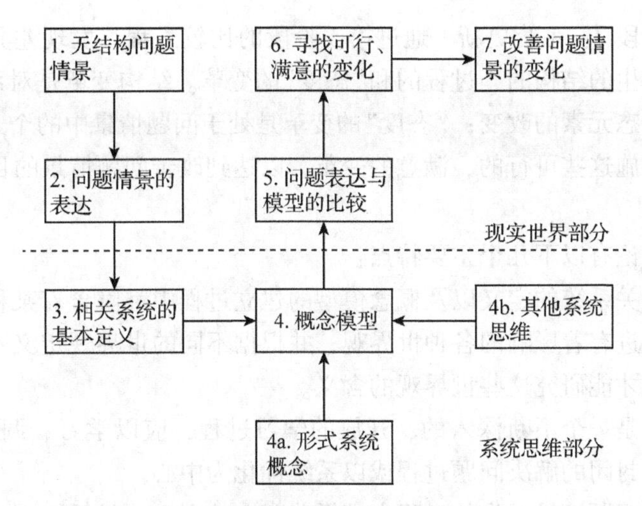

图 3-2　切克兰德方法论工作流程

题情景提供便利。

②阶段 3：相关系统的基本定义　第 3 阶段的目的是“命名”一些看起来可能与假定问题相关的系统，并简明地定义这些系统是什么，而不是做什么，以便得到一个对某些系统性质的简洁明确的陈述，当然随着理解的加深该陈述随时都可以进行反复修改。这些定义被称为基本定义，是一种从某一特定角度对一个人类活动系统的简要描述，旨在表明所定义系统的基本性质。

基本定义中又包含 6 个要素，可缩写为 CAOWTE。其中，C(customer)是所建系统或所涉及问题的利益主体；A(actor)是系统的直接实施者；O(owner)是指系统所有者；W(weltanschauung)是人们处理问题的世界观和人生观；T(transformation)是指转换过程；E(environment)表示系统所处的环境和条件。这 6 个要素把一般系统中遇到的人、信息变换、思考问题的依据以及系统所处的环境全都包括了。这样任何基本定义都可以被看作对设想为一种变换过程的一系列目的的人类活动的描述。

③阶段 4：建立概念模型　第 4 阶段的任务是根据基本定义构造相关的人类活动系统的概念模型，该模型由一组有结构的、说明行为者能够直接进行的活动的动词构成，是一种按阶段 3 所定义的有结构的活动集合，而不是任何实际人类活动系统的状态描述。整个构模活动可由 4a 和 4b 加以促进。4a 是一个根据系统理论建立的、与经验相联系的、但不对人类活动系统的现实世界表现进行描述的“评价系统”，其作用在于将概念模型与它相对照，以使概念模型及其依据的基本定义的不足在检验时得以暴露。若存在不足，则说明原因，可能的话则回到基本定义阶段进行修正，并重新构造概念模型。4b 涉及一些其他系统思维用以检查概念模型的正确性，并对模型加以扩展或修改，或者把模型转变为其他更适于特定问题的形式。

④阶段 5：概念模型与现实的比较　第 5 阶段的工作主要是以讨论的形式将概念模型与现实问题进行比较，以便发现两者之间可能存在的差异及其产生的原因。事实上当完成基于基本定义的概念模型之后可以构造一个辅助模型，这个辅助模型应尽可能在形式上与概念模型一致，以便重新描述概念模型，在模型与现实不同之处作出改动。

⑤阶段 6 和阶段 7：系统更新　通过第 5 阶段的比较过程，发现差异并寻求在知觉到问题情景中可能发生的结构的、过程的和“态度”的变革。结构变革是对系统组织结构的改变；过程变革是动态元素的改变；“态度”的变革是处于问题情景中的个人和集体的意识特征的改变。最后实施这些可行的、满意的变革，以达到改善问题情景的目的。

(3)特点

切克兰德方法论有以下几个主要特点：

①它认为在相关系统的定义以及概念模型的建立过程中都隐含着某种世界观，必须同时研究对系统的改进有着影响的各种世界观，并根据不同的世界观定义不同的系统，建立不同的概念模型，才能研究这些世界观的含义。

②它认为研究是一个不断深入的、开放的学习过程，应以学习、调查和认识为中心，而不应该看成一个封闭的解决问题过程或以系统优化为中心。

③在寻找改善问题情景行为的过程中遵循着两个准则：一是系统满意性；另一是文化可行性。系统满意性是指由概念模型和问题情景的描述进行比较所得到的一些被认为是满意的、能够改善问题情景的可能变化；文化可行性是指关于现实世界潜在的变化一旦发生，其变化的范围必须为特定问题情景的文化(包括其特殊的规范、准则、价值观等)所能接受。

④在“硬”系统方法论中可以将问题或要求看成给定的，而在“软”系统方法论中必须通过研究问题情景并将其与概念模型进行比较后才能明确问题以及问题情景的可能改变。

综上所述，切克兰德提出的“软”系统方法论的核心不是在于优化，而在于“比较”，或者说是在于“学习”，从模型和现实世界的比较中采取学习、改善现状的途径。“比较”这一阶段含有组织、讨论、听取有关方面人员意见的内容，从而不拘泥于非要进行定量分析的要求，也就能更好地反映人的因素和社会经济系统的特点。

切克兰德方法论提出以后在欧美等国的工业、医疗、公共事业和一些大型企业的管理中得到了应用和推广，并取得了较好的研究效果。此外，“软”系统方法论由于在处理问题时的“学习”特性，今后它将广泛地与其他方法交叉使用，用于发展战略研究领域以及科学预测领域和科学决策领域，并在其运用过程中自身得到不断补充和发展。

3.2　系统分析方法论

迄今为止的系统工程主要沿着逻辑推理的途径，去解决那些原本靠直感判断处理的复杂问题。显然，它具有自然科学的“描述性”(descriptive)和工程技术的“规范性”(prescriptive)特色。然而，系统工程的发展历史表明，解决这类归属于社会系统的复杂问题，势必要从人的行为方面去找出路，以取得决策者的支持，赢得舆论等。因而，系统工程又具备对话式(interactive)的特点，注重讨论和沟通，在系统工程人员、决策者、评论者和公众之间形成畅通融洽的沟通网。“描述性”“规范性”和“对话性”三者相互交织，构成了富有特色的系统工程处理问题的基本程序和步骤。单纯强调“规范”“优化”，将工程技术处理问题的路子直接移植过来的做法，多年的实践已反复说明“此路不通”。

3.2.1　系统分析方法论框架

系统工程是一门技艺。对待同样的问题，每个分析者可根据其专业经验和主观判断，选择不同的分析方法。而应用同样的分析方法，某个分析者能得出有价值的见解，另一个分析者也许会导致错误的结论。尽管如此，探讨系统工程方法论仍然是有意义的和必要的。每一次系统分析(system analysis)都或多或少地有一些典型的方法论仍然是有意义和必要的。每一次系统分析都或多或少地由一些典型的相互关联的行为构成。根据实践经验，可以将系统分析过程的典型行动概括成如图 3-3 所示的逻辑结构。它包括 5 个行动环节：①阐明问题；②谋划备选方案；③预测未来环境；④建模和估计后果；⑤评比备选方案。它的整个过程可归纳成阐明问题、分析研究和评价比较三个阶段。阐明问题阶段的工作结果是提出目标，确定评价指标和约束条件；分析研究阶段提出各种备选方案并预计一旦实施后可能产生的后果；最后阶段将各方案的评价比较结果提供给决策者，作为判断抉择的依据。

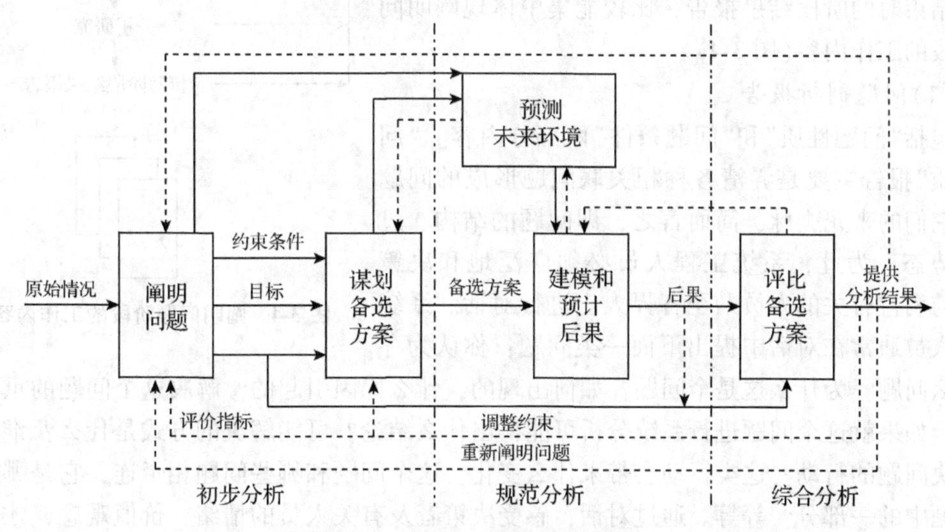

图 3-3　系统分析过程的逻辑结构

一项系统工程的分析过程中，每个行动环节一次即顺利完成的可能性是很小的，需要在反馈信息的基础上反复修正。分析者研究每一环节输出的中间结果或最后阶段的结果后，都可能改变最初的设想，或收集更多的信息以修正原先的结果。例如，决策者在弄清方案的后果以前，往往难以有把握地提出某项目标；在发现某些后果后有可能增加约束条件，筛选备选方案，调整方案的政策参数等。图 3-3 表示了几种必要的信息反馈回路。

系统分析过程中的另一重要因素是分析人员和决策者之间的沟通和对话。各个环节和阶段都需要决策者的建议和判断，而且，不断对话意味着决策者考虑了问题的各个方面，感受到亲自参与了分析过程，容易接纳分析结论，不至于因对结论感到出乎意料而拒绝。

系统工程需要专业技术和组织体制、行为因素相结合，逻辑推理和直感判断相结合，定量和定性分析相结合。

3.2.2 阐明问题阶段

阐明问题阶段本身就是一项小规模的系统工程，需要分析研究目标结构、价值观念、约束条件、备选方案、方案后果及人们对后果的反应等。尽管分析的方法很粗略，甚至完全凭直观判断，但这些工作决定着今后的分析过程，如构造什么模型，比较哪些备选方案，某种后果是否可行，等等。其重要性已被越来越多的系统工程人员所接受。但是，人们总感觉阐明问题的工作比较空洞，似乎只有开始建立数学模型才是系统分析的真正开端。为此，弄清这一阶段工作的实际内容，总结某些典型做法仍有必要。经验表明，采取撰写两种书面文件的做法，即初期的问题剖析报告和结束时的阶段结果报告，比较能集中体现阐明问题阶段的工作内容(图 3-4)。

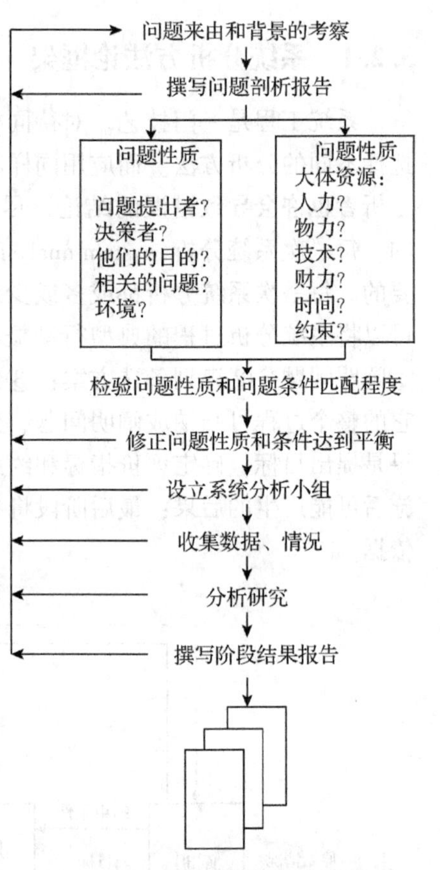

图 3-4　阐明问题阶段的工作内容

(1)问题剖析报告

包括“问题性质”和“问题条件”两部分内容。“问题性质”报告主要是弄清各种相关联问题形成的问题域和它们的来龙去脉，简而言之，即问题的结构、过程和势态。为此，系统工程人员必须广泛地和决策者、与利益有关的人员乃至各界人士进行对话。系统工程人员通常在对话中提出下面一类问题：你认为存在什么问题？为什么这是个问题？如何出现的，什么原因引起的？解决这个问题的重要性何在？如果就这个问题进行系统分析可能得出什么结论？可能解决的方式是什么？谁能采取解决问题的行动？这类行动会带来什么变化？这个问题和哪些问题相牵连，它是哪个更大问题中的一部分？等等。通过对话，感受决策者及有关人员的情绪、价值观念，才有可能对问题的结构、过程和势态获得一幅生动的总体图像。工程技术人员有时可以根据用户提出的技术要求在远隔千里之外进行一项技术设计。如果系统工程人员仅凭决策者的一个要求或意见，就立即在自己的“技术方法库”中去找解决办法的话，往往容易导致虚假印象，如排队论“爱好者”总希望把研究对象看成排队问题，而线性规划“爱好者”又把它看作线性规划问题，那是难以奏效的。

在对话基础上得出的问题性质报告，主要是扼要地描述存在的问题，确定问题提出者和决策者，了解他们的价值观念和相关的问题、环境等。

问题条件报告主要弄清解决问题所需资源。系统工程人员在对话过程中要问：涉及哪些资源分配问题？谁分配？分配者的职权、作用如何？资源使用的监督、控制系统如何？报告描述各种可利用的资源情况，以及相应的限制条件。

这两项报告都比较粗略、简要。目的是检验问题性质和问题条件是否匹配，使工作任务和所需资源相当。如果力不能及或绰绰有余都可从两方面作适当调整，直至大体平衡。

接着，可以确定解决问题的成员，最好组成一个小组，并着手进一步收集数据、资料，形成观点。

(2)阶段结果报告

在以上工作基础上，便可着手撰写阶段结果报告。这项报告的主要内容包括：问题的由来和背景；重要性；可能采取行动的组织和个人；利益相关的组织和人员；目标、评价指标、约束条件、备选方案的初步描述、建议等。根据阶段结果报告，决策者可以看出解决问题的大体方向和领域，以便给予较多的支持。当然也可能认为到此为止，不值得进一步分析下去。一般来说，阐明问题阶段约占系统分析全过程时间的 20%~25%。

图 3-4 表达了上述阐明问题阶段的工作内容及相应概念。提交的阶段报告中，目标、评价指标、约束条件乃是关键，下面将进一步讨论。

(3)目标

系统工程人员作为决策者的智囊，归根结底要帮助决策者达到真正的目标并找出适当的途径。理想的做法应尽早明确目标。但在这些“软”问题上，人们很难听到决策者用清晰周密的语言表达他的真正目标。问题还在于，即使决策者在分析开始时就明确提出目标，也不能不加分析地采纳。例如，一位决策者提出为他拟议中的新建医院选择合理地址，以满足病人需要。分析者可能立即按照“选址问题”去处理，由此得出的分析结果也能使决策者满意，但并非是一项好的系统分析。因为真正的目标是改善整个地区的医疗保健。为了达到这个目标，也许建立定期健康检查制度或改善妇幼医疗设施更为有效，并不需要建新医院。为什么决策者提出新建医院的要求？有各方面的原因，可能由于组织体制上的隔阂，现有设施得不到充分利用而引起，也可能由于个人的偏好，求新求全，与人攀比，甚至为了个人的名声地位。不能不承认，目标的层次性引起决策者判断上的困难。

本例中，改善整个地区的医疗保健是较高层目标，而兴建地址适当、患者看病方便的新医院是较低层目标，同时又是达到较高层目标的一种方式。又如，消防队的较高层目标是为了及时扑灭火灾，较低层目标则可选择消防站到火灾地点的平均行驶时间最短。而改善医疗保健服务、及时灭火又隶属于提高人民健康水平，改善社会服务这类更高层目标。一般说来，越是高层目标愈能为更多的人所接受，适用时期长、范围广。低层次目标应服从高层次目标。但是低层次目标比较明确具体，如选择适当的医院地址、最短的消防车行驶时间等，便于分析研究。有时，低层次目标不同，系统分析得出的结果会有很大差异。例如，为了减少交通违章事故，可以采取两种备选方案：一种采取突击拦截和罚款的办法；另一种采取定期巡逻的办法。前者抱有增加市政府收入这一目标，企图拦截较多的违章事例，增加罚款；后者则是希望降低违章次数，民警经常公开露面，驾车者意识到有民警便可能打消违章的企图。所以，系统工程人员需要全面分析目标结构，选择适当层次的目标。目标太笼统，系统分析难度大；目标太具体又容易以偏概全。至于选定何一层次目标，这恰恰是系统工程人员发挥其技艺之处。

决策者的同一层次目标往往不止一个，如既要改善公共交通安全，又要缩短车辆行驶时间。在资源既定情况下，如决策者力争达到某个目标，那么，其他目标则无法在最大程度上达到，甚至彼此冲突。就是说，如有两个以上的目标，除非一个目标隶属于另一个，否则这些目标之间总是彼此矛盾的。

在众多决策者和多种目标的状况下，可以采用一些筛选的办法将目标数量减少，以便进行分析。例如，将某项目标归结到更高一级目标；将各目标排出优先次序，首先选取最优先的目标，然后尽可能在不损害第一项目标前提下完成第二项目标；除了最重要的一个目标外，其他都可作为约束条件，等等。

(4)评价指标

为了衡量决策者对方案后果的满意程度，系统分析需确定一个(一组)评价指标。根据各方案的指标状况，排出优先次序。但是，目标往往难以直接定量化，需要采用一种可定量的代用指标，例如，用婴儿死亡率来反映某地区的医疗状况。

一项合理的评价指标应能反映达到目标的程度。但有些常用的指标却是不合适的，包括用输入资源、效率或负荷这些指标去评价输出后果。例如，城市的垃圾清理系统，采用不受污染地区的比例、未集中清理的垃圾堆数、鼠害状况及病疫状况等指标都能说明改善清洁工作的程度。但是，人们如采取输入资源指标(每户交付的清洁费用)或效率指标(单位人时收集垃圾吨数)或工作负荷指标(收集垃圾吨数)，那并不反映目标的改善状况，不宜作为排列方案优先次序的依据。

在有多种指标，即方案后果有多重属性的情况下，目前都是将其组合成单一的指标。对后果的每种属性给予权重，然后综合得出一个效用函数。值得指出，这种效用函数在很大程度上是系统分析者本人对各种属性相对重要程度的判断结果，而不反映决策者的意见。决策者即使愿意花费较多时间去估计权重，也是在分析人员的指导下进行的。分析人员所设计的、让人难以明了的方法，引导着决策者去做出不知所终的判断。这种做法的出发点，仍然是把系统分析类似于问题求解，而忽略了系统分析的主要作用——向决策者提供达到目标的各种途径，好似一面镜子将各行动方案的效益、成本等各方面的后果显示出来。所以，将各种性质截然不同的后果属性硬凑成单一的评价指标，这并非必要，也不能说是理想的出路。事实上，决策者只有通过右半脑直感思维，才能对各种显示出的后果做综合判断。确定评价指标不只是为了寻求辨优的尺度，重要的是它所带来的信息和知识。

(5)约束条件

约束条件是对备选方案、后果和目标的限制。只有不直接或间接违反约束条件的方案，后果和目标才能看作可行的。约束条件限制了方案数量，它可能是物理定律、自然条件和资源的限制，也可能是组织体制、法律、道德观念等方面形成的界限。有些约束长期成立，不容破坏，如物理定律等，有些则随技术进步和社会发展而变化。

目标和约束在决策者的观念中有相似之处。决策者并非从目标角度去看待一项决策，而经常盘算着这项决策在哪些方面行不通，所以，目标和约束需要相互关联地考虑。当然，两者有差别，约束条件有界限，目标却无，总希望更上一层楼。约束条件一旦确定下来，会在整个系统分析过程中起到"强硬"的作用。

系统工程人员面临着各级决策者提出的各类约束条件，如任意选定或全面照顾，都势必使整个分析工作过于庞大和烦琐。需要审查其合理和必要性。例如，在一项武器系统的分析中，如按某一技术上的约束条件去设计方案，需要花费 100 万元来保证一个人的安全，而这些费用本可用于其他的、为更多的人提供安全的措施。如果决策者认识到这种为了安全而付出的机会成本，便可能放弃此约束要求。有时，可进行灵敏度分析，如稍许降低污染标准会大幅度减少生产消耗，那就要考虑放宽约束条件的可能性。

在阐明问题阶段内，不可能一次就把所有的约束条件都弄清楚，系统分析过程中，任何时候发现有约束存在，都需要加以补充。

3.2.3 谋划备选方案

每项系统分析都需比较多个备选方案。可以说，没有两种以上的方案就不成为系统工程问题。系统工程人员即使面临似乎毫无疑义的唯一选择，都不能轻易地承认方案的唯一性，要思考其他可能的备选方案，要研究这种"唯一"方案的缺陷。

谋划备选方案包括方案的提出和筛选过程。方案提出有多种渠道。决策人或问题提出人的意见和设想是渠道之一。系统工程人员在调查研究过程中可以收集到各种意见。再者，分析者本人也可提出若干备选方案。然而，任何一种备选方案的提出和形成都有赖于系统工程人员的分析和概括能力、想象力、创造力以及对现实的深刻了解。例如，关于减少青少年犯罪活动问题，教育、电影与电视内容、书刊管理、民警监督、住房、社会福利等各个方面采取的措施都可能单独地或相互组合地形成一个方案。在这里，没有一个固定模式，需要分析者去探索和概括。

谋划备选方案初期，应尽可能考虑各种方案，每个机会和建议都不要放过。最初不可思议的想法，仔细研究后却可能有理。一项方案可能因为违背已有的法律条款或现行政策、不符合人们的习惯或超出人们所承受的能力而视为不现实，但并不意味着不去考虑。如果将其当作一种备选方案去研究，研究结果将更有说服力，也许某些有影响的决策者认识到这种方案在其他方面的优点和吸引力，可能改变原来的规定、政策而使看来不现实的方案成为合理方案。

值得注意的倒是组织和个人行为引起的问题。系统涉及的各个组织总是期望采取对自己有利的行动方案，而回避那些即使该干而对己不利的方案。有许多因素会限制提出备选方案的思路。由于偏见，当出现某种解决问题方案时，这些人可能会毫无根据地说："我们不按那种办法去做!"而另一方面，每种备选方案都可能得到热心的拥护者，而且笃信他心目中的备选方案是最优方案。有的为了"赶时髦""赶浪潮"而盲目拟订一些"新"的行动方案，有的为了回避责任生搬硬套别人的做法。所以，系统工程人员面临着专业判断：①忠实于科学和系统工程专业还是忠实于所属组织的利益？如果两者发生矛盾时怎样进行协调？②原先受到推崇的方案在分析过程中发现许多消极后果时，有没有勇气否定并寻找新的替代方案？系统工程人员没有决策者的支持将一事无成，但如果只是投其所好，论证其意图之正确，那也起不到智囊作用，未履行系统工程者的专业职责。最后提供分析的若干备选方案是经过不断筛选形成的。随着约束条件的发现和应用以及粗略地估计方案的效益后，有些方案就明显地需要删除，或者修改某些内容。谋划备选方案过程以定性判断为主，详细的定量分析难以做到，也没有必要。同时，要审视方案是否已满足方案应具备的下述特性。虽然这些和决策者所提出的目标和准则无具体联系，但仍是十分重要的。

谋划和筛选方案是为了达到所提出的目标，自然要视具体情况行事。通常，作为备选方案应具备以下特性：①强壮性，指在受到干扰的情况下，继续维持正常后果的程度。例如，在公共交通系统中，强壮性意味着气候变化或负荷变化时(上、下班高峰期)行驶时间不会增加太多；组织体制中，不致因个别负责人的更迭而引起混乱。②适应性，目标经过修正甚至完全不同的情况下，原来的方案仍能适用。这在不确定因素影响大的情况下尤为重要。如铁路运输燃料比管道运送燃料适应性好得多。③可靠性，指系统在任何时候正常工作的可能性。要求系统不出现失误，即使失误也能迅速恢复正常。完善的监督机构和信息反馈能提高政策实施系统的可靠性。④可操作性，即方案实施的可能性。决策者支持与否是关键，不可能得到支持的方案必须取消。方案的实施费用也是个重要因素。

筛选过程中往往要采取专家评判的方法。系统工程小组(或专家组)一致同意删去比一致同意选取的做法更容易行得通，经过讨论将一些不可行的或太敏感的方案删去，在谋划备选方案阶段结束后提出少数几个(一般以 3 个为宜，不超过 5 个)方案供详细分析研究。同时，在分析过程中，自始至终要注意发掘新的更好的方案，分析者要谨慎从事，又要有勇气提出创造性的建议。

总之，良好的备选方案是进行良好系统分析的基础。而在系统分析过程中自始至终要意识到，需要而且可能发现新的更好的备选方案，这是得到出色分析结果的要点。

3.2.4 建模和预计后果

每种备选方案都相应有一系列后果。这些后果通过社会、经济和技术等方面的指标加以衡量，有的后果有助于达到目标，有的则是消极的；有些后果对选定的目标影响甚小，但涉及其他决策者和组织者的利害关系；有的后果满足近期目标，但其作用可延续较长时间并妨碍长期目标的实现。可见，系统分析者不能局限于某个决策者的具体目标，应从较广范围来考察后果。另外，由于系统工程人员受时间、精力和财力的限制，不可能全面考察在社会、经济、技术等方面的后果。因此，本阶段的首要“决策”便是确定应该预计哪些后果？其中哪一项最重要？后果的作用时期该考虑多久？

选定后果项目后，便可着手建立一个或多个模型预计行动和后果指标之间的关系。实际上，系统分析的其他阶段，包括阐明问题、谋划备选方案及方案评比等，和预计后果一样往往都需要建立模型。建模成为反映系统分析特色的主体内容。然而，预计后果的模型较其他阶段的模型要复杂和重要得多，人们往往把系统工程的模型只理解为本分析阶段的模型。

人们在日常决策中，后果预计大都以直感判断为基础。直感判断来自决策者右半脑的固有思维模式，或称之为隐形思维模式。由于价值观念、期望、经验和处境不同，每个人都有各自的思维模式。这种思维模式有许多优点，可以处理各种不能定量分析的因素，权衡各种相互矛盾的价值或要求。所以，越是上层的重大决策，越是依靠隐性思维模式的“盘算”“估量”。然而，各人固有的思维模式都会有难以自知和别人难以发现的认识偏差，无法提供精确的答案。作为决策者智囊的系统工程人员，总希望在决策前用左半脑的思维方式将一项行动的前因后果解释清楚，从技术角度来说，就是要建立清晰的逻辑推理模型，用表格、图形、数字、数学关系式或计算机程序来表达行动和后果之间的关系，通过精确计算，处理更多的信息。严格的逻辑推理可以得出直感判断难以得出的结果，其缘由、依据可以清楚地展现出来，便于他人检验、讨论和判断。但是，前面曾提到过，由于政策分析涉及政治、社会、心理因素，这类逻辑推理模型的作用仍然是有限的。从现状看来，在系统工程的后果预计阶段，隐形思维模式和清晰的数学模型都是需要的，不可偏废。

值得指出的是，不能用自然科学中数学模型的概念来看待系统分析中的后果预测模型。自然科学模型是科学理论的数学表达式，可通过试验来验证。而系统工程中的模型很少有这类科学理论，多半是推测，难以试验，其精度也不能和它相提并论。系统工程人员很难说他预计的后果一定可靠，因为无法排除不确定因素和未知因素。如此说来，花费精力、财力去进行不精确的估计是否有必要呢？答案是肯定的。有系统分析的帮助，比单纯的直感判断要好。尽管绝对精度不高，但用于方案的比较，选出一个较优方案还是有效的。

(1)建模技术

建模技术主要有4种：分析、仿真、博弈和判断。前两种主要反映逻辑思维方式，后两种则主要反映直感思维方式。

①分析模型　分析模型通常用数学关系式表达变量之间的相互关系。自然科学和工程技术都有应用分析模型的传统。运筹学中的排队、网络、搜索、库存等问题常用这类模型。

大多数分析模型是描述性的，即在一组条件下预测某一方案的各种后果数值，如采用回归分析或状态方程的形式。方案的优先次序是在模型运算以外进行的。当各种方案的结构类似，只是参数有差别的情况下，便可建立一个规范性模型，按照某项功能指标评定方案优先次序。模型的运算包含优化过程(如线性规划)，从而能选择一组使功能指标最优的变量值。然而，从全局观点来看，这种最优选择是有先决条件的，即这种单一的功能指标能够正确反映和权衡决策者所考虑的各种经济、社会、心理等因素。而在政策分析和高层决策中几乎不可能满足这样的条件。尽管如此，分析模型仍然是令人向往的，也是系统分析人员乐于追求的一种模型。

②仿真模型　广义来说，任何一种模型都是仿真，但在运筹学和系统工程的用语中，仿真有其特定含义。仿真通过一系列逐步的或逐项的“伪试验”，来预测有目的的行动的各种后果。所谓“伪试验”，是指试验对象不是真实世界而是仿真模型。系统工程中的仿真大都处理随机系统，而很少讨论确定型系统，每次模型试验都可能产生不同的结果，统计分析这些结果便能算出各项后果指标。

仿真，通常指的是计算机仿真，由计算机产生随机数，表征出现的事件或状态，而不用任何分析技术去算出数值结果。这对那些难以建立分析模型的过程十分有利。例如，交通车辆流这样错综复杂的过程，可用一些简单事件(如一辆正在十字路口左转弯的小轿车，或一辆停靠的卡车)和简单规则(如小轿车要等对面驶来的车辆过完后才能左转弯；一辆卡车停靠后，后面的车辆要被迫停下)来描述。计算机按照相应的分布曲线得出随机数后，便可确定什么时候可能发生那些行为，如小轿车左转弯将要等待多少车辆驶过。试验出一连串在现实生活中发生的事件后，便可分析出行动的后果，如某种交通控制方案对车辆流的影响等。

计算机仿真是很有效的技术工具，对于一个变量之间关系不清楚的系统，采用仿真模型是合适的。当然，从阐明原理的角度来说，仿真模型并不理想，它不能为观测到的结果提供理论上的解释，分析过程也很费事。

③博弈模型　无论分析模型或仿真模型都无法将人们的行为用数学方程式或计算机程序表达出来。牵涉到多个决策者的行为就更束手无策了。而在系统工程处理问题中，人们的行为是不可缺少的重要因素，博弈模型则将人的因素贯穿于模型之中，将两者有机地结合起来。

有人认为博弈(gaming)或称为运行博弈(operational gaming)这个词不大合适，不如称之为“对话仿真”。博弈技术(博弈模型)、仿真和博弈论三者在过去30年都有较大发展，相互联系密切，但发展至今，它们之间的区别也是明显的。

博弈和计算机仿真都是通过“伪试验”去认识现实世界。所不同的，仿真主要是“计算机导向”，靠编制好的计算机程序试验仿真模型；而博弈和行为科学关系密切，是“人的行为导向”，系统的“伪试验”是靠人和计算机的不断对话，共同完成。局中人(对话者)根据对局者的上一步行动和当时的具体条件作出判断，选择下一步行动，而计算机有效地完成逻辑和数字运算。对话者的试验规则和计算机的试验程序构成了博弈模型。

博弈技术起源于军事，用沙盘来反映敌方采取的行动，研究作战计划的可行性。在经营管理人员的培训方面已得到较广泛的应用。在政策分析领域中，虽然还处于初期应用阶段，但由于引入“对话”，已显示出许多优点，例如，可以反映人的勇气、价值观等难以定量的因素；多个对局者促使系统工程人员从不同处境去思考问题，沟通信息。博弈技术将会对系统工程作出更大的贡献。

④判断模型　通过个人隐形思维模式对后果进行判断是必不可少的。同时，由于系统工程的多学科性质，还需要依靠集体的判断。博弈技术是其中的一种形式，另一种则是会议讨论。会议讨论有其缺陷，影响到预测质量。所以，开发了一些取会议之长补其所短的方法，其中最常用的是德尔斐法(Delphi technique)，即专家调查法。它通过若干轮征询个人的真实意见，使预测结果不断完善。分析小组和专家之间的信息交换替代了会议讨论。一般采用问卷的方式征询意见，现在有的借助计算机终端显示以加速这一过程。征询意见对象应包括有关论题的专家、决策人员。要使他们提出的意见受到相互评论且又避免面对面讨论时心理上的附和、勉强等弊病，每位参与人员的意见都具有同等作用。专家意见经过几个回合之后趋于集中，但结论仍是一组意见。实践表明，德尔斐法构造集体讨论的模式能起到分析模型和仿真模型同样的作用，所预测的后果往往较之会议讨论要精确些，特别适合于预测事件何时发生、某项指标在未来的数值等。当然，它不能替代其他模型，只是对分析模型和仿真模型缺乏信心时才会依靠这种集体判断方式。

情景分析法是系统分析中常用的描述集体判断结果的一种方式。情景分析法是设想未来行动所处的环境和状态，并预测相应的技术、经济和社会后果。情景可以通过仿真或博弈得出，但大多数靠直感判断。有时，情景分析法也可作为建立分析模型的先行步骤。

有时，用上述4种模型预测后果并不会令人放心。例如，在新的环境下采取牵涉公众利益的行动，则需要用社会试验的办法，在一部分人、一个地区内试点，然后推广。当然，社会试验也有局限性，其结果未必能在未来的环境中重复出现。用社会试验来预测行动后果仍需辅之以分析论证。

(2) 建模过程

即使在自然科学领域内，建模都不是一个章法清晰的过程，而是一项富于创造性的工作。在系统工程中，建模者首先碰到的问题往往是重要变量之间的关系不清楚，拥有的数据资料虽多，但适用的不多或混淆不清。所以，建模的第一步要选择合适的模型和筛选数据。通常从上述已有的各类模型中选择一种或数种，当然不排除创新。这里需要强调，何种模型最为合适，完全视问题性质而定，防止用问题去凑自己所偏好的模型，也不能说模型越复杂越好，能简单则应尽量简单，需要复杂也不排斥复杂。能用简单模型解决复杂的问题，正说明分析者的高明。在此过程中，要求系统工程人员进行一系列正确判断。首先，在模型简化方面，因为模型是现实世界的抽象，简化是不可避免的事，建模者要忽略那些与后果关系不大的变量，又不能因数据缺乏或理论上解释不清将有些变量轻率地删去；尽可能将复杂关系看作线性关系，变量取为常数，以确定型取代随机型，但要小心从事。其次，在数据的筛选和处理方面，既要综合和简化数据，又要注意综合过程中所丧失的信息，判断原始数据和模型是否相匹配等。简而言之，要从无限多种可能的模型形式中选择出最能说明问题的一种。建模的第二步，自然是模型本体的工作，如确定模型结构、选定参数、编制计算机程序等。第三步是应用和改进模型。任何系统分析模型的输出结果都不可能和现实生活完全吻合。需要运用这些模型，用已知的情况、历史数据去检验它、完善它，最好能暴露出模型所不适应的场合。告诉模型用户有关模型的预测能力和限制。

3.2.5　预测未来环境

每项系统工程都需要预测各种备选方案的后果，而每种方案的后果和将来付诸实践时所处的环境有关。环境指的是决策人无法控制的自然、经济、社会和技术的未来状态。例如，分析某一水资源开发项目，人们要问这个项目实施后是否能满足用户要求？要回答这个问题就涉及对未来的气候作出预测，在最干旱的条件和一般气候条件下答案显然是不一样的；新建或扩建一个企业、开发某项新产品或研究企业的经营策略都需要对市场需求和国家经济状况作出预测；一项价格改革方案出台要估计居民们的心理承受能力；分析国家的能源政策离不开对煤、天然气、石油、核能、太阳能等各种能源的技术发展前景的研究，等等。

从上述说明中可见：

①离开未来实施环境去谈论方案后果是没有实际意义的。系统工程者向决策者提供的后果信息只能这样来表述：在某种环境下采取某种行动将会导致什么后果。

②行动方案从决策到实施有一段时间间隔，它的作用期就更长，而未来状态总是不确定的。因此，“不确定性”是系统工程全过程的一个基本特征，系统工程人员不可能无条件地认定某个方案会出现什么样的后果。如果有份系统工程报告确定无疑地说某项方案在任何情况下都会成功，那倒是值得怀疑的。

因此，情景分析法是常用的适宜方法。

由于系统工程的不确定性特征，方案后果的表达通常反映“预计后果”和“预测未来环境”两阶段工作的结果。表达后果的形式可概括为：“如果环境如此，则备选方案的后果将是……”这种表达形式实际上集中反映了系统工程处理问题的思路，给一个名称，这就是在前一节判断模型中提到的“情景分析法”，显然，它和“最优化”的思路是不一样的，不能像最优化那样，在某些确定的条件下计算出肯定的最优后果答案。

情景分析法对于每种备选方案都确定几组未来实施环境的特征和条件，如“乐观”“正常”和“悲观”的环境；出现可能性大、正常和特殊的环境等。维持现状往往作为一种情景方案，尽管按此发展可能达不到目标但有现实可能性，也便于分析比较。在百年不遇的自然灾害等特殊环境中也不容忽视。国际应用系统分析研究所在 1981 年关于世界未来能源的报告中按高增长和低增长两种情景方案进行分析：高增长指全世界有较高经济增长速度，高增长情景方案中，预计 2030 年世界主要能源消耗量为 1975 年的 4 倍多。低增长情景为 2030 年的主要能源消耗量不到 1975 年的 3 倍。然后分别算出这两种情景下的能源需求量和能源消耗中的石油、天然气、煤、水电、核电、太阳能等构成。又如，制定全国或地区的经济发展规划时，总是将未来的人口数作为环境因素，以不同的总和生育率如 1.3 胎、1.7 胎或 2 胎表征各种情景方案。

情景分析意味着对未来环境状态作出某种假设，为此系统工程人员要运用其想象力，但绝非无约束的幻想，对环境现状研究清楚，进而判断未来可能出现的状况，并弄清从现状到未来情景的转移过程。情景设定的目的不是预测未来，而是通过一系列事件因果推理确定未来可能出现的某几种状态。上述国际应用系统分析研究所关于能源的研究，其目的是弄清其后 50 年世界能源的供求状况，这是个影响因素众多的非常复杂的问题，研究小组抓住这样一个事实：世界人均能源的差异很大，北美等发达地区较发展中国家和地区(南亚、东南亚以及撒哈拉以南非洲)的人均能耗要高出 40 倍。这表明能耗和经济发展水平关系密切，同时显示发展中国家的能耗会有较快的增长速度。因此，采取经济增长高、低作为情景特征，按照这两种环境来分析各种方案可能的技术和经济后果。

预测未来不确定环境除最常用的情景分析法外，前节所述的 4 种建模技术都可以使用。但是，各种供定量分析的数学模型的应用有许多局限。第一，在方案分析的初期阶段(尚未进行方案后果计算)，往往只能获得有限或不精确的数据，这种情况下复杂的数学模型不实用，不如简单的判断模型。而且人们在此阶段需要较多的定性的原则性答案，而不是复杂的定量计算结果。第二，各种数学模型使用的都是历史的和当前的数据，以及这些数据和未来联系的假设，用这些数据得出的规律前推未来，间隔越长误差越大。所以，这些建模模型仍需和情景分析的思路结合起来应用。

3.2.6 评比备选方案

各种备选方案在不同情景下的后果估计出来后，便可着手方案评比。方案的评比和选择密切相关。但在系统工程中，这两部分工作是由不同人员完成的。系统工程人员有责任对各种方案进行评估并尽可能排出优先次序，但作出选择乃是决策者的权利和职责。如果决策者选择的只是系统工程人员列为第三、第四的方案，那并不奇怪，因为决策者的价值观和偏好并不可能为系统工程人员完全理解，甚至会误解。只要决策者根据系统分析列出的后果选择他满意的方案，这就说明系统工程的分析结果是成功的。系统工程人员的目标不只着眼于选择一个最优方案，而是提供一组最接近于满足决策者目标的方案，给出足够的后果信息。

评比方案的困难之处是：每种方案的后果都依不同环境条件而定，有些情景方案后果好，另一些则差。如何评比各种备选方案？有一种可行的方法，即将所有备选方案和情景方案的后果列于同一表格中，差别和类似之处一目了然。例如，兰德公司在为荷兰三角湾防洪这项巨大工程所进行的系统分析中，就将 4 种备选方案(建封闭水坝、建防风浪水坝、修堤防和维持现状)在投资、经营费用、安全、生态、渔业、运输、旅游、国民经济及区域经济等方面的后果指标值用不同颜色标志登记在同一计分表格中，供决策者比较判断。但情景和方案越多，这种直观方法的清晰度越差。

从决策者和系统工程人员的愿望来说，总希望列出方案的优先名次，以供选择，这意味着需要拟订适当的评价指标。但在多种后果条件下，有的指标优先，有的较次，难以统一。加之后果是动态的，不同时期后果的优先次序会发生变化。后果的短期效益的权重因人而异，更增加难度。尽管有种种困难，为了作出方案选择，系统工程人员力求将各种后果归结为单个或数个的评比指标。多年来，在寻求单一的评比指标方面已进行过许多工作。先是 20 世纪四五十年代开发的“成本—效益分析”和“成本—利润分析”，在同样的人、财、物等资源消耗的条件下，效益(利润)越大则名次越优先。后来是五六十年代发展起来的效用值理论，它能反映决策者的价值观念，表明他的偏好和对风险的态度。在效用值理论基础上开发了许多技术方法，将性质不同的多种后果、定性和定量指标都统一用效用值来表达。这比成本—效益分析要完善得多。但是，效用值是建立在决策者个人偏好和主观判断的基础上的，而在复杂的政策分析中很难找到真正能代表决策者实际想法的效用值函数。多个决策者或组织的不同价值观念所引起的问题就更为棘手，同时，单一的评比指标往往将方案的特色抹杀掉。决策者根据多个后果指标进行的判断，较之凭一个抽象的效用值去判断更能符合他的价值观念。当然，在寻求效用值函数的过程中也要求决策者判断各项后果。前文已指出，这实际反映了系统工程人员的意图，难以真正反映决策者的意见。实际上，常采取折衷的做法，评比中既不能罗列所有的后果指标，又不能只根据单一指标去排名次，而是设置几项评比指标，使决策者足以进行有效的真实的判断，又不致感到烦琐或混淆不清。

方案评比后，决策前的系统工程工作就已完成，方案选择不一定包括在内。当然，在方案的实施过程中，特别在开始阶段或环境发生变化的情况下，还会要求系统工程人员参加，方案实施结果的评价也离不开他们，但不一定是原班人马。

以上讨论了系统工程的三个阶段(阐明问题、分析研究和评价比较)和 5 个行动环节(见图 3-3)。在绝大多数系统工程中，这五个行动环节不可能一次就完成，需要迭代调整，分析过程的中间结果甚至最终环节的结果可能迫使分析者去改变最初的假设，修正原先的工作或收集新的数据。例如，决策者在得悉某项好主意(备选方案)以后可能修正原定的目标，或者因发现某些后果而增加约束条件。

图 3-2 表示了各种主要的反馈回路，从后果到备选方案设计都有反馈。例如，决策者得知拟选用的方案存在着某种后果，使方案难以实施，因而可能建议改变方案或调整方案的内容，模型分析结果也可能要求修正原先阐明问题阶段的工作。在评比阶段后，某些方案显得比较占优势而需要重新设计，使之吸取其他方案优点，更趋完善。

决策者及系统工程人员可能对原来的约束条件不满意，这时可进行灵敏度分析，考察这些约束条件所付出的代价，以及取消或放松一些约束可能带来的好处。如果实在不能取消或放松约束，只能降低目标要求。预计后果的模型也常需要根据评比结果加以修正，例如，有些原先看来重要的因素和因果关系，分析后却显示影响不大，则可以简化。

这类迭代修正的过程一直要进行到方案后果无显著改善为止。即使这样，待决策者采纳某种行动方案并付诸实施后，由于方案执行人(组织)有他们的偏好和设想，加之实施环境偏离预测环境，仍然可能要调整方案。

在整个系统分析和迭代调整过程中，系统工程人员要不断和决策人对话，这是系统工程成功与否的关键因素。决策人不仅对目标和约束的设定最有发言权，而且要在各分析阶段对许多中间结果作出判断，这是系统工程人员替代不了的。由于双方经常对话，决策人及委托人等会感到自己也参与了分析工作，了解分析过程中涉及的各种重要问题，因此，一旦分析得出一些意料之外的或违反本意的结果，决策人也不致因惊讶或抵触而拒之门外，不予考虑。

还需指出，并非所有系统工程都要完全履行上述 5 个环节，有些成功的系统工程可能只涉及其中一部分环节。例如，为政府部门或大公司做经济预测，这属于“预测未来环境”；又如，称为“影响分析”(impact analysis)的技术，专门分析行动方案的某一类重要后果，如环境保护的影响分析，用于确定技术开发对环境污染的影响，而不需要评比方案；再如，“决策分析”技术，提供一种分析框架，用于方案后果已知情况下排列方案的优先顺序等。即使进行完整的系统分析，也可能偏重于某几个环节。在这些情况下，未分析或未着重分析的环节由决策者(委托人)提供足够的信息。

3.2.7 系统工程分析报告

系统工程的一个重要特色是有完善的系统工程分析报告，不能由于急于向决策部门表达分析结论面忽视这项工作。经验表明，分析报告应包括 3 份不同类型的报告：

①简略报告　繁忙的决策人员可以在 10~30 分钟了解到分析中问题的要点、依据、结论和行动方案的建议。

②主体报告　用非技术语言描述整个分析过程，包括背景分析、问题的阐明、分析的依据和设想、方案的筛选、分析过程中的关键问题、结论，提供给主管或实施该项目的有关决策和管理人员参阅。

③技术报告　包括分析过程中的技术内容、数学模型、计算机程序及使用说明等，供审查分析报告的技术专家阅读。

系统工程这类“软”科学成果需要取得高层决策人的重视和支持，否则分析结果可能束之高阁甚至成为一堆废纸。因此，写系统工程报告要非常注重“读者”“听众”的特点。掌握决策权的人员常常都是忙人、要人，没有时间去看长篇大论，更没有精力去细读专业技术内容，只关心有无新的结论、设想、方案和其主要利弊，因此要给他们看“简报”，写简报很费思考，既要用精练通顺的 1000~2000 字的文章反映整个分析工作的要点，又要有吸引力、有新意，吸引决策者有进一步了解此工作全部内容的要求。在写法上尽可能符合决策者的思维方式，包括：结论在前，开门见山；观点明确，观点加实例；忌用外文和数学公式及专业语言；少用表格及曲线等。主体报告提供给主管或实施此项目的有关决策人员和管理人员，或者较低决策层次中和此项目密切相关的人员。他们需要对整个系统分析过程有全面的了解，不过，他们不是专业人员。主体报告中应尽量用非技术语言去表述。技术报告供专家评审此项工作和技术交流之用。系统工程人员多系技术专业出身，可能对写出反映同样内容的3份报告的做法不习惯，认为重复、浪费。但实践表明，学术上的严格和简洁会失去一些关键的读者，可能会使系统工程的成果丧失其价值。

有经验的系统分析者并非先写简报而是先写技术报告，整理出完整的数据、假设、模型、计算结果、推理和分析等，有了这些技术资料的支持(至少是草稿形式)，便可着手写主体报告。主体报告写成后，就有完善的基础去写简报。

现着重讨论主体报告。它应包括下述内容：问题背景要点；问题说明(阐明问题阶段的最后工作结果)；分析所依据的主要事实及假设；备选方案(如果有新的特别是出人意料的方案，应着重说明，也要解释为什么放弃一些看来合理的方案)；分析中逻辑推理过程要点及依据；分析结论以及这些结论的意义；实施计划和将产生的各种后果及其利弊；实施该项计划所需条件(资源、组织结构调整)的建议。其中除了“分析中逻辑推理过程及要点”外，反映专业技术内容的部分并不多，有些系统工程人员可能不过瘾，自己有兴趣的计算推理内容未能充分反映出来。但报告的读者一般不大掌握这些技术知识，只要了解推理过程的要点及依据就可以，写多了反而有负效应。

系统工程小组在书面报告的基础上，还可以准备口头讲解材料、投影片、论文等，以便在不同场合下宣讲分析结果。

思考与练习

1. 方法论的含义是什么？它对处理系统问题起着什么样的作用？
2. 霍尔方法论的特点是什么？它主要用来处理哪些类型的系统问题？
3. 系统分析主要有哪些要素？在系统分析过程中必须要遵循哪些重要原则？
4. 在系统分析过程中，为什么要建立数学模型和计算机模型？

第4章 结构模型化技术与系统诊断

4.1 概述

系统是由许多具有一定功能的要素(如设备、事件、子系统等)所组成的，而各个要素之间总是存在着相互支持或相互制约的逻辑关系。在这些关系中，又可分为单向关系和双向关系、直接关系和间接关系等。为此，当我们在开发利用或改造一个系统的时候，首先，要了解系统中各要素之间存在怎样的关系，是单向关系还是双向关系，是直接的还是间接的关系等。只有这样，才能更好地完成开发利用或改造系统的任务。要了解系统中各要素之间的关系，就要了解和掌握系统的结构，或者说，要建立系统的结构模型。运用系统工程方法进行思考、分析和解决问题的第一步是明确问题，也就是系统诊断，通过对系统进行全面的调查了解，研究系统的历史、现状，建立系统诊断模型，找出系统所存在的问题和产生问题的根源，以及解决问题的突破口和途径。

4.1.1 结构模型的定义及基本性质

所谓结构模型，就是应用有向连接图来描述系统各要素间的关系，以表示一个作为要素集合体的系统的模型。图 4-1 所示即为有向图和树图两种不同形式的结构模型。

由图 4-1 可知，结构模型具有下述一些基本性质。

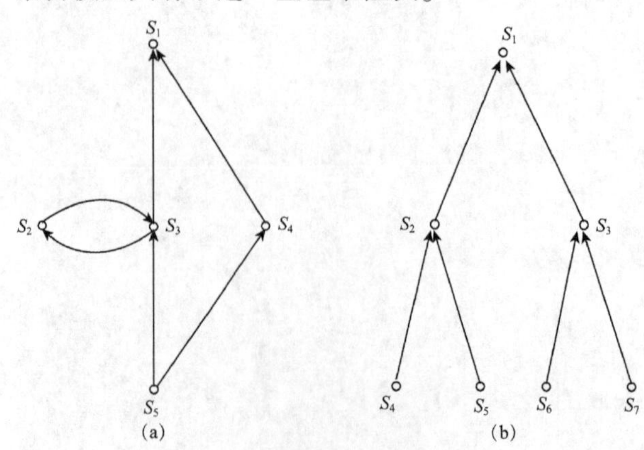

图 4-1 有向图(a)和树图(b)

(1) 结构模型是一种几何模型

结构模型是用节点和有向边构成的图或树来直观地描述一个系统的结构。图 4-1 中，节点用来表示系统的要素，而有向边则表示要素间所存在的关系。这种关系随着系统的不同和分析问题的不同，可以理解为“影响”“取决于”“先于”“需要”“导致”或其他的含义。

(2) 结构模型是一种以定性分析为主的模型

通过结构模型，可以分析系统的要素选择得是否合理，还可以分析系统要素及其相互关系变化时对系统整体的影响等问题。

(3) 定性分析和定量分析相结合

结构模型除了可用有向连接图描述外，还可以用矩阵形式来描述，而且与有向连接图同构成的矩阵可以通过逻辑演算用数学方法进行处理。因此，如果要进一步研究各要素之间的关系，只要通过矩阵形式的运算，可使定性分析和定量分析相结合。这样，结构模型的用途就更为广泛，从而使系统的评价、目标确定、规划、决策等过去单凭人的经验、直觉或灵感进行的定性分析，能够依靠结构模型来进行定量分析。在第 7 章系统评价中将要介绍的层次分析法就是在结构模型基础上，通过矩阵形式的运算，使定性分析和定量分析相结合的一种评价和决策的方法。

(4) 结构模型适应性广泛

结构模型作为对系统进行描述和结构分析的一种形式，正好处在自然科学领域所用的数学模型形式和社会科学领域常规所用的以文字描述的逻辑分析形式之间。因此，它适合用来处理以社会科学为对象的复杂系统中和以自然科学为对象的比较简单的系统中存在的问题，即可以处理无论是宏观的还是微观的、定性的还是定量的、抽象的还是具体的有关问题都可以用结构模型来处理。

总之，由于结构模型具有上述这些基本性质，因此，通过结构模型对复杂系统进行分析，往往能够抓住问题的本质，并找到解决问题的有效对策。同时，还便于系统开发小组内不同专业的成员之间进行相互交流和沟通，获得解决问题的共识。

4.1.2　结构模型化技术

结构模型化技术是指建立结构模型的方法论。下面列举国外有关专家、学者对结构模型法的描述。

①华费尔特(John Warfield，1974)认为结构模型法是“在仔细定义的模式中，使用图形和文字来描述一个复杂事件(系统或研究领域)的结构的一种方法论”。

②麦克林(Mick Mclean)和西菲德(P. Shephed，1976)所下的定义是：“结构模型意味着什么呢？‘结构’这个词的定义是：‘复杂整体的组成部分相互关联的方式……’从这个意义上讲，结构是任何数学模型的固有性质。所有这样的模型都是由相互间具有特定的相互作用部分组成的。所以，结构模型法的实质仅仅是一种强调而已。也就是说，一个结构模型着重于一个模型组成部分的选择和清楚地表示出各组成部分间的相互作用。”

③希尔劳克(Dennis Cearlock，1977)认为结构模型所强调的是“确定变量之间是否有联结以及其联结的相对重要性，而不是建立严格的数学关系以及精确地确定其系数。这样，在确定组成系统变量间的联结关系时，可使用预先选好的简单的函数形式。所以，结构模

型法关心的是趋势及平衡状态下的辨识，而不是量的精确性”。

根据有关文献资料可知，目前已经开发了许多结构模型化技术，如图 4-2 所示。

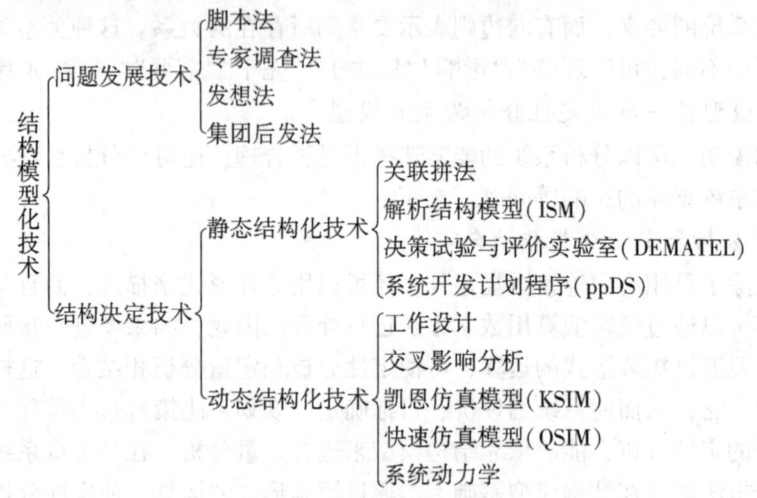

图 4-2　结构模型化技术

但不管是哪一种技术，它总是以一批要素——系统的建筑材料开始的，而这些要素是从哪儿来的呢？答案是这些要素的选择通常带有很大的直觉性。换言之，系统要素的选择是建立在个人或小组成员的经验、讨论和文献检索的基础上的。要想找到一个能够择优选出所有重要要素的系统的过程是很困难的。这正像对一个国家来说，不存在一张单一确定的地图一样(如地图比例尺的不同，是否标出地貌、物产资源等的不同)，我们不能提前确知地图是否载有我们在航程中所需要的信息，但我们显然需要一张地图。对于一个复杂的系统而言，我们显然需要制定一个能反映系统概貌的结构图来帮助组织我们的思考。这就是我们所以要讨论结构模型的意义所在。

4.2　解析结构模型法

结构模型化技术目前已有许多种方法可供应用，而其中尤以解释结构模型法(interpretative structural modeling，ISM)最为常用。

ISM 是美国华费尔特教授于 1973 年作为分析复杂的社会经济系统有关问题的一种方法而开发的。其特点是把复杂系统分解为若干组分(子系统和要素)，利用人们的实践经验和知识，以及计算机的帮助，最终将系统构造成一个多级递阶的结构模型。

ISM 属于概念模型，它可以把模糊不清的思想、看法转化为直观的具有良好结构关系的模型。它的应用面十分广泛。从能源问题等国际性问题到地区经济开发、企事业甚至个人范围的问题等，都可应用 ISM 来建立结构模型，并据此进行系统分析。它特别适用于变量众多、关系复杂而结构不清晰的系统分析中，也可用于方案的排序等。

应用 ISM 进行系统分析，必须注意到它的假设条件。关于这一点，将在下一节中详细讨论。

为便于学习结构模型法，下面将简单地介绍图及其矩阵表示的一些基本概念和知识。

4.2.1　有向图、邻接矩阵、可达矩阵

自从瑞士数学家欧拉(Leonhard Eular)在 1736 年发表关于图论方面的第一篇论文，解决了著名的肯尼希堡桥的问题(Konigsberg bridge problem)起，至今，图论发展已经有了相当长的历史。特别是近年来，图论被广泛地应用于运筹学、管理科学、系统工程等各个领域。在这里，我们仅从建立结构模型所需要的图论方面的有关知识进行简要介绍。

(1)有向图

①有向图的概念　所谓有向图，就是指由若干节点和有向边连接而成的图像，如图 4-3 所示。由此可知，有向图就是节点和有向边的集合。图中，设节点的集合为 S，有向边的集合为 E，则有向图 G 可表示为：

$$G=\{S, E\}$$

其中　$S=\{S_i \mid i=1, 2, 3, 4, 5\}$，

$E=\{[S_1, S_2], [S_1, S_4], [S_2, S_3], [S_2, S_5], [S_3, S_4], [S_4, S_5], [S_5, S_3]\}$。

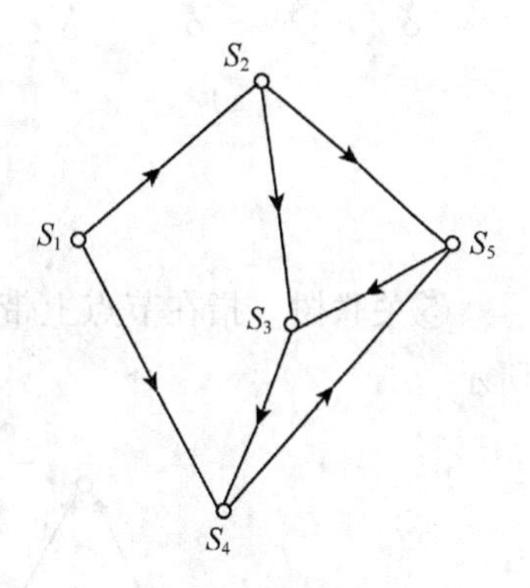

图 4-3　有向图

②回路　在有向图的两个节点之间的边多于一条时，则该两节点的边就构成了回路。如图 4-4 所示，节点 S_2 和 S_3 之间的边就构成了一个回路。

③环　一个节点的有向边若直接与该节点相连接，则就构成了一个环。如图 4-5 所示，节点 S_2 的有向边就构成了一个环。

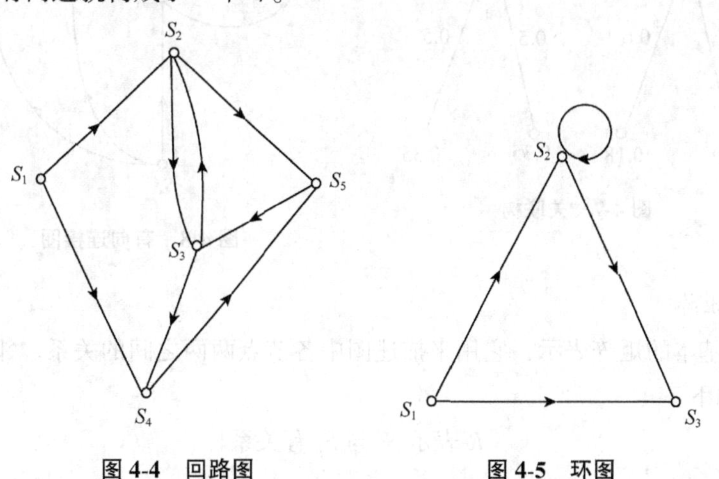

图 4-4　回路图　　图 4-5　环图

④树　当图中只有一个源点，指只有有向边输出而无输入的节点，如图 4-6(a)所示；或只有一个汇点，指只有有向边输入而无输出的节点，如图 4-6(b)所示，称作树。树图也可用图 4-6(c)来表示。树中两相邻节点间只有一条通路与之相连，不允许有回路或环存在。

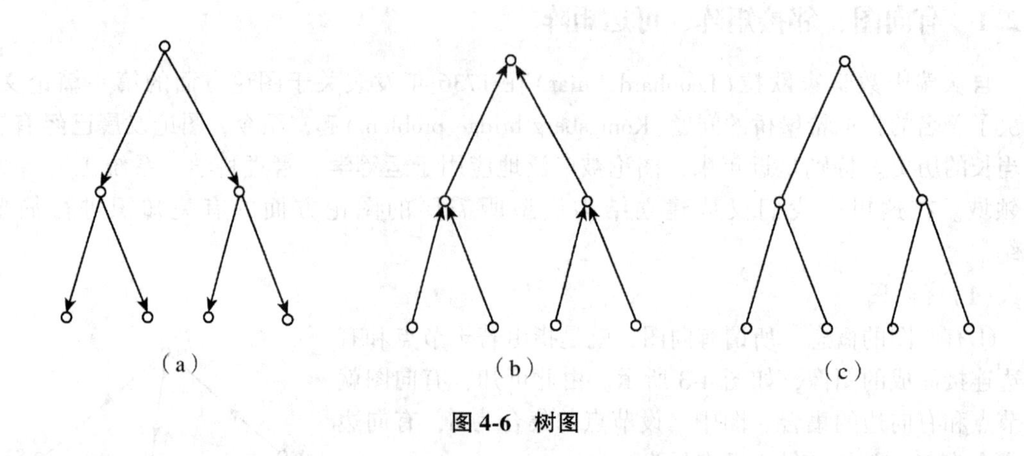

图 4-6 树图

⑤关联树 指在节点上带有加权值 w，而在边上有关联值 r 的树称作关联树，如图 4-7 所示。

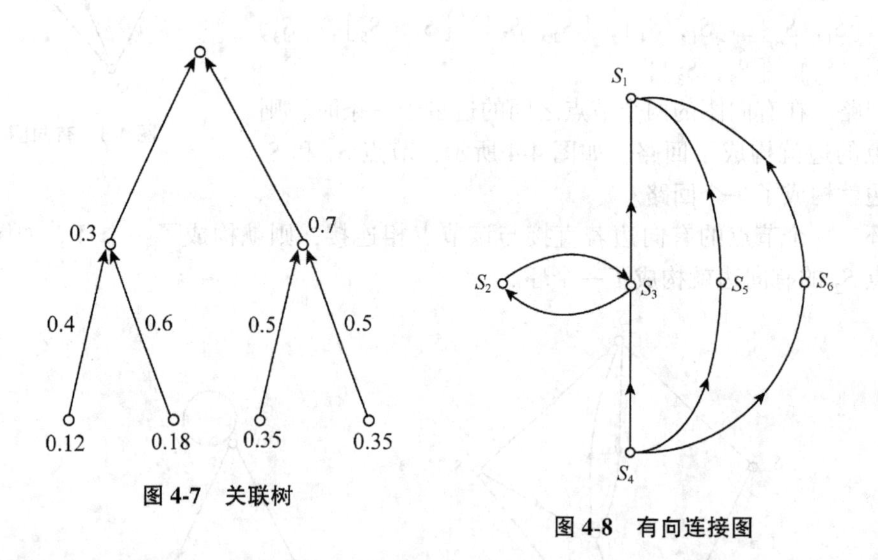

图 4-7 关联树

图 4-8 有向连接图

(2) 邻接矩阵

这是图的基本的矩阵表示，它用来描述图中各节点两两之间的关系。邻接矩阵 $\boldsymbol{A}$ 的元素 a_{ij} 可定义如下：

R 表示 S_i 与 S_j 有关系

$\bar{R}$ 表示 S_i 与 S_j 没有关系

$$a_{ij}=\begin{cases}1 & S_i\ R\ S_j\\ 0 & S_i\ \overset{?}{R}\ S_j\end{cases}$$

据此，图 4-8 所示有向连接图的邻接矩阵 $\boldsymbol{A}$ 可以表示如下：

$$
\boldsymbol{A}=[a_{ij}]_{6\times6}=\begin{matrix} & S_1 & S_2 & S_3 & S_4 & S_5 & S_6 \\ S_1 & 0 & 0 & 0 & 0 & 0 & 0 \\ S_2 & 0 & 0 & 1 & 0 & 0 & 0 \\ S_3 & 1 & 1 & 0 & 0 & 0 & 0 \\ S_4 & 0 & 0 & 1 & 0 & 1 & 1 \\ S_5 & 1 & 0 & 0 & 0 & 0 & 0 \\ S_6 & 1 & 0 & 0 & 0 & 0 & 0 \end{matrix}
$$

邻接矩阵有如下特性：

①矩阵 $\boldsymbol{A}$ 的元素全为零的行所对应的节点称作汇点，即只有有向边进入而没有离开该节点。如图 4-8 所示的 S_1 点即为汇点。

②矩阵 $\boldsymbol{A}$ 的元素全为零的列所对应的节点称作源点，即只有有向边离开而没有进入该节点。如图 4-8 所示的节点 S_4 即为源点。

③对应每一节点的行中，其元素值为 1 的数量，就是离开该节点的有向边数。

④对应每一节点的列中，其元素值为 1 的数量，就是进入该节点的有向边数。

总之，邻接矩阵描述了系统各要素两两之间的直接关系。若在矩阵 $\boldsymbol{A}$ 中第 i 行第 j 列的元素 $a_{ij}=1$，则表明节点 S_i 与节点 S_j 有关系，也即表明从 S_i 到 S_j 有一长度为 1 的通路，S_i 可以直接到达 S_j。所以说，邻接矩阵描述了经过长度为 1 的通路后各节点两两之间的可达程度。

(3) 可达矩阵

可达矩阵 $\boldsymbol{M}$ 是指用矩阵形式来描述有向连接图各节点之间，经过一定长度的通路后可以到达的程度。

可达矩阵 $\boldsymbol{M}$ 有一个重要特性，即推移律特性。当 S_i 经过长度为 1 的通路直接到达 S_k，而 S_k 经过长度为 1 的通路直接到达 S_j，那么，S_i 经过长度为 2 的通路必可到达 S_j。通过推移律进行演算，这就是矩阵演算的特点。所以说，可达矩阵可以应用邻接矩阵 $\boldsymbol{A}$ 加上单位矩阵 $\boldsymbol{I}$，并经过一定的演算后求得。

仍以图 4-8 表示的有向连接图为例，则有

$$
\boldsymbol{A}_1=(\boldsymbol{A}+\boldsymbol{I})=\begin{bmatrix} 0&0&0&0&0&0\\0&0&1&0&0&0\\1&1&0&0&0&0\\0&0&1&0&1&1\\1&0&0&0&0&0\\1&0&0&0&0&0 \end{bmatrix}+\begin{bmatrix} 1&0&0&0&0&0\\0&1&0&0&0&0\\0&0&1&0&0&0\\0&0&0&1&0&0\\0&0&0&0&1&0\\0&0&0&0&0&1 \end{bmatrix}=\begin{bmatrix} 1&0&0&0&0&0\\0&1&1&0&0&0\\1&1&1&0&0&0\\0&0&1&1&1&1\\1&0&0&0&1&0\\1&0&0&0&0&1 \end{bmatrix}
$$

矩阵 $\boldsymbol{A}_1$ 描述了各节点间经过长度不大于 1 的通路后的可达程度。接着，设矩阵 $\boldsymbol{A}_2=(\boldsymbol{A}+\boldsymbol{I})^2$，即将 $\boldsymbol{A}_1$ 平方，并用布尔代数运算规则(即 $0+0=0$，$0+1=1$，$1+0=1$，$1+1=1$，$0\times0=0$，$0\times1=0$，$1\times0=0$，$1\times1=1$)进行运算后，可得矩阵 $\boldsymbol{A}_2$，即

$$A_2=\begin{bmatrix}1&0&0&0&0&0\\1&1&1&0&0&0\\1&1&1&0&0&0\\1&1&1&1&1&1\\1&0&0&0&1&0\\1&0&0&0&0&1\end{bmatrix}$$

矩阵 $\boldsymbol{A}_2$ 描述了各节点间经过长度不大于 2 的通路后的可达程度。

一般地，通过依次运算后可得：

$$\boldsymbol{A}_1\neq\boldsymbol{A}_2\neq\cdots\neq\boldsymbol{A}_{r-1}=\boldsymbol{A}_r\quad(r\leqslant n-1)\tag{4-1}$$

式中，n 为矩阵阶数。

则

$$\boldsymbol{A}_{r-1}=(\boldsymbol{A}+\boldsymbol{I})^{r-1}=\boldsymbol{M}\tag{4-2}$$

矩阵 $\boldsymbol{M}$ 称作可达矩阵，它表明各节点间经过长度不大于$(n-1)$的通路可以到达的程度。对于节点数为 n 的图，最长的通路其长度不超过$(n-1)$。

本例中，经过继续运算，得矩阵 $\boldsymbol{A}_3$ 有

$$A_3=\begin{bmatrix}1&0&0&0&0&0\\1&1&1&0&0&0\\1&1&1&0&0&0\\1&1&1&1&1&1\\1&0&0&0&1&0\\1&0&0&0&0&1\end{bmatrix}$$

由上可见

$$\boldsymbol{A}_3=\boldsymbol{A}_2\tag{4-3}$$

所以

$$\boldsymbol{M}=\boldsymbol{A}_2\tag{4-4}$$

从矩阵 $\boldsymbol{A}_2$ 中可知，节点 S_2 和 S_3 在矩阵中的相应行和列，其元素值分别完全相同，出现这种情况，即说明 S_2 和 S_3 是一回路集。因此，只要选择其中的一个节点即可代表回路集中的其他节点，这样就可以简化可达矩阵。简化后的可达矩阵称作缩减可达矩阵$\boldsymbol{M}'$。上例中，选节点 S_3 为代表节点，则$\boldsymbol{M}'$为：

$$\boldsymbol{M}'=\begin{array}{c}\\S_1\\S_3\\S_4\\S_5\\S_6\end{array}\begin{array}{c}\begin{array}{ccccc}S_1&S_3&S_4&S_5&S_6\end{array}\\\begin{bmatrix}1&0&0&0&0\\1&1&0&0&0\\1&1&1&1&1\\1&0&0&1&0\\1&0&0&0&1\end{bmatrix}\end{array}$$

(4) 可达矩阵要素关系分析

从可达矩阵 $\boldsymbol{M}$ 全体要素中选出一个能承上启下的要素，即选择一个既有有向边输入，也有有向边输出的要素 S_i，那么，S_i 与余下的其他要素的关系，必然存在着下述几种关系

中的一种，即余下的要素可以分别归入以下几种要素集合中的某一种集合中去。这些要素集合是：

①$A(S_i)$——上位集　指 S_i 与 $A(S_i)$ 中的要素有关，而 $A(S_i)$ 中的要素与 S_i 无关，即存在着从 S_i 到 $A(S_i)$ 的单向关系。从有向图上来看，从 S_i 到 $A(S_i)$ 有向边存在，而从 $A(S_i)$ 到 S_i 却不存在有向边。

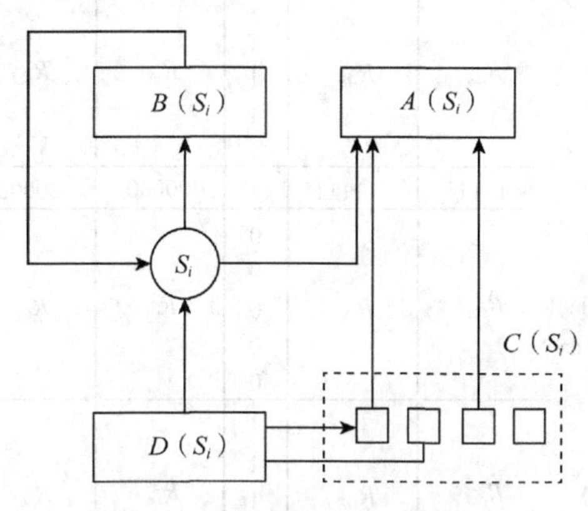

图 4-9　四种要素的集合关系

②$B(S_i)$——回路集　即 S_i 与 $B(S_i)$ 中的要素具有回路的要素集合。从有向图上来看，既有从 S_i 到 $B(S_i)$ 的有向边存在，也有从 $B(S_i)$ 到 S_i 的有向边存在。

③$C(S_i)$——无关集　指既不属于 $A(S_i)$，也不属于 $B(S_i)$ 的要素集合，即 S_i 与 $C(S_i)$ 中的要素完全无关。

④$D(S_i)$——下位集　即下位集 $D(S_i)$ 的要素与 S_i 有关；反之则无关。从有向图上看，只有从 $D(S_i)$ 到 S_i 的有向边存在；反之，则不存在有向边。

归纳 S_i 与上述四种要素的集合关系可以用图 4-9 表示。这样，可达矩阵 $\boldsymbol{M}$ 可以写成图 4-10 所示形式。

显然，图 4-10 所示矩阵被 S_i 行和列分割开，按元素的性质可分成 16 块，而每块元素的情况多数是可以推断出来的。

①根据上述对 $A(S_i)$、$B(S_i)$、$C(S_i)$、$D(S_i)$ 的定义可知，$A(S_i)$ 与 $C(S_i)$ 及 $D(S_i)$ 不会有关系；同样，$B(S_i)$ 与 $C(S_i)$ 及 $D(S_i)$ 也不会有关系。因此，M_{AC}、M_{AD}、M_{BC}、M_{BD} 四块中的元素全为零。

②由于 $A(S_i)$ 与 $B(S_i)$ 无关，因此，M_{AB} 块中的元素为零。

③由于 $B(S_i)$ 中的要素与 S_i 有关，S_i 又与 $A(S_i)$ 有关，所以 $B(S_i)$ 中要素与 $A(S_i)$ 有关，因此，M_{BA}、M_{BB} 中的元素全为 1。

④由于 $C(S_i)$ 中的要素与 $B(S_i)$ 无关，故 M_{CB} 中的元素为零。

⑤由于 $C(S_i)$ 中的要素与 $D(S_i)$ 无关，故 M_{CD} 中的元素为零。

⑥由于 $D(S_i)$ 与 S_i 有关，而 S_i 又与 $A(S_i)$ 及 $B(S_i)$ 有关，所以 $D(S_i)$ 与 $A(S_i)$ 及 $B(S_i)$ 有关，故 M_{DA}、M_{DB} 中的元素全为 1。

	$A(S_i)$	$B(S_i)$	S_i	$C(S_i)$	$D(S_i)$
$A(S_i)$	R_{AA}	R_{AB}	0 0 0 0 0	R_{AC}	R_{AD}
$B(S_i)$	R_{BA}	R_{BB}	1 1 1 1 1	R_{BC}	R_{BD}
S_i	11111	11111	1	00000	00000
$C(S_i)$	R_{CA}	R_{CB}	0 0 0 0 0	R_{CC}	R_{CD}
$D(S_i)$	R_{DA}	R_{DB}	1 1 1 1 1	R_{DC}	R_{DD}

图 4-10　可达矩阵图

4.2.2　解析结构模型的建立

(1)选择确定有关元素，建立邻接矩阵

有关专家与系统分析人员一起讨论，选择确定有关元素，建立邻接矩阵。

在一般情况下，建立邻接矩阵前，根据小组成员的实际经验，对系统结构先有一个大体或模糊的认识，这样可以先建立起一个构思模型。接着，从回答“$S_iR\ S_j$?”开始，即回答要素 S_i 是否与 S_j 有关系。所谓有无关系，可以根据不同对象系统等有不同的含义，例如，S_i 是否影响 S_j，S_i 是否取决于 S_j，S_i 是否导致 S_j，S_i 是否先于 S_j 等。通常，可以从下面 4 种结果中选择其中的一种来回答。

①$S_i \times S_j$，即 S_i 与 S_j 和 S_j 与 S_i 互有关系，即形成回路；

②$S_i \bigcirc S_j$，即 S_i 与 S_j 和 S_j 与 S_i 均无关系；

③$S_i \wedge S_j$，即 S_i 与 S_j 有关，而 S_j 与 S_i 无关；

④$S_i \vee S_j$，即 S_j 与 S_i 有关，而 S_i 与 S_j 无关。

设对 $n \times n$ 的矩阵进行比较关系时，则需进行 n^2 次比较，故当维数增多时，就会使运算极为复杂。因此，一般采用上三角阵法比较，这样，只需比较$(n^2-n)/2$ 次即可。下面举例说明建立邻接矩阵的方法。

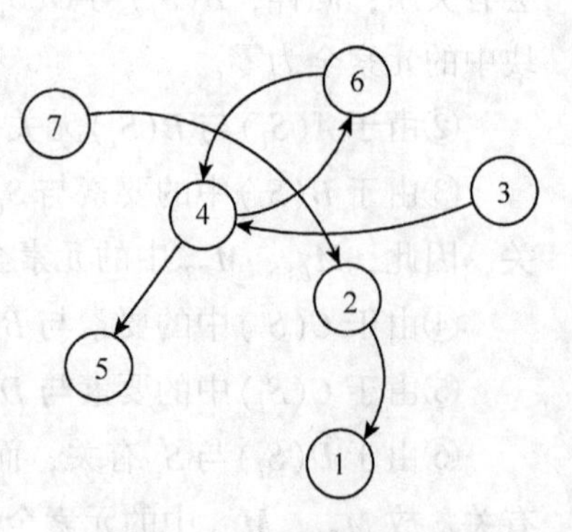

图 4-11　有向连接图

【例 4-1】　如图 4-11 所示，由 7 个要素组成的系统，试建立它的关系，并求出邻接矩阵及可达矩阵。

对图 4-11 表示的系统结构中各要素之间的关系进行提问，可得如图 4-12 所示的上三角关系阵。

1	2	3	4	5	6	7
1	∨	○	○	○	○	○
2		○	○	○	○	∨
3			∧	○	○	○
4				∧	×	○
5					○	○
6						○

图 4-12 上三角关系阵

由此可得到关联矩阵 $\boldsymbol{A}$。

$$\boldsymbol{A}=\begin{bmatrix} 0 & 0 & 0 & 0 & 0 & 0 & 0 \\ 1 & 0 & 0 & 0 & 0 & 0 & 0 \\ 0 & 0 & 0 & 1 & 0 & 0 & 0 \\ 0 & 0 & 0 & 0 & 1 & 1 & 0 \\ 0 & 0 & 0 & 0 & 0 & 0 & 0 \\ 0 & 0 & 0 & 1 & 0 & 0 & 0 \\ 0 & 1 & 0 & 0 & 0 & 0 & 0 \end{bmatrix}$$

(2) 建立可达矩阵

对于一个有 n 个要素的系统来说，利用上文中介绍的邻接矩阵加上单位阵，经过至多 $(n-1)$ 次演算后能得到可达矩阵。

在例 4-1 中，由于 $(\boldsymbol{A}+\boldsymbol{I})\neq(\boldsymbol{A}+\boldsymbol{I})^2=(\boldsymbol{A}+\boldsymbol{I})^3$，所以 $\boldsymbol{M}=(\boldsymbol{A}+\boldsymbol{I})^2$，即

$$\boldsymbol{M}=\begin{bmatrix} 1 & 0 & 0 & 0 & 0 & 0 & 0 \\ 1 & 1 & 0 & 0 & 0 & 0 & 0 \\ 0 & 0 & 1 & 1 & 1 & 1 & 0 \\ 0 & 0 & 0 & 1 & 1 & 1 & 0 \\ 0 & 0 & 0 & 0 & 1 & 0 & 0 \\ 0 & 0 & 0 & 1 & 1 & 1 & 0 \\ 1 & 1 & 0 & 0 & 0 & 0 & 1 \end{bmatrix}$$

(3) 可达矩阵划分

在介绍可达矩阵划分的步骤前，先介绍几个有关的定义。

①可达集　将与要素 S_i 有关的要素集中起来，定义为要素 S_i 的可达集，并用 $R(S_i)$ 表示。

$$R(S_i)=\{S_j\in N \mid m_{ij}=1\} \tag{4-5}$$

$R(S_i)$ 是由可达矩阵中第 i 行中所有矩阵元素为 1 的列所对应的要素集合而成；N 为所

有节点的集合；设 m_{ij} 为 i 节点到 j 节点的关联(可达)值，$m_{ij}=1$ 表示 i 关联 j。从定义中还可以看出，$R(S_i)$ 表示的集合包含上位集 A 和回路集 B，即：

$$R(S_i) = A(S_i) + B(S_i)$$

在例 4-1 的可达矩阵中，第 1 行共有 1 个元素为 1，并位于第 1 列，则可达集 $R(S_1)=\{1\}$，同理 $R(S_2)=\{1, 2\}$ 等。

②先行集　将到达要素 S_i 的要素集合定义为要素 S_i 的先行集，用 $Q(S_i)$ 表示。

$$Q(S_i) = \{S_j \in N \mid m_{ji} = 1\} \tag{4-6}$$

$Q(S_i)$ 是由矩阵中第 S_i 列中的所有矩阵元素为 1 的行所对应的要素组成，而且，$Q(S_i)$ 表示的集合包含下位集 D 和回路集 B，同理 $Q(S_i)=D(S_i)+B(S_i)$。

在例 4-1 的可达矩阵中，第 1 列中有 3 个元素为 1，分别位于 1 行、2 行与 7 行，则 S_i 的先行集 $Q(S_1)=\{1, 2, 7\}$，同理 $Q(S_2)=\{2, 7\}$，等等。

③共同集　系统要素 S_i 的共同集是 S_i 在可达集和先行集的共同部分，即交集，称为共同集，记为 $B(S_i)$。定义为：

$$B(S_i) = \{S_j \mid S_j \in S,\ m_{ij} = 1,\ m_{ji} = 1,\ j = 1, 2, \cdots, n\} \quad (i = 1, 2, \cdots, n) \tag{4-7}$$

④起始集和终止集　把系统 S 所有要素 S_i 的可达集 $R(S_i)$ 与先行集 $Q(S_i)$ 的交集为先行集 $Q(S_i)$ 的要素集合定义为起始集，用 $B(S)$ 表示：

$$B(S) = \{S_i ?\ S \mid R(S_i) \cap Q(S_i) = Q(S_i),\ i = 1, 2, \cdots, n\} \tag{4-8}$$

起始集 $B(S)$ 是在系统 S 中只影响(到达)其他要素而不受其他要素影响的要素(回路除外)所构成的集合。显然，$B(S)$ 中的要素在有向图中只有箭线流出，而无箭线流入。

同理，把所有要素 S_i 的可达集 $R(S_i)$ 与先行集 $Q(S_i)$ 的交集为可达集 $R(S_i)$ 的要素集合定义为终止集，用 $E(S)$ 表示：

$$E(S) = \{S_i \in S \mid R(S_i) \cap Q(S_i) = R(S_i),\ i = 1, 2, \cdots, n\} \tag{4-9}$$

终止集 $E(S)$ 在 S 中只受其他要素影响(到达)而不影响其他要素的要素(回路除外)所构成的集合。显然，$E(S)$ 中的要素在有向图中只有箭线流入，而无箭线流出。

表 4-1　共同集计算表(Ⅰ)

要素	$R(n_i)$	$Q(n_i)$	$R(n_i)\cap Q(n_i)$
1	1	1, 2, 7	1
2	1, 2	2, 7	2
3	3, 4, 5, 6	3	3
4	4, 5, 6	3, 4, 6	4, 6
5	5	3, 4, 5, 6	5
6	4, 5, 6	3, 4, 6	4, 6
7	1, 2, 7	7	7

为了计算方便，根据可达矩阵得到的各个要素的 $R(S_i)$ 与 $Q(S_i)$，计算 $R(S_i)\cap Q(S_i)$，可以得到共同集计算表4-1。

从表4-1中可以看出，起始集 $B(S)=\{3, 7\}$，终止集 $E(S)=\{1, 5\}$。

在讨论完有关定义后，下面介绍可达矩阵划分的步骤：

①区域划分(π_1)　所谓区域划分，就是把系统的构成要素集合 S，分割成关于给定二元关系 R 的相互独立的区域的过程。区域划分就是把要素之间的关系分为可达与不可达，并判断哪些要素是连通的，即把系统分为有关系的几个部分或子部分。

为此，需要以可达矩阵 $\boldsymbol{M}$ 为基础，在已划分与要素 $S_i(i=1, 2, \cdots, n)$ 相关联的系统要素类型的基础上，找出在整个系统(所有要素集合 S)中有明显特征的要素。

利用起始集 $B(S)$ 判断区域能否划分的规则如下：

根据表4-1求出起始集 $B(S)$。在 $B(S)$ 中任取两个要素 S_i，S_j。

a. 如果 $R(S_i)\cap R(S_j)\neq\varnothing$，则 $R(S_i)$、$R(S_j)$ 中的要素属同一区域。

b. 如果 $R(S_i)\cap R(S_j)=\varnothing$，则 $R(S_i)$、$R(S_j)$ 中的要素不属同一区域，系统要素集合 S 至少可被划分为两个相对独立的区域。

例4-1中，$B(S)=\{3, 7\}$，且 $R(3)\cap R(7)=\{3, 4, 5, 6\}\cap\{1, 2, 7\}=\varnothing$，则系统可分为两个区域：$\{1, 2, 7\}$，$\{3, 4, 5, 6\}$。

值得注意的是，如果 $B(S)$ 中有两个以上的要素，还需要在 $B(S)$ 中任取其他要素进行判断，系统要素集合 S 可能分为两个以上的独立区域。

②级间划分(π_2)　所谓级间划分，就是将系统中的所有要素，以可达矩阵为准则，划分成不同级(层)次。

由要素的可达集和先行集的定义，可以得到这样一个事实：在一个多级结构中，它的最上级(终止集)的要素 S_i 的可达集 $R(S_i)$，只能由 S_i 本身和 S_i 的强连接要素组成。所谓两要素的强连接是指这两个要素互为可达的，在有向连接图中表现为回路。具有强连接性的要素称为强连接要素。另外，最高级要素 S_i 的先行集也只能由 S_i 本身和结构中的下一级可能达到 S_i 的要素以及 S_i 的强连接元素构成。因此，如果 S_i 是最上一级单元，它必须满足下述条件：

$$R(S_i)=R(S_i)\cap Q(S_i) \tag{4-10}$$

这样，我们就可用这一条件，确定出结构的最高一级要素。找出最高级要素后，即可将其从可达矩阵中划去相应的行和列。接着，再从剩下的可达矩阵中寻找新的最高级要素。依此类推，就可以找出各级所包含的最高级要素集合，若用 L_1，L_2，…，L_k 表示从上到下的级次，则有 k 个级次的系统，级间划分 $\pi_k(n)$ 可以用下式来表示：

$$\pi_k(n)=[L_1, L_2, \cdots, L_k] \tag{4-11}$$

若定义第0级为空级，即 $L_0=\varnothing$，则可以列出求 $\pi_k(S)$ 的迭代算法：

$$L_k=\{S_i\in N-L_0-L_1-\cdots-L_{k-1}\mid R_{k-1}(S_i)=R_{k-1}(S_i)\cap Q_{k-1}(S_i)\}$$

式中，$R_{k-1}(S_i)$ 和 $Q_{k-1}(S_i)$ 分别是由 $N-L_0-L_1-\cdots-L_{k-1}$ 要素组成的子图求得的可达集合和先行集合。即

$$\begin{aligned}R_{j-1}(S_i)&=\{S_j\in N-L_0-L_1-\cdots-L_{j-1}\mid m_{ij}=1\}\\Q_{j-1}(S_i)&=\{S_j\in N-L_0-L_1-\cdots-L_{j-1}\mid m_{ji}=1\}\end{aligned} \tag{4-12}$$

由表4-1所示$N-L_0$后得到的$R(S_i)$、$Q(S_i)$和$R(S_i)\cap Q(S_i)$可知，S_1、S_5满足$R(S_i)=Q(S_i)\cap R(S)$，故S_1、S_5分别为其连通域中的最高级要素。

所以 $L_1=\{1, 5\}$

再由$N-L_0-L_1$，即去掉L_0、L_1，进行第二级划分得到$R(S_i)$、$Q(S_i)$和$R(S_i)\cap Q(S_i)$，见表4-2所列。

表 4-2 共同集计算表(Ⅱ)

要素	$R(S_i)$	$Q(S_i)$	$R(S_i)\cap Q(S_i)$
2	2	2，7	2
3	3，4，6	3	3
4	4，6	3，4，6	4，6
6	4，6	3，4，6	4，6
7	2，7	7	7

由表4-2可知，要素S_2、S_4、S_6满足$R(S_i)=R(S_i)\cap Q(S_i)$，故为该表中的最高级，也是可达知矩阵中的第2级要素，即$L_2=\{2, 4, 6\}$。由$N-L_0-L_1-L_2$得到$R(S_i)$、$Q(S_i)$和$R(S_i)\cap Q(S_i)$，进行第三级划分，得到结果见表4-3所列。

表 4-3 共同集计算表(Ⅲ)

要素	$R(S_i)$	$Q(S_i)$	$R(S_i)\cap Q(S_i)$
3	3	3	3
7	7	7	7

于是，第三级要素集合$L_3=\{3, 7\}$。

为了计算与编程方便，这里介绍另一种级间划分的方法。求：

$$\boldsymbol{M}\cap\boldsymbol{M}^{\mathrm{T}}=\begin{bmatrix}1&0&0&0&0&0&0\\1&1&0&0&0&0&0\\0&0&1&1&1&1&0\\0&0&0&1&1&1&0\\0&0&0&0&1&0&0\\0&0&0&1&1&1&0\\1&1&0&0&0&0&1\end{bmatrix}\cap\begin{bmatrix}1&1&0&0&0&0&1\\0&1&0&0&0&0&1\\0&0&1&0&0&0&0\\0&0&1&1&0&1&0\\0&0&1&1&1&1&0\\0&0&1&1&0&1&0\\0&0&0&0&0&0&1\end{bmatrix}=\begin{bmatrix}1&0&0&0&0&0&0\\0&1&0&0&0&0&0\\0&0&1&0&0&0&0\\0&0&0&1&0&1&0\\0&0&0&0&1&0&0\\0&0&0&1&0&1&0\\0&0&0&0&0&0&1\end{bmatrix}$$

也就是说，我们可以用这个矩阵来进行分层，用$\boldsymbol{M}\cap\boldsymbol{M}^{\mathrm{T}}$与$\boldsymbol{M}$比较，行元素完全相同的列所对应的要素为最高层要素，其集合记为L_1，从$\boldsymbol{M}$中删除L_1要素所对应的行和列，再进行以上操作。依此类推，从上往下得到每层的要素。

同样的方法，我们也可以用$\boldsymbol{M}\cap\boldsymbol{M}^{\mathrm{T}}$与$\boldsymbol{M}$比较，列元素完全相同的行所对应的要素为最底层要素，其集合记为L_1，从$\boldsymbol{M}$中删除L_1要素所对应的行和列，再进行以上操作。依此类推，从下往上得到每层的要素。

这样，经过三级划分，可将 M 中的7个单元划分在三级内：$L=\{L_1, L_2, L_3\}$。通过级间划分，可以得出按级间顺序排列的可达矩阵 M_0，如图4-13所示。

$$\begin{array}{c} \\ L_1\begin{cases}1\\5\end{cases} \\ L_2\begin{cases}2\\4\\6\end{cases} \\ L_3\begin{cases}3\\7\end{cases}\end{array}\begin{array}{c} \begin{array}{ccccccc}1&5&2&4&6&3&7\end{array} \\ \begin{bmatrix}1&0&0&0&0&0&0\\0&1&0&0&0&0&0\\1&0&1&0&0&0&0\\0&1&0&1&1&0&0\\0&1&0&1&1&0&0\\0&1&0&1&1&1&0\\1&0&1&0&0&0&1\end{bmatrix}\end{array}$$

图4-13　按级间顺序排列的可达矩阵

③强连通块划分(π_3)(双向通道划分)　在进行级间划分后，每级要素中可能有强连接要素。如上文中所描述的，在同一区域内同级要素相互可达的要素就称为强连通块。在例4-1中，{4，6}就属于强连通块。当矩阵维度较低时，可以容易查看强连通块，但是当矩阵维度很高且结构复杂时，强连通块的查找就比较困难，因此，本文提供一个简单查找强连通的方法，在级间划分的交集矩阵 $M\cap M^{\mathrm{T}}$ 中，除对角线上的1以外，矩阵中其他位置如果值为1，说明这个位置所对应的行元素和列元素之间存在着强连通。

(4)提取骨架矩阵

对于给定系统，A 的可达矩阵 M 是唯一的，但实现某一可达矩阵 M 的邻接矩阵 A 可以具有多个。我们把实现某一可达矩阵 M 而且具有最小二元关系个数(“1”元素最少)的邻接矩阵称作 M 的最小实现二元关系矩阵，或称为骨架矩阵，记作 A'。

这里的骨架矩阵，即为 M 的最小实现多级递阶结构矩阵。对经过区域和级位划分后的可达矩阵 M_0 的缩减共分三步：

①检查各层次中的强连接要素　由于在要素中存在着强连通块，而且构成它的要素集中互相都是可达且互为先行的，它们就构成一个回路。在可达矩阵 M_0 中可以看出，第2级要素 S_4 与 S_6 行和列的相应元素完全相同，所以，只要选择其中一个为代表要素即可。

今选 S_4 为代表要素，去掉 S_6，则可得经过排序的缩减可达矩阵 M'。

$$M'=\begin{array}{c} \\ S_1\\S_5\\S_2\\S_4\\S_3\\S_7\end{array}\begin{array}{c}\begin{array}{cccccc}S_1&S_5&S_2&S_4&S_3&S_7\end{array}\\ \begin{bmatrix}1&0&0&0&0&0\\0&1&0&0&0&0\\1&0&1&0&0&0\\0&1&0&1&0&0\\0&1&0&1&1&0\\1&0&1&0&0&1\end{bmatrix}\end{array}$$

②去掉 M' 中已具有邻接二元关系的要素间的越级二元关系。如在例 4-1 中，有 $S_3 \to S_4$、$S_4 \to S_5$ 和 $S_3 \to S_5$，$S_3 \to S_5$ 可以去掉。同样 $S_7 \to S_2$、$S_2 \to S_1$ 和 $S_7 \to S_1$，$S_7 \to S_1$ 可以去掉即将 M' 中 3→5 和 7→1 的"1"改为"0"，得 M''。

$$
M'' = \begin{array}{c} \\ S_1 \\ S_5 \\ S_2 \\ S_4 \\ S_3 \\ S_7 \end{array}
\begin{array}{c} \begin{array}{cccccc} S_1 & S_5 & S_2 & S_4 & S_3 & S_7 \end{array} \\
\begin{bmatrix} 1 & 0 & 0 & 0 & 0 & 0 \\ 0 & 1 & 0 & 0 & 0 & 0 \\ 1 & 0 & 1 & 0 & 0 & 0 \\ 0 & 1 & 0 & 1 & 0 & 0 \\ 0 & 0 & 0 & 1 & 1 & 0 \\ 0 & 0 & 1 & 0 & 0 & 1 \end{bmatrix} \end{array}
$$

③进一步去掉 M'' 中自身到达的二元关系，即减去单位矩阵，将 M'' 主对角线上的"1"全变为"0"，得到经简化 后具有最小二元关系个数的骨架矩阵 A'。

$$
\begin{array}{c} \\ L_1\left\{\begin{array}{c} 1 \\ 5 \end{array}\right. \\ L_2\left\{\begin{array}{c} 2 \\ 4 \\ 6 \end{array}\right. \\ L_3\left\{\begin{array}{c} 3 \\ 7 \end{array}\right. \end{array}
\begin{array}{c} \begin{array}{ccccccc} 1 & 5 & 2 & 4 & 6 & 3 & 7 \end{array} \\
\left[\begin{array}{ccccccc} 1 & 0 & 0 & 0 & 0 & 0 & 0 \\ 0 & 1 & 0 & 0 & 0 & 0 & 0 \\ 1 & 0 & 1 & 0 & 0 & 0 & 0 \\ 0 & 1 & 0 & 1 & 1 & 0 & 0 \\ 0 & 1 & 0 & 1 & 1 & 0 & 0 \\ 0 & 0 & 0 & 1 & 0 & 1 & 0 \\ 1 & 0 & 1 & 0 & 0 & 0 & 1 \end{array}\right] \end{array}
$$

为了计算与编程方便，这里介绍另一种求骨架矩阵的方法。公式如下：

$$A' = M' - I' - (M' - I')^2$$

式中，I' 为与 M' 维度相同的单位矩阵。

(5) 做出递阶有向图

经过上面的划分，就可以构成系统的结构模型。

例如，对于例 4-1，可将其步骤总结如下：

①通过 π_1 划分，得出最底层的要素为 S_3，S_7，并由分步划分可知，系统结构可分为两个连通域{1，2，7}与{3，4，5，6}。

②通过 π_2 划分，n 个要素分在三个级别内。1、5 为第一级，2、4、6 为第 2 级，3、7 在第三级。

③从 π_3 划分，可以得到 4、6 为强连通块。

利用以上信息，可以得出该系统的分级递阶结构模型，如图 4-14 所示。

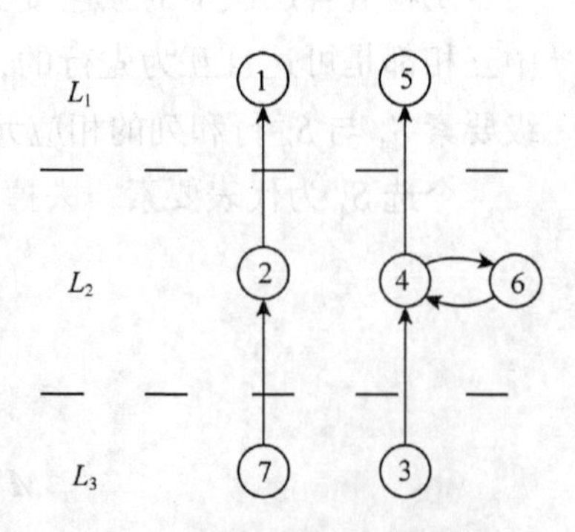

图 4-14　分级递阶结构模型

至此，系统的结构模型即告建成。

(6)分析与讨论

在这里，值得指出的是，对于一般工程系统来说，它是由许多要素根据一定的工艺机理组合而成，这样系统的邻接矩阵不难得到。对于社会经济系统，一般来说，可达矩阵容易得到。因为根据人们的实践经验和直觉判断，比较容易知道要素 S_i 与 S_j 有无关系，至于这种关系是直接的还是间接的，则不需十分清楚。在这种情况下，可以通过对话形式先构成可达矩阵，再经过简化和排序等处理后即可得到结构模型。然后，在结构模型的要素上，填入相应的要素名称，即为解释结构模型。

另外，对于简单并且满足一定条件的图，可以有两种简单的划分办法。

第一种其前提条件是结构有向图必须连通而且顶部只有一个要素，现将步骤列为如下几方面：

①初始 $i=1$。

②在可达矩阵 $\boldsymbol{M}$ 中找出矩阵列元素全部为1的列(即其他要素均可达)计为第 i 级。

③删去已划分过的要素。

④直到划分完停止，否则重置 $i=i+1$，转为②。

第二种方法条件是结构有向图中必须没有强连通块，现将其步骤列为如下几方面：

①初始 $i=1$。

②划去可达矩阵中行元素全部为0的行，计为第 i 级。

③删去已划分过的要素。

④划分完则停止，否则 $i=i+1$，转向②。

应该注意到，这两种简化方法必须是在一定的条件下方可应用的。

4.2.3　解析结构模型工作程序

一般说来，实施ISM的工作程序有：

①组织实施ISM的小组　小组成员的人数一般以10人左右为宜，要求小组成员对所要解决的问题都能持关心的态度。同时，还要保证持有各种不同观点的人员进人小组，如有能及时作出决策的负责人加入小组，则更能进行认真的且富有成效的讨论。

②设定问题　由于小组的成员有可能站在各种不同的立场来看待问题，这样，在掌握情况以及分析的目的等方面也较为分散，如不事先设定问题，那么，作为小组的功能就不能充分发挥。因此，在ISM实施准备阶段，对问题的设定必须取得一致的意见，并以文字形式作出规定。

③选择构成系统的要素　合理选择系统要素，既要凭借小组成员的经验，还要充分发扬民主，要求小组成员把各自想到的有关问题都写在纸上，然后由专人负责汇总整理成文。小组成员据此边议论、边研究，并提出构成系统要素的方案，经过若干次反复讨论，最终求得一个较为合理的系统要素方案，并据此制定要素明细表备用。

④根据要素明细表做构思模型，并建立邻接矩阵和可达矩阵。

⑤对可达矩阵进行分解后建立结构模型。

⑥根据结构模型建立解释结构模型。

图 4-15 即为 ISM 工作程序 3~6 步过程示意。

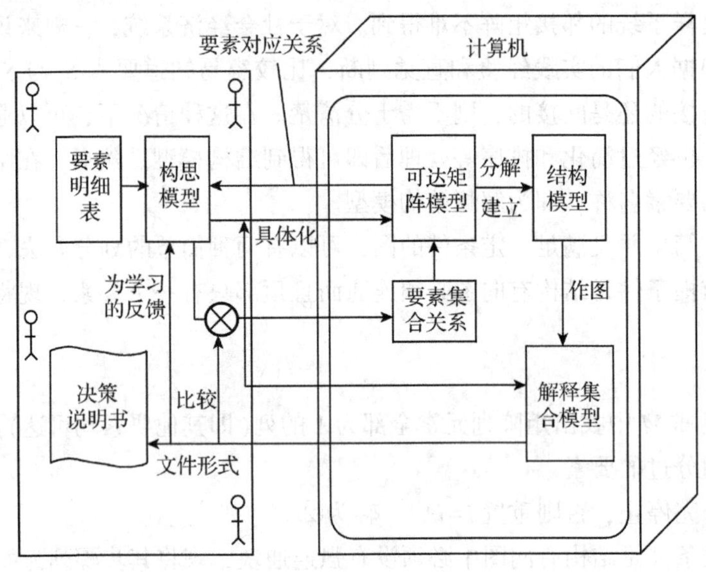

图 4-15　ISM 工作程序图

4.3　系统诊断模型

系统诊断模型是将美国的解析结构模型（ISM）和日本的全面质量管理（TQC）相结合，通过改进完善而成的采用定量分析方法进行定性分析的一种思维模型。它是用来构造和解析大规模、复杂系统的一种处理方法，把人们无法解决的错综复杂的大系统进行分解，以清晰的层次结构方式表达出来，把系统问题从时间、空间上展开，找出问题的根源、系统的潜力、优势、解决问题的途径和突破口，以便对症下药。它的主要特点是充分吸取有经验的技术人员、领导干部、生产管理人员等各方面的意见，是集中群体智慧研究复杂问题，并将这些意见用数量化理论进行量化，通过数学模型方法，建立模糊关系体系，再由人与计算机进行“人—机”对话，重构出问题联系骨架图，把人们直观难以分析清楚的若干问题理出清晰的思路，分出明确的层次，找出内在的关联。系统诊断模型方法能够排除表面现象的干扰，是从错综复杂的关系中理出主线，使定性分析经过量化处理，从数学逻辑上增加了分析的严格性，为领导决策提供可靠依据的一种方法。

4.3.1　系统诊断模型中的模糊数学基础

模糊数学又称 Fuzzy 数学，是由美国控制论专家 L. A. 扎德（L. A. Zadeh）教授所创立。模糊数学是运用数学方法研究和处理模糊性现象的一门数学新分支。它以“模糊集合”论为基础。模糊数学提供了一种处理不肯定性和不精确性问题的新方法，是描述人脑思维处理模糊信息的有力工具。它既可用于“硬”科学方面，又可用于“软”科学方面。

扎德教授多年来致力于“计算机”与“大系统”的矛盾研究，集中思考了计算机为什么不能像人脑那样进行灵活的思维与判断问题。尽管计算机记忆超人，计算神速，然而当其面对外延不分明的模糊状态时，却“一筹莫展”。可是，人脑的思维，在其感知、辨识、推理、决策以及抽象的过程中，对于接受、贮存、处理模糊信息却完全可能。计算机为什么不能像人脑思维那样处理模糊信息呢？其原因在于传统的数学，例如康托尔集合论(Cantor's set)，不能描述“亦此亦彼”现象。集合是描述人脑思维对整体性客观事物的识别和分类的数学方法。康托尔集合论要求其分类必须遵从形式逻辑的排中律，论域(即所考虑的对象的全体)中的任一元素要么属于集合 A，要么不属于集合 A，两者必居其一，且仅居其一。这样，康托尔集合就只能描述外延分明的“分明概念”，只能表现“非此即彼”，而对于外延不分明的“模糊概念”则不能反映。这就是目前计算机不能像人脑思维那样灵活、敏捷地处理模糊信息的重要原因。为克服这一障碍，扎德教授提出了“模糊集合论”。在此基础上，现在已形成一个模糊数学体系。这里我们只介绍系统诊断模型中的模糊数学基础。

(1)模糊的概念及度量

①特征函数与隶属函数　在经典的集合论中，一个元素 x 和一个集合 A 的关系只能有 $x \in A$ 和 $x \notin A$ 两种情况，这是经典集合论的要求。集合可以通过特征函数来刻画，每个集合 A 都有一个特征函数 $C_A(x)$ ，其定义如下：

$$C_A(x)=\begin{cases}1 & (x \in A) \\ 0 & (x \notin A)\end{cases} \tag{4-13}$$

特征函数的图形如图 4-16 所示。由于经典集合论的特征函数只允许取{0, 1}两个值，故与二值逻辑相对应。

模糊数学是将二值逻辑{0, 1}，推广至[0, 1]闭区间任意值的，无穷多个值的连续值逻辑，因此也必须把特征函数作适当的推广，这就是隶属函数 $\mu(x)$ ，它满足：

$$0 \leqslant \mu(x) \leqslant 1$$

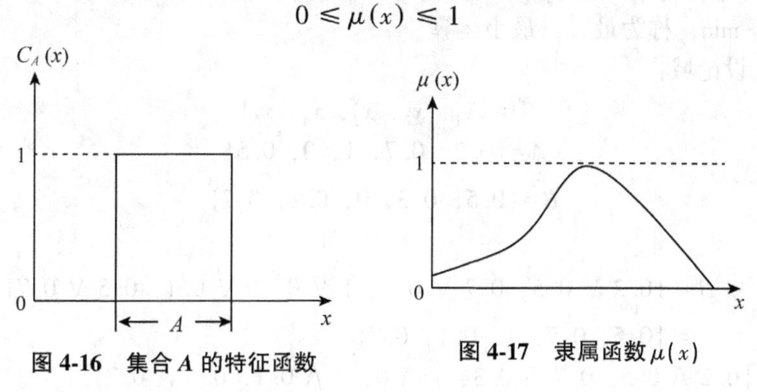

图 4-16　集合 A 的特征函数　　图 4-17　隶属函数 $\mu(x)$

也有时记作 $\mu(x) \in [0, 1]$ ，一般如图 4-17 所示。

②模糊子集的定义与表示法　定义：设给定论域 U，U 到[0, 1]闭区间的任一映射 $\mu_{\underset{\sim}{A}}$

$$\mu_{\underset{\sim}{A}}: U \rightarrow [0,\ 1]$$
$$u \rightarrow \mu_{\underset{\sim}{A}}(u)$$

都确定 U 的一个模糊子集 $\underset{\sim}{A}$ ，$\mu_{\underset{\sim}{A}}$ 称作 $\underset{\sim}{A}$ 的隶属函数，$\mu_{\underset{\sim}{A}}(u)$ 称作 u 对 $\underset{\sim}{A}$ 的隶属度。

【例 4-2】某小组有 5 个同学，即 x_1，x_2，x_3，x_4，x_5，设论域：

$$U=\{x_1, x_2, x_3, x_4, x_5\}$$

现分别对每个同学的“性格稳重”程度打分，按百分制给分，再都除以 100，这实际上就是给定一个从 U 到[0，1]闭区间的映射

x_1　85 分　即　$\mu_{\underset{\sim}{A}}(x_1)=0.85$

x_2　75 分　即　$\mu_{\underset{\sim}{A}}(x_2)=0.75$

x_3　98 分　即　$\mu_{\underset{\sim}{A}}(x_3)=0.98$

x_4　30 分　即　$\mu_{\underset{\sim}{A}}(x_4)=0.30$

x_5　60 分　即　$\mu_{\underset{\sim}{A}}(x_5)=0.60$

这样就确定了一个模糊子集 $\underset{\sim}{A}$，它表示出小组的同学对“性格稳重”这个模糊概念的符合程度。

如果论域 U 是有限集时，可以用向量来表示模糊子集 $\underset{\sim}{A}$，对于上例可写成：

$$A=\{0.85, 0.75, 0.98, 0.30, 0.60\}$$

对于一般的模糊子集 $\underset{\sim}{A}_n$(下标表示论域中有 n 个元素)：

$$\underset{\sim}{A}=\{\mu_1, \mu_2, \cdots, \mu_n\}$$

其中 $\mu_i \in [0, 1]$，$(i=1, 2, \cdots, n)$ 是第 i 个元素对模糊子集的隶属度。

模糊子集 $\underset{\sim}{A}$、$\underset{\sim}{B}$ 间的两个重要运算：

$$\underset{\sim}{C}=\underset{\sim}{A}\cup\underset{\sim}{B}\Leftrightarrow\forall x\in U, \mu_{\underset{\sim}{C}}(x)=\max[\mu_{\underset{\sim}{A}}(x), \mu_{\underset{\sim}{B}}(x)]$$

$$\underset{\sim}{D}=\underset{\sim}{A}\cap\underset{\sim}{B}\Leftrightarrow\forall x\in U, \mu_{\underset{\sim}{D}}(x)=\min[\mu_{\underset{\sim}{A}}(x), \mu_{\underset{\sim}{B}}(x)]$$

其中符号 $\forall x$ 仍表示“对于所有的 x”。为运算方便起见，常用符号“$\vee$”代替 max，用符号“$\wedge$”代替 min，称为最大，最小运算。

【例 4-3】设论域：

$$U=\{x_1, x_2, x_3, x_4, x_5\}$$

$$\underset{\sim}{A}=\{0.2, 0.7, 1, 0, 0.5\}$$

$$\underset{\sim}{B}=\{0.5, 0.3, 0, 0.1, 0.7\}$$

则：

$$\underset{\sim}{A}\cup\underset{\sim}{B}=\{0.2\vee0.5, 0.7\vee0.3, 1\vee0, 0\vee0.1, 0.5\vee0.7\}$$
$$=\{0.5, 0.7, 1, 0.1, 0.7\}$$

$$\underset{\sim}{A}\cap\underset{\sim}{B}=\{0.2\wedge0.5, 0.7\wedge0.3, 1\wedge0, 0\wedge0.1, 0.5\wedge0.7\}$$
$$=\{0.2, 0.3, 0, 0, 0.5\}$$

(2)模糊关系、模糊矩阵和模糊关系图

定义：所谓 A，B 两集合的直积

$$A\times B=\{(a, b)\mid a\in A, b\in B\} \tag{4-14}$$

中的一个模糊关系 $\underset{\sim}{R}$，是指以 $A\times B$ 为论域的一个模糊子集，序偶(a, b)的隶属度为 $\mu_{\underset{\sim}{R}}(a, b)$。

关于这个定义需要说明两点：第一点是，当 $A=B$ 时，我们常称为“A 上的模糊关系”$\underset{\sim}{R}$。第二点是，今后除特殊声明外，所谓模糊关系 $\underset{\sim}{R}$ 都是指二元的模糊关系。

【例 4-4】设有一组同学 A

$$A=\{张三，李四，王五\}$$

他们可以选学英、法、德、日 4 种外语中的任意几门，令 B 表示这 4 门外语课所组成的集合

$$B=\{英，法，德，日\}$$

设他们的结业成绩见表 4-4 所列。

表 4-4　结业成绩表

姓名	语种	成绩
张三	英	86
张三	法	84
李四	德	96
王五	日	66
王五	英	78

如果把他们的成绩都除以 100 而折合成隶属度，则可以认为他们的结业成绩构成 $A\times B$ 上的一个模糊关系 $\underset{\sim}{R}$（表 4-5）。

表 4-5　模糊得分表

$\underset{\sim}{R}$	英	法	德	日
张三	0.86	0.84	0	0
李四	0	0	0.96	0
王五	0.78	0	0	0.66

把这个表格写成矩阵形式即得：

$$\underset{\sim}{R}=\begin{bmatrix} 0.86 & 0.84 & 0 & 0 \\ 0 & 0 & 0.96 & 0 \\ 0.78 & 0 & 0 & 0.66 \end{bmatrix}$$

这个矩阵还可用相应的图来表示，此图称为模糊关系图。例 4-3 中矩阵 $\underset{\sim}{\boldsymbol{R}}$ 对应的关系如图 4-18 所示。

一般地，若论域 $A\times B$ 为有限集时，模糊关系 $\underset{\sim}{R}$ 可以表示为矩阵。

$$\underset{\sim}{\boldsymbol{R}}=(r_{ij})=\begin{bmatrix} r_{11} & r_{12} & \cdots & r_{1m} \\ r_{21} & r_{22} & \cdots & r_{2m} \\ \cdots & \cdots & \cdots & \cdots \\ r_{n1} & r_{n2} & \cdots & r_{nm} \end{bmatrix}$$

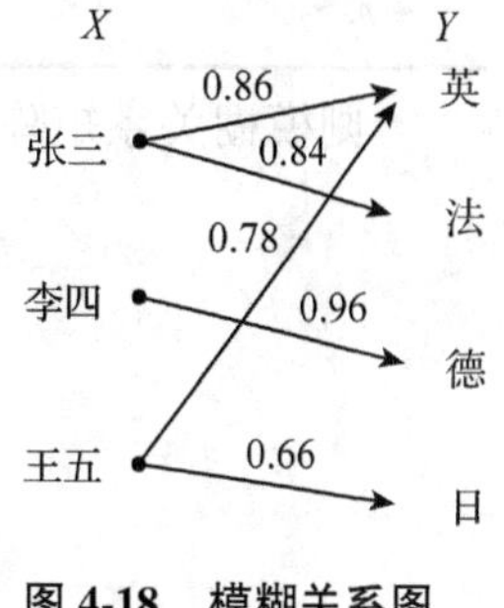

图 4-18　模糊关系图

其中：

$$0 \leqslant r_{ij} \leqslant 1, \quad i=1, 2, \cdots, n, \quad j=1, 2, \cdots, m$$

并可画出对应的关系图，其中A有n个点，B有m个点，最多有$m \times n$条线，其隶属度可标于线侧。

特别当A为有限集合时，A上的模糊关系可表示为n阶方阵

$$\underset{\sim}{\boldsymbol{R}} = (r_{ij}) = \begin{bmatrix} r_{11} & r_{12} & \cdots & r_{1n} \\ r_{21} & r_{22} & \cdots & r_{2n} \\ \cdots & \cdots & \cdots & \cdots \\ r_{n1} & r_{n2} & \cdots & r_{nn} \end{bmatrix}$$

$$0 \leqslant r_{ij} \leqslant 12, \ i, \ j=1, 2, \cdots, n$$

其中：

【**例 4-5**】设有 7 种物品：苹果、乒乓球、书、篮球、花、桃、菱形组成一论域A，设x_1，x_2，…，x_7分别为这些物品的代号，则：

$$A=\{x_1, x_2, \cdots, x_7\}$$

现在用打分的方法来表示这 7 种物品的相似程度。完全相似者为“1”分，完全不相似者为“0”分，其余按具体相似程度给 0 - 1 之间的一个分数μ，这就决定了一个 A 上的模糊关系$\underset{\sim}{R}$。列表如下：

$\underset{\sim}{R}$	苹果 x_1	乒乓球 x_2	书 x_3	篮球 x_4	花 x_5	桃 x_6	菱形 x_7
苹果 x_1	1	0.7	0	0.7	0.5	0.6	0
乒乓球 x_2	0.7	1	0	0.9	0.4	0.5	0
书 x_3	0	0	1	0	0	0	0.1
篮球 x_4	0.7	0.9	0	1	0.4	0.5	0
花 x_5	0.5	0.4	0	0.4	1	0.4	0
桃 x_6	0.6	0.5	0	0.5	0.4	1	0
菱形 x_7	0	0	0.1	0	0	0	1

则模糊关系矩阵表示为：

$$\underset{\sim}{\boldsymbol{R}} = \begin{bmatrix} 1 & 0.7 & 0 & 0.7 & 0.5 & 0.6 & 0 \\ 0.7 & 1 & 0 & 0.9 & 0.4 & 0.5 & 0 \\ 0 & 0 & 1 & 0 & 0 & 0 & 0.1 \\ 0.7 & 0.9 & 0 & 1 & 0.4 & 0.5 & 0 \\ 0.5 & 0.4 & 0 & 0.4 & 1 & 0.4 & 0 \\ 0.6 & 0.5 & 0 & 0.5 & 0.4 & 1 & 0 \\ 0 & 0 & 0.1 & 0 & 0 & 0 & 1 \end{bmatrix}$$

显然，该模糊矩阵以及对应的关系图表达了模糊系统的结构，即模糊系统要素与要素之间的模糊关系。

(3) 模糊关系的合成

定义：设 $\underset{\sim}{P}$， $\underset{\sim}{Q}$ 为模糊关系，所谓 $\underset{\sim}{P}$ 对 $\underset{\sim}{Q}$ 的合成，就是从论域 U 到 W 的一个模糊关系，记作 $\underset{\sim}{P}\cdot\underset{\sim}{Q}$。其定义为：

$$\underset{\sim}{P}\cdot\underset{\sim}{Q}=\bigvee_{k=1}^{l}(p_{ik}\wedge q_{kj}) \tag{4-15}$$

特别地，记：

$$P^2=P\cdot P,\ P^n=P^{n-1}\cdot P \tag{4-16}$$

设有模糊矩阵

$$\underset{\sim}{\boldsymbol{P}}=\begin{bmatrix}0.5 & 0.3\\0.4 & 0.8\end{bmatrix}\text{和}\ \underset{\sim}{\boldsymbol{Q}}=\begin{bmatrix}0.8 & 0.5\\0.3 & 0.7\end{bmatrix}$$

两个模糊矩阵的合成为：

$$\underset{\sim}{\boldsymbol{R}}=\underset{\sim}{\boldsymbol{P}}\cdot\underset{\sim}{\boldsymbol{Q}} \tag{4-17}$$

$$r_{ij}=\bigvee_{k=1}^{2}(p_{ik}\wedge q_{kj})$$

$$i=1,\ 2$$

$$j=1,\ 2$$

按照上式可得：

$$\underset{\sim}{\boldsymbol{R}}=\underset{\sim}{\boldsymbol{P}}\cdot\underset{\sim}{\boldsymbol{Q}}=\begin{bmatrix}0.5 & 0.3\\0.4 & 0.8\end{bmatrix}\cdot\begin{bmatrix}0.8 & 0.5\\0.3 & 0.7\end{bmatrix}$$

$$=\begin{bmatrix}(0.5\wedge0.8)\vee(0.3\wedge0.3) & (0.5\wedge0.5)\vee(0.3\wedge0.7)\\(0.4\wedge0.8)\vee(0.8\wedge0.3) & (0.4\wedge0.5)\vee(0.8\wedge0.7)\end{bmatrix}=\begin{bmatrix}0.5 & 0.5\\0.4 & 0.7\end{bmatrix}$$

(4) 计算模糊可达阵

对于一个 A 上的模糊关系 $\underset{\sim}{A}$，计算其模糊可达矩阵的方法如下：

① 取模糊关系矩阵 $\underset{\sim}{\boldsymbol{A}}$ 中的最大元素，作为模糊单位矩阵 $\underset{\sim}{\boldsymbol{I}}$ 的主对角线上的元素，即

$$\underset{\sim}{\boldsymbol{I}}=\begin{bmatrix}\max(a_{ij}) & 0 & \cdots & 0\\0 & \max(a_{ij}) & \cdots & 0\\\vdots & \vdots & \cdots & \vdots\\0 & 0 & \cdots & \max(a_{ij})\end{bmatrix} \tag{4-18}$$

然后与 $\underset{\sim}{\boldsymbol{A}}$ 相加得 $\underset{\sim}{\boldsymbol{B}}$，即

$$\underset{\sim}{\boldsymbol{B}}=\underset{\sim}{\boldsymbol{A}}+\underset{\sim}{\boldsymbol{I}} \tag{4-19}$$

②对 $\underset{\sim}{B}$ 进行有限次自合成，形成模糊可达矩阵 $\underset{\sim}{M}$

方法是：求$\underset{\sim}{\boldsymbol{B}}^2$，$\underset{\sim}{\boldsymbol{B}}^4$，…，$\underset{\sim}{\boldsymbol{B}}^k$，$\underset{\sim}{\boldsymbol{B}}^{2k}$，…，若$\underset{\sim}{\boldsymbol{B}}^k=\underset{\sim}{\boldsymbol{B}}^{2k}$，则$\underset{\sim}{\boldsymbol{B}}^k$ 为模糊可达矩阵，记为 $\underset{\sim}{\boldsymbol{M}}$。

【例 4-6】 求

$$\underset{\sim}{A}=\begin{bmatrix}0&0&3&0&4\\0&0&0&5&0\\0&1&0&2&4\\1&3&0&0&1\\5&3&4&0&0\end{bmatrix}$$

的模糊可达矩阵。

$$\underset{\sim}{B}=\begin{bmatrix}0&0&3&0&4\\0&0&0&5&0\\0&1&0&2&4\\1&3&0&0&1\\5&3&4&0&0\end{bmatrix}+\begin{bmatrix}5&0&0&0&0\\0&5&0&0&0\\0&0&5&0&0\\0&0&0&5&0\\0&0&0&0&5\end{bmatrix}=\begin{bmatrix}5&0&3&0&4\\0&5&0&5&0\\0&1&5&2&4\\1&3&0&5&1\\5&3&4&0&5\end{bmatrix}$$

$$\underset{\sim}{B}^2=\begin{bmatrix}5&0&3&0&4\\0&5&0&5&0\\0&1&5&2&4\\1&3&0&5&1\\5&3&4&0&5\end{bmatrix}\cdot\begin{bmatrix}5&0&3&0&4\\0&5&0&5&0\\0&1&5&2&4\\1&3&0&5&1\\5&3&4&0&5\end{bmatrix}=\begin{bmatrix}5&3&4&2&4\\1&5&0&5&1\\4&3&5&2&4\\1&3&1&5&1\\5&3&4&3&5\end{bmatrix}$$

$$\underset{\sim}{B}^4=\begin{bmatrix}5&3&4&2&4\\1&5&0&5&1\\4&3&5&2&4\\1&3&1&5&1\\5&3&4&3&5\end{bmatrix}\cdot\begin{bmatrix}5&3&4&2&4\\1&5&0&5&1\\4&3&5&2&4\\1&3&1&5&1\\5&3&4&3&5\end{bmatrix}=\begin{bmatrix}5&3&4&3&4\\1&5&1&5&1\\4&3&5&3&4\\1&3&1&5&1\\5&3&4&3&5\end{bmatrix}$$

$$\underset{\sim}{B}^8=\begin{bmatrix}5&3&4&3&4\\1&5&1&5&1\\4&3&5&3&4\\1&3&1&5&1\\5&3&4&3&5\end{bmatrix}\cdot\begin{bmatrix}5&3&4&3&4\\1&5&1&5&1\\4&3&5&3&4\\1&3&1&5&1\\5&3&4&3&5\end{bmatrix}=\begin{bmatrix}5&3&4&3&4\\1&5&1&5&1\\4&3&5&3&4\\1&3&1&5&1\\5&3&4&3&5\end{bmatrix}$$

因为$\underset{\sim}{B}^4=\underset{\sim}{B}^8$，所以$A$的模糊可达矩阵为$\underset{\sim}{M}=\underset{\sim}{B}^4$。

(5)λ 截矩阵

定义：设给定模糊矩阵$\underset{\sim}{R}=(r_{ij})$，对任意$\lambda\in[0,1]$记

$$R_\lambda=(\lambda r_{ij}) \tag{4-20}$$

其中：

$$\lambda r_{ij}=\begin{cases}1 & (r_{ij}\geqslant\lambda)\\0 & (r_{ij}<\lambda)\end{cases}$$

则称$R_\lambda=(\lambda r_{ij})$为$\underset{\sim}{R}$的$\lambda$截矩阵。

例如

$$\underset{\sim}{R}=\begin{bmatrix}0.8 & 0.3 & 0.6\\ 0.2 & 0.4 & 0.7\\ 0.5 & 0.8 & 1\end{bmatrix}$$

现取定 λ 值为 0.7，则：

$$R_{\lambda=0.7}=\begin{bmatrix}1 & 0 & 0\\ 0 & 0 & 1\\ 0 & 1 & 1\end{bmatrix}$$

若取定 λ 值为 0.8，则：

$$R_{\lambda=0.8}=\begin{bmatrix}1 & 0 & 0\\ 0 & 0 & 0\\ 0 & 1 & 1\end{bmatrix}$$

4.3.2　系统诊断模型的建模方法

系统诊断模型的建模工作包括人的工作和计算机的工作两部分，人的工作主要是建立因果关系图(或矩阵)，计算机的工作则是对关系图进行重构，形成多级递阶结构，建模过程如图 4-19 所示。具体步骤如下：

(1) 系统分析，明确问题

系统诊断模型是以问题作为导向，通过对系统外部特征的统计规律性，对系统内部状态作出明确判断，了解背景，探明问题，把问题从深度与广度上展开。

深度：指采用打破砂锅问到底的方法，寻找问题的根源，直到水落石出，找到病根为止。

广度：指把问题牵涉到的一切因子全部找出来，并一一进行编号。

【例 4-7】经分析，影响某单位经济发展的因素有如下 10 个：

①农牧业经营品种单一；

②不重视科学；

③经济发展速度缓慢；

④农牧业产值低；

⑤农牧业投资少；

⑥智力投资不足；

⑦技术力量薄弱；

⑧职工文化水平低；

⑨乡镇企业不发达；

⑩市场信息不灵。

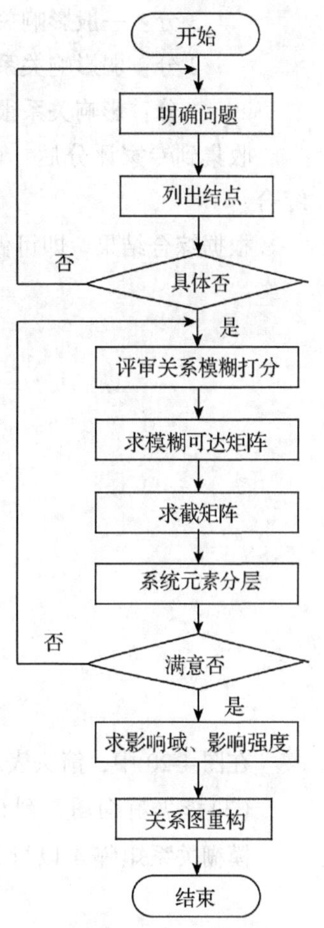

图 4-19　系统诊断模型建模过程

(2)评审关系，做出关系有向图

将各影响因子两两间进行评审，确定有无关系，是相互影响还是单向影响，并对影响强弱进行模糊评分。

此步至关重要，而且往往难以把握。评审过程中，可邀请有关专家、内行参加，集中群体智慧。

专家评审中，一般采用“老手法”较好(即专家间背靠背地评审，互不干扰)。收集到的评审结果，可分别予以综合。

①评审“有无关系”，可取专家结果之众数(即大多数专家的评中结果，一般取半数以上结果)，如上例中，对①与④的关系评审，如50%。以上专家认为①对④有影响，并且④对①亦有影响，那么此结果取之；否则可弃之。

②关系强弱评审，可采用“模糊评分法”，一般采取五分制。下述规定可提供参考：

5分：决定性影响因素。

4分：强影响关系。

3分：一般影响关系。

2分：弱影响关系。

1分：影响关系很弱。

收集到专家评分后，可采用众数法或平均数法(即取专家评定结果的平均数)予以综合。

根据综合结果。即可做出模糊关系有向图。由本例可得图4-20。

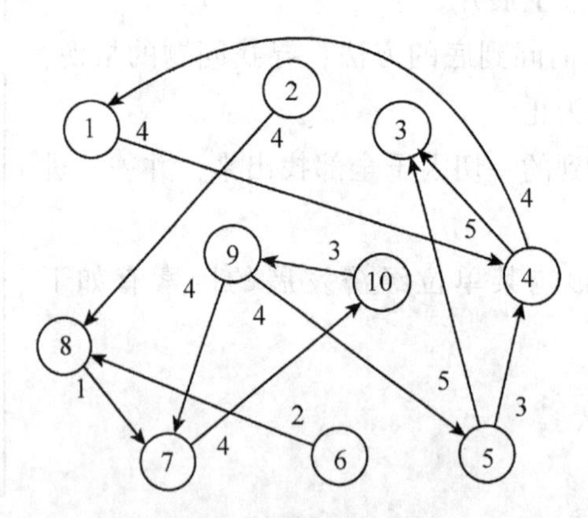

图4-20　模糊关系有向图

在图4-20中，箭头表示影响的方向，数据表示影响的强度。

(3)根据有向图，列出模糊关系矩阵 $\underset{\sim}{\boldsymbol{A}}$

模糊关系矩阵 $\underset{\sim}{\boldsymbol{A}}$ 以行为因，列为果，无关者为0分；由图4-20可得模糊关系矩阵：

$$
\underset{\sim}{A}=\begin{array}{c} \\ 1\\2\\3\\4\\5\\6\\7\\8\\9\\10 \end{array}
\begin{array}{c}
\begin{array}{cccccccccc} 1 & 2 & 3 & 4 & 5 & 6 & 7 & 8 & 9 & 10 \end{array}\\
\begin{bmatrix}
0 & 0 & 0 & 4 & 0 & 0 & 0 & 0 & 0 & 0\\
0 & 0 & 0 & 0 & 0 & 0 & 4 & 0 & 0 & 0\\
0 & 0 & 0 & 0 & 0 & 0 & 0 & 0 & 0 & 0\\
4 & 0 & 5 & 0 & 0 & 0 & 0 & 0 & 0 & 0\\
0 & 0 & 5 & 3 & 0 & 0 & 0 & 0 & 0 & 0\\
0 & 0 & 0 & 0 & 0 & 0 & 0 & 2 & 0 & 0\\
0 & 0 & 0 & 0 & 0 & 0 & 0 & 0 & 0 & 4\\
0 & 0 & 0 & 0 & 0 & 0 & 1 & 0 & 0 & 0\\
0 & 0 & 0 & 0 & 4 & 0 & 4 & 0 & 0 & 0\\
0 & 0 & 0 & 0 & 0 & 0 & 0 & 0 & 3 & 0
\end{bmatrix}
\end{array}
$$

（4）计算模糊可达矩阵 $\underset{\sim}{M}$

取模糊关系矩阵 $\underset{\sim}{A}$ 中的最大元素，作为模糊单位矩阵 $\underset{\sim}{I}$ 的主对角线上的元素，即

$$
\underset{\sim}{I}=\begin{bmatrix}
\max(a_{ij}) & 0 & \cdots & 0\\
0 & \max(a_{ij}) & \cdots & 0\\
\vdots & \vdots & \cdots & \vdots\\
0 & 0 & \cdots & \max(a_{ij})
\end{bmatrix}=\begin{bmatrix}
5 & 0 & \cdots & 0\\
0 & 5 & \cdots & 0\\
\vdots & \vdots & \cdots & \vdots\\
0 & 0 & \cdots & 5
\end{bmatrix} \tag{4-21}
$$

然后与 $\underset{\sim}{A}$ 相加得 $\underset{\sim}{B}$，即

$$
\underset{\sim}{B}=\underset{\sim}{A}+\underset{\sim}{I} \tag{4-22}
$$

求$\underset{\sim}{B}^2$，$\underset{\sim}{B}^4$，…，$\underset{\sim}{B}^k$，$\underset{\sim}{B}^{2k}$，…，若$\underset{\sim}{B}^k=\underset{\sim}{B}^{2k}$，则$\underset{\sim}{B}^k$ 为模糊可达矩阵，记为 $\underset{\sim}{M}$。

例 4-7 对应的模糊可达矩阵为：

$$
\underset{\sim}{M}=\underset{\sim}{B}^4=\begin{bmatrix}
5 & 0 & 4 & 4 & 0 & 0 & 0 & 0 & 0 & 0\\
1 & 5 & 1 & 1 & 1 & 0 & 1 & 4 & 1 & 1\\
0 & 0 & 5 & 0 & 0 & 0 & 0 & 0 & 0 & 0\\
4 & 0 & 5 & 5 & 0 & 0 & 0 & 0 & 0 & 0\\
3 & 0 & 5 & 3 & 5 & 0 & 0 & 0 & 0 & 0\\
1 & 0 & 1 & 1 & 1 & 5 & 1 & 2 & 1 & 1\\
3 & 0 & 3 & 3 & 3 & 0 & 5 & 0 & 3 & 4\\
1 & 0 & 1 & 1 & 1 & 0 & 1 & 5 & 1 & 1\\
3 & 0 & 4 & 3 & 4 & 0 & 4 & 0 & 5 & 4\\
3 & 0 & 3 & 3 & 3 & 0 & 3 & 0 & 3 & 5
\end{bmatrix}
$$

（5）确定截系数 λ，求 $\underset{\sim}{M}$ 的 λ 截矩阵 M_λ

截系数 λ 的确定是问题重构的关键，其主要作用是删除次要关系，突出主要矛盾。可结合人们从生产实践中取得的经验，予以确定，并可反复调节，直至满意。

确定截系数 λ 后，令

$$M_{\lambda}(i,\ j)=\begin{cases}1 & (\underset{\sim}{M}(i,\ j)\geqslant\lambda)\\ 0 & (\underset{\sim}{M}(i,\ j)<\lambda)\end{cases}$$

即模糊可达矩阵中，大于或等于 λ 的元素取 1，否则取 0，构成{0，1}型截矩阵 M_{λ}。在例 4-7 中若 λ 取 3，则其截矩阵为：

$$M_{\lambda=3}=\begin{bmatrix}1&0&1&1&0&0&0&0&0&0\\0&1&0&0&0&0&1&0&0\\0&0&1&0&0&0&0&0&0&0\\1&0&1&1&0&0&0&0&0&0\\1&0&1&1&1&0&0&0&0&0\\0&0&0&0&0&1&0&0&0&0\\1&0&1&1&1&0&1&0&1&1\\0&0&0&0&0&0&0&1&0&0\\1&0&1&1&1&0&1&0&1&1\\1&0&1&1&1&0&1&0&1&1\end{bmatrix}$$

(6) 区域的划分

对于一个复杂的大系统，可能是由若干个连通区域构成，如何从大系统中将各连通区域分解出来呢？实际上很简单，只要求出可达阵的截矩阵 M 和它的转置矩阵 M^{T} 的共同部分 $M\cap M^{T}$，就可以利用终止集 $E(S)$ 判断出各连通区域。

$$M\cap M^{T}=\begin{bmatrix}1&0&1&1&0&0&0&0&0&0\\0&1&0&0&0&0&0&1&0&0\\0&0&1&0&0&0&0&0&0&0\\1&0&1&1&0&0&0&0&0&0\\1&0&1&1&1&0&0&0&0&0\\0&0&0&0&0&1&0&0&0&0\\1&0&1&1&1&0&1&0&1&1\\0&0&0&0&0&0&0&1&0&0\\1&0&1&1&1&0&1&0&1&1\\1&0&1&1&1&0&1&0&1&1\end{bmatrix}\cap\begin{bmatrix}1&0&0&1&1&0&1&0&1&1\\0&1&0&0&0&0&0&0&0&0\\1&0&1&1&1&0&1&0&1&1\\1&0&0&1&1&0&1&0&1&1\\0&0&0&0&1&0&1&0&1&1\\0&0&0&0&0&1&0&0&0&0\\0&0&0&0&0&0&1&0&1&1\\0&1&0&0&0&0&0&1&0&0\\0&0&0&0&0&0&1&0&1&1\\0&0&0&0&0&0&1&0&1&1\end{bmatrix}$$

$$=\begin{bmatrix}1&0&0&1&0&0&0&0&0&0\\0&1&0&0&0&0&0&0&0&0\\0&0&1&0&0&0&0&0&0&0\\1&0&0&1&0&0&0&0&0&0\\0&0&0&0&1&0&0&0&0&0\\0&0&0&0&0&1&0&0&0&0\\0&0&0&0&0&0&1&0&1&1\\0&0&0&0&0&0&0&1&0&0\\0&0&0&0&0&0&1&0&1&1\\0&0&0&0&0&0&1&0&1&1\end{bmatrix}$$

用 $\boldsymbol{M}\cap\boldsymbol{M}^{\mathrm{T}}$ 与 $\boldsymbol{M}$ 比较，找出行元素完全相同的列所对应的要素构成系统终止集 $E(S)$，

$$E(S)=\{S_3,\ S_6,\ S_8\} \tag{4-23}$$

根据 $\boldsymbol{M}^{\mathrm{T}}$ 的第 3、6、8 行为 1 的元素对应的列可得 S_3、S_6、S_8 的先行集：$Q(S_3)=\{S_1,\ S_3,\ S_4,\ S_5,\ S_7,\ S_9,\ S_{10}\}$，$Q(S_6)=\{S_6\}$，$Q(S_8)=\{S_2,\ S_8\}$。显然 $Q(S_3)\cap Q(S_6)\cap Q(S_8)=\varphi$，所以系统 S 分为 3 个独立的连通区域：$\{S_1,\ S_3,\ S_4,\ S_5,\ S_7,\ S_9,\ S_{10}\}$，$\{S_6\}$ 和 $\{S_2,\ S_8\}$。

(7) 系统元素分层

系统元素分层，主要作用是实现复杂问题的条理化与清晰化，从而找出问题的根本与途径。分层方法与解析结构模型相同。

为了计算与编程方便，这里介绍另一种分层方法。方法是通过划分等价类，逐层将属性相近的系统元素归类。即

$$\boldsymbol{S}_a=\{i\,|\,M_\lambda(i,\ j)\cdot M_\lambda(j,\ i)=M_\lambda(j,\ i),\quad i,\ j\in \boldsymbol{S}-S_1-S_2-\cdots-S_{a-1}\} \tag{4-24}$$

式中，$\boldsymbol{S}_a$ 为第 a 层次元素的集合；$\boldsymbol{S}$ 为全体系统元素的集合；

$$a=1,\ 2,\ 3,\ \cdots$$

也就是说，用 $\boldsymbol{M}\cap\boldsymbol{M}^{\mathrm{T}}$ 与 $\boldsymbol{M}$ 比较，列元素完全相同的列所对应的要素为第一层要素，其集合记为 $\boldsymbol{S}_1$，从 $\boldsymbol{M}$ 中删除 $\boldsymbol{S}_1$ 要素所对应的行和列，再进行以上操作，依此类推。

对于例 4-6，设 $\boldsymbol{M}_1=\boldsymbol{M}\cap\boldsymbol{M}^{\mathrm{T}}$

$$\boldsymbol{M}_1=\begin{bmatrix}1&0&0&1&0&0&0&0&0&0\\0&1&0&0&0&0&0&0&0&0\\0&0&1&0&0&0&0&0&0&0\\1&0&0&1&0&0&0&0&0&0\\0&0&0&0&1&0&0&0&0&0\\0&0&0&0&0&1&0&0&0&0\\0&0&0&0&0&0&1&0&1&1\\0&0&0&0&0&0&0&1&0&0\\0&0&0&0&0&0&1&0&1&1\\0&0&0&0&0&0&1&0&1&1\end{bmatrix}$$

比较 $\boldsymbol{M}_1$ 与 $\boldsymbol{M}$，得第 2、6、7、9、10 列完全相等，所对应元素归为第一层，即

$$S_1=\{2,\ 6,\ 7,\ 9,\ 10\}$$

从 $\boldsymbol{M}$ 中删除第一层元素对应的行和列得矩阵

$$\boldsymbol{M}'=\begin{array}{c}\\1\\3\\4\\5\\8\end{array}\begin{array}{c}\begin{array}{ccccc}1&3&4&5&8\end{array}\\\begin{bmatrix}1&1&1&0&0\\0&1&0&0&0\\1&1&1&0&0\\1&1&1&1&0\\0&0&0&0&1\end{bmatrix}\end{array}$$

$$M_2 = M' \cap M'^{\mathrm{T}} = \begin{array}{c} \\ 1 \\ 3 \\ 4 \\ 5 \\ 8 \end{array}\begin{array}{c} \begin{array}{ccccc} 1 & 3 & 4 & 5 & 8 \end{array} \\ \begin{bmatrix} 1 & 0 & 1 & 0 & 0 \\ 0 & 1 & 0 & 0 & 0 \\ 1 & 0 & 1 & 0 & 0 \\ 0 & 0 & 0 & 1 & 0 \\ 0 & 0 & 0 & 0 & 1 \end{bmatrix} \end{array}$$

比较 M_2 和 M，得第 5、第 8 要素所对应的列元素全等，故第 5、第 8 要素归为第二层，即 $S_2 = \{5, 8\}$ 。

同理可得，$S_3 = \{1, 4\}$ ；$S_4 = \{3\}$ 。

至此全部因子均已归类，问题分层完毕。

(8) 计算元素的影响域与影响强度

元素的影响域即元素在系统中的影响范围，通过求得 M_λ ，为问题重构提供了新的基础。M_λ 中非零元素所对应的行和列，即可看作行元素对列元素有影响，故每行中非零元素之和(除去本身)为该元素之影响域，即第 i 元素的影响域 F_i

$$F_i = \sum_{j=1}^{N} M_\lambda(i, j) - 1 \tag{4-25}$$

例 4-6 中 $F=\{2, 1, 0, 2, 3, 0, 6, 0, 6, 6\}$。

影响强度是评价系统元素影响范围和大小的一个综合指标。可由下式求得：

$$I_i = \frac{\sum\limits_{\substack{j=1 \\ j \neq i}}^{N} M_\lambda(i, j) \cdot \underset{\sim}{M}(i, j)}{\max\left\{ \sum\limits_{\substack{j=1 \\ j \neq i}}^{N} M_\lambda(i, j) \cdot \underset{\sim}{M}(i, j) \right\}} \times 100 \quad (i = 1, 2, \cdots, N)$$

为了方便，令 $Z_i = \sum\limits_{j=1}^{N} M_\lambda(i, j) \cdot \underset{\sim}{M}(i, j)$

则：

$$I_i = \frac{Z_i}{\max\{Z_i\}} \quad (i = 1, 2, \cdots, N)$$

Z_i 即为模糊可达阵 $\underset{\sim}{M}$ 中，与截矩阵 M_λ 中非零元素所对应的行元素(主元素除外)之和。

在例 4-6 中：

$Z_1 = 4+4 = 8$　　$Z_2 = 4$

$Z_3 = 0$　　$Z_4 = 4+5 = 9$

$Z_5 = 3+5+3 = 11$　　$Z_6 = 0$

$Z_7 = 3+3+3+3+3+4 = 19$　　$Z_8 = 0$

$Z_9 = 3+4+3+4+4+4 = 22$　　$Z_{10} = 3+3+3+3+3+3 = 18$

比较上述结果可知：$\max\{Z_i\} = Z_9 = 22$，故：

$I_1 = 8 \div 22 \times 100 = 36.36$　　$I_2 = 4 \div 22 \times 100 = 18.18$

$I_3 = 0 \div 22 \times 100 = 0$　　$I_4 = 9 \div 22 \times 100 = 40.91$

$I_5 = 11 \div 22 \times 100 = 50$　　$I_6 = 0 \div 22 \times 100 = 0$

$I_7 = 19 \div 22 \times 100 = 86.36$　　$I_8 = 0 \div 22 \times 100 = 0$

$I_9 = 22 \div 22 \times 100 = 100$　　$I_{10} = 18 \div 22 \times 100 = 81.82$

(9)求骨架矩阵

所谓骨架矩阵是去掉$\boldsymbol{M}_\lambda$的所有传递枝，但在同一层中的元素之间的关系除外(即强连通关系除外的缩减矩阵$\boldsymbol{M}'$)。求解骨架矩阵首先合并系统中的强连通，即将矩阵$\boldsymbol{M}_\lambda$转换成矩阵$\boldsymbol{M}'_\lambda$。

在例4-7中：

$$\boldsymbol{M}'_\lambda = \begin{bmatrix} 1 & 0 & 0 & 0 & 0 & 1 & 0 \\ 0 & 1 & 0 & 0 & 0 & 0 & 0 \\ 0 & 1 & 1 & 0 & 0 & 0 & 0 \\ 0 & 1 & 1 & 1 & 0 & 0 & 0 \\ 0 & 0 & 0 & 0 & 1 & 0 & 0 \\ 0 & 0 & 0 & 0 & 0 & 1 & 0 \\ 0 & 1 & 1 & 1 & 0 & 0 & 1 \end{bmatrix}$$

再根据本章4.2.2(4)提取骨架矩阵中提供的方法，求解骨架矩阵$\boldsymbol{M}_a$，即$\boldsymbol{M}_a = \boldsymbol{M}' - \boldsymbol{I}' - (\boldsymbol{M}' - \boldsymbol{I}')^2$。

在例4-7中：

$$\boldsymbol{M}_a = \begin{bmatrix} 0 & 0 & 0 & 0 & 0 & 1 & 0 \\ 0 & 0 & 0 & 0 & 0 & 0 & 0 \\ 0 & 1 & 0 & 0 & 0 & 0 & 0 \\ 0 & 0 & 1 & 0 & 0 & 0 & 0 \\ 0 & 0 & 0 & 0 & 0 & 0 & 0 \\ 0 & 0 & 0 & 0 & 0 & 0 & 0 \\ 0 & 0 & 0 & 1 & 0 & 0 & 0 \end{bmatrix}$$

(10)关系图的重构

根据上述运算，原问题已得重构，骨架矩阵$\boldsymbol{M}_a$中非零元素所对应的行和列即构成因子间的因果关系，行因子为因，列因子为果，也称行为列的根，在例4-6中，①为④的根，②为⑧的根，④为①的根，④为③的根，⑤为④的根，⑦为⑩的根，⑨为⑤的根，⑨为⑦的根，⑩为⑨的根。将问题分层用箭头连接，标明参数，可得图4-21。

图4-21中左边参数为影响域，右边参数为影响强度。无连通关系者为孤立问题。形成回路的各因子互为强连通关系。

图4-21中箭头表明了解决问题的途径，参数表明了因子的重要程度。本例中问题诊断结果表明：影响经济发展的“病根”在于技术力量薄弱、乡镇企业不发达、市场信息不灵。解决问题的途径可沿箭头方向，抓住主要矛盾(影响强度大者)逐层解决。强连通关系中各因子互有制约作用，须考虑同时解决。

到此为止，“诊断”过程结束，如不满意，返回第五步，调节截系数λ。反复调节，仍不满意须考虑返回第一步。

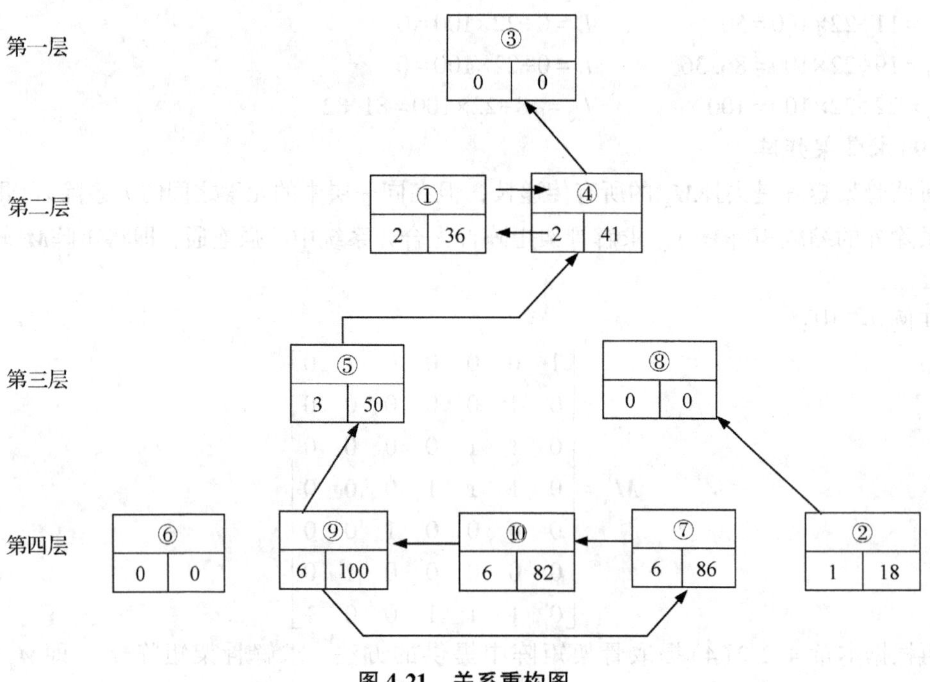

图 4-21　关系重构图

需要说明的是，诊断结果好坏，也就是对系统问题认识的深度和广度，很大程度上取决于参加诊断的专家们的思想水平与业务水平。因此，对于参加诊断人员的挑选以及实际问题的调查研究十分关键。

系统诊断模型是进行系统辨识的一种得力工具，它能克服传统的系统诊断靠人为分析和归纳方法导致诊断结果挂一漏万、以偏概全的局限性，通过系统外部特征的统计规律性，对系统内部状态作出明确判断，了解背景，探明问题，为战略研究和目标确定提供可靠的依据。

4.3.3　系统诊断模型 MATLAB 代码

本节编写了 MATLAB 函数，用于求解系统诊断模型中的结果，结果包括可达矩阵(RMatrix)、截距阵(IMatrix)、骨架矩阵(SMatrix)、分层向量(Layer)，这是一个行向量，向量维度与要素个数相等，向量的每个位置代表对应的要素，每个位置上的数值代表当前要素所在的层次)、影响域向量(AfArea)和影响强度向量(AfStrength)。代码中的%代表注释[2]。

```
%%%%%%%%%%%%%%%%%%%%%%%%%%%%%%%%%%%%%%%%%%%%%%%%
%系统诊断模型函数
%开发者:臧卓
%作者 QQ:561062
%开发时间:2012 年 11 月 29 日
%%%%%%%%%%%%%%%%%%%%%%%%%%%%%%%%%%%%%%%%%%%%%%%%
function [RMatrix,IMatrix,CirMatrix,Layer,AfArea,AfStrength,SMatrix,rResult] = SysDiagnosis
```

```
(AMatrix,ICoef)
    %RMatrix:求解的可达矩阵
    %IMatrix:求解的可达矩阵截距阵
    %SMatrix:求解的骨架矩阵
    %CirMatrix:运算过程中的回路矩阵
    %Layer:分层向量
    %AfArea:影响域
    %AfStrength:影响强度
    %rResult:返回关系图
    %AMatrix:输入邻接矩阵
    %ICoef:输入截系数
if nargin==1 &&AMatrix ==1
        %初始化邻接矩阵
        %《林业系统工程基础》李际平,第四章实例模糊邻接矩阵
AMatrix = zeros(10,10);
AMatrix(1,4)=4;AMatrix(2,8)=4;AMatrix(4,3)=5;AMatrix(4,1)=4;
AMatrix(5,3)=5;AMatrix(5,4)=3;AMatrix(6,8)=2;AMatrix(7,10)=4;
AMatrix(8,7)=1;AMatrix(9,[7 5])=4;AMatrix(10,9)=3;
ICoef= 3 ;
end
    %%计算模糊可达矩阵
DataDim = size(AMatrix,1);%获取输入数据维度
TriMatrix = eye(DataDim) * max(max(AMatrix));
IMatrix= zeros(DataDim,DataDim);%构建截距阵
BMatrix=AMatrix+TriMatrix;%构建可达矩阵初始矩阵?
NewBMatrix = BMatrix ;
eflag=1;%循环控制变量?
while eflag=1
    for i=1:DataDim %可达矩阵运算次数?
lineData = zeros(1,DataDim);
        for k = 1:DataDim %行列先求最小后求最大运算?
for j = 1:DataDim
lineData(j) = min(BMatrix(i,j),BMatrix(j,k));
end
NewBMatrix(i,k)=max(lineData);
    end
end
```

```
if sum(sum(NewBMatrix==BMatrix))==(DataDim * DataDim)
break;
end
BMatrix=NewBMatrix;
end
RMatrix=BMatrix;
    %%获取截距阵
IMatrix(RMatrix>=ICoef)=1;
    %%系统分层
CirMatrix= IMatrix&IMatrix';
    %保存回路矩阵和可达矩阵
    CM =CirMatrix;
    IM =IMatrix;
    Layer = zeros(1,DataDim);
for i = 1:DataDim
for j=1:DataDim
            if((sum(CM(j,:)==IM(j,:))==DataDim)&&(Layer(j)==0))
Layer(j)=i;
end
end
        CM(Layer~=0,:)=0;
        CM(:,Layer~=0)=0;
        IM(Layer~=0,:)=0;
        IM(:,Layer~=0)=0;
end
    %%求解影响域和影响强度
    IM =IMatrix;
    %影响域
AfArea = sum(IM,2)-1;
    IRM = IM. * RMatrix;
    IR = sum(IRM,2)-5;
    %影响强度
AfStrength = IR./max(IR);
    %%构建缩减矩阵 Reduction Matrix
ReVector = zeros(1,DataDim);
for i=1:DataDim
        c=find(CirMatrix(i,:)==1);
```

```
ReVector(c)=i;
end
reVector=ReVector;
    %ZR 为自然数变量
    ZR=1:DataDim;
ReVector=ReVector-ZR;
    %%获取缩减可达矩阵
riMatrix=IMatrix;
    c=find(ReVector~=0);
riMatrix(:,c)=[];
riMatrix(c,:)=[];
riDataDim=size(riMatrix,1);
    %构建标签
    lab=cell(1,DataDim);
for i=1:DataDim
lab{i}=num2str(i);
end
for i=1:DataDim
if(reVector(i)~=i)
            lab{reVector(i)}=[num2str(i),',',lab{reVector(i)}];
end
end
lab(c)=[];
    %%获取骨架矩阵
for i=1:riDataDim
for j=1:riDataDim
            ifriMatrix(i,j) == 0
continue;
end
riMatrix(i,j) = 0;
            w = 0;
for k=1:riDataDim
                w = w+riMatrix(i,k) * riMatrix(k,j);
end
if  w==0
riMatrix(i,j)=1;
end
```

```
end
end
SMatrix=riMatrix-eye(riDataDim);
    %%打印输出系统骨架结构关系图
rResult='';
fprintf('系统骨架结构图为:\n');
for i=1:riDataDim
for j=1:riDataDim
            if(SMatrix(i,j)==1)
rResult=[rResult,[lab{i},'->',lab{j}]];
rResult=[rResult,'\n'];
fprintf([lab{i},'->',lab{j},'\n']);
end
end
end
end
```

以上代码已保存为 SysDiagnosis. m 文件,在使用时,只要将 SysDiagnosis. m 文件复制到"当前工作目录"下,然后在"命令行窗口"复制粘贴下列命令,点击回车即可求解:

[RMatrix, IMatrix, CirMatrix, Layer, AfArea, AfStrength, SMatrix, rResult] = SysDiagnosis(AMatrix,ICoef)

执行结果包含:系统骨架结构、模糊可达矩阵、$\boldsymbol{\lambda}$ 截矩阵、回路矩阵、分层向量、影响域向量、影响强度向量和骨架矩阵。

思考与练习

1. 简述解析结构模型和系统诊断模型的区别和联系。

2. 写出下列有向连接图的邻接矩阵,计算可达矩阵,并指出有向连接图的输入与输出。

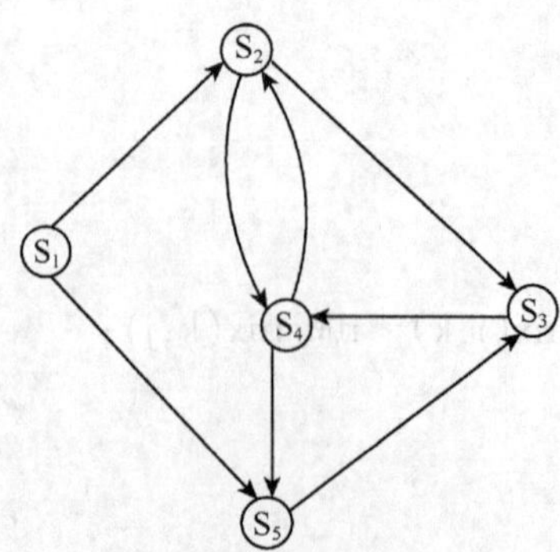

3. 计算下列模糊邻接矩阵的模糊可达矩阵,以及 $\lambda=3$ 时和 $\lambda=4$ 时的截距阵,重构不

同 λ 值的系统结构图，比较两个系统重构图的差异，并阐述变化 λ 值时，对系统分析结果的影响，同时计算对应的影响域和影响强度。

$$A = \begin{bmatrix} 0 & 0 & 3 & 0 & 4 \\ 0 & 0 & 0 & 5 & 0 \\ 0 & 1 & 0 & 2 & 4 \\ 1 & 3 & 0 & 0 & 1 \\ 5 & 5 & 4 & 0 & 0 \end{bmatrix}$$

4. 利用你熟悉的计算机语言编写系统诊断模型程序。

第5章

系统模型

我们赖以生存的世界是一个极其庞大的系统。人类为了求得生存和发展，必须不断地认识世界和改造世界。所谓认识世界就是探索、研究这个庞大系统的结构、组成及其相互关系和相互作用，从而掌握世界发展的客观规律。而对于世界发展的各种客观规律性，人们常常以各种各样的模型表现出来。所谓改造世界就是人们利用已经掌握的各种客观规律来建立各种人造系统，从而达到开发、利用客观世界的各种目的。而各种人造系统的建立也要依靠模型。因此，系统模型是进行系统分析和系统设计的有效工具。有意识地建立模型可以说是当代科学的一大特征，或者一大潮流。建立模型在系统工程中占有很重要的位置。因为系统工程研究的对象是复杂的、多维的、巨大的系统，要综合、定量地来分析问题，就必须借助和依靠模型来进行研究。

5.1 系统模型简介

5.1.1 模型方法的定义、分类

在自然科学、工程技术和社会科学的许多领域中，定量的系统分析、系统综合已受到人们越来越多的重视。模型是开展这些工作的有效工具，而模型化则是开展这些工作的前提和基础。

5.1.1.1 相关概念

一切客观存在的事物及其运动形态统称为实体(或原型)。模型是对实体的特征及其变化规律的一种表征或者抽象，而且往往是对实体中那些所要研究的特定特征的抽象。可以说，模型是把对象实体通过适当的过滤，用适当的表现规则描绘出的简洁的模仿品。通过这个模仿品，人们可以了解到所研究实体的本质，而且在形式上便于人们对实体进行分析和处理。

模型方法是以研究模型来揭示原型(被研究对象)的形态、结构、特征和本质的科学方法。以客观事物、现象和过程之间存在的相似性为客观依据。系统模型是系统或过程的简化、抽象和类比表示，可以描述原型的主要特征或变化规律。

系统模型(system model)根据分类方法的不同有多种分类形式。根据代表原型的不同方式，模型一般可分为物质模型和思想模型两大类。物质模型是某种程度形式相似的模型

实体去再现原型；思想模型是客体在人们思想中的理想化反映、摹写，在人们头脑中创造出来，并被运用在思维中进行逻辑推理、数学演算和理想实验。

5.1.1.2 模型分类

(1)按模型模拟原型的性质和内容分类

模型可分为实体模型、图解模型、数学模型和经济模型。

①实体模型 参照参照物制作，几何形状尺寸比例与实物相似，如飞机模型、地球仪等。这类模型比较形象，便于共同研究问题，但不易说明数量关系，特别是不能揭示要素之间的内在联系，不能用于系统的优化，其使用有一定的局限性。

②图解模型 利用图表、图形、曲线、符号等抽象概念反映事物变化规律，如生长曲线图、网络图、效益分析图等。这类模型比较直观、简单，但不易优化，尤其是受变量的限制。当变量超过3个时，图上无法表示。

③数学模型 运用几何图形、代数结构、拓扑结构、序结构、分析表达式等描述系统的要素之间、子系统之间、层次之间的相互作用以及系统与环境相互作用的数学表达式。这类模型非常抽象，应用非常广泛，是系统优化的有效方法。

④经济模型 运用在经济学上，描述社会经济现象的主要特征和变化规律，如投入产出模型等。

(2)按模型的功能分类

系统模型可为解释模型、预测模型和规范模型。

①解释模型 对原型的行为特性和运行演化规律做出解释的模型，也就是提供一个框架，通过对收集的数据、资料、信息的整理和组织，对原型系统的行为特征和运行演化规律做出解释。

②预测模型 基于系统的组分结构、环境和现在的行为，能够对系统的未来行为特性做出预测的模型。预测模型也是解释模型，预测是特殊的解释。

③规范模型 提供按照一定目的影响和改变系统行为特性的思路和方式。不同的模型侧重点和适用范围不同，不可能要求某一模型能解决系统的全部问题。对于不同的系统、不同的目的要求、不同的问题、不同的研究阶段，应各自选择适合的模型，并形成综合的模型群。模型的详细程度要与研究问题的目的、数据来源、数据精度等相匹配。

模型方法是系统科学的基本方法，研究系统一般都是研究它的模型，有些系统只能通过模型来研究。

5.1.2 模型方法的应用

模型方法在系统工程中有非常重要的作用，能够解决实验方法难以解决或根本无法解决的复杂大系统的问题。系统工程研究的对象多为要素众多、关系复杂、目标多、变量多，因而涉及的学科也多。实际系统在规划设计阶段、建设阶段、正式运转阶段都是不可能进行实验的，只能借助模型来研究，减少研究工作中的风险性。有些事物无样本可循，或者说进行实验要承担极大的风险，如火箭、航天飞机等的试验，即要造成极大的经济损失，甚至还有丧失生命的危险。①借助模型来研究可以减少或避免风险；②能够减少用实物试验或现场试点所造成的经济损失，节省费用；③能够省时间，有的研究试验周期较长，往往要很长的时间才能获得优化组合方案，借助模型研究可以通过不断改变变量和参数的方法，在计算机上进行试验，获得不同的结果，从中进行比较、鉴别和选择，大大节省了时间，如作战模型、农作物生长模型等；④能够预测未来，通过调查和分析，以系统的状态、结构与功能的变化为研究对象，通过调查和分析，了解系统的过去、现在的本质特征、运动变化的规律，综合运用定性分析与定量分析相结合、静态分析与动态分析相结合的方法，建立趋势外推法、时间序列法、回归分析法、系统动力学等模型，可以科学地预测未来。

5.1.3　系统模型的特征及要求

(1)系统模型特征

系统模型反映着现实系统的主要特征，但它又高于现实系统而具有同类系统的共性。因此，一个适用的系统模型应该具有以下三个特征：①系统模型是现实系统的抽象或模仿。一切客观存在的事物及其运动形态统称为实体，模型是对实体的特征及其变化规律的一种表征或者抽象。②系统模型是由反映系统本质或特征的主要因素构成的，系统模型是把对象实体通过过滤，用适当的表现规则描绘出的简洁的模仿品，故由筛选出反映系统本质或特征的主要因素构成。③系统模型集中体现了这些主要因素之间的关系，以及在各种环境条件下的运行机制。这样才能通过系统模型了解到所研究实体的本质，而且在形式上便于人们对实体进行分析和处理。

对于林业系统模型而言，由于林业所经营的是以森林生态系统为主体的一种具有多资源、多功能(生态环境、经济、社会)的综合体，除了上述系统模型的三个特征以外，还有以下几个特点：①林业系统模型以生物学模型为基础，由于林业系统研究的对象是以木本植物为主体的生物群落，所以大多数林业系统模型是以生物学模型为基础，其基本前提就是要遵循生物体发育的规律，首先考虑生物体发育本身的需要和可能。②林业系统模型以不确定性模型为主，林业系统研究的生物体，与环境联系密切，不可控因素多。如制约生物体发育的阳光、气温、湿度、风速、降水量和光周期等气候因子和千差万别的土壤因子，大多是不可控的随机因素；森林生物群落分布范围广，这些因素的变化大；林业生产周期长，有滞后作用，而且森林成熟不明显，森林的生态效益和社会效益边界的不明确，测定困难。因此，在现实中，往往以不确定性模型为主。③林业系统模型的建立难度大，对于无生命的物理和化学系统，可以在人为控制的环境条件下，给系统一个输入，便可以得到系统唯一的输出。而对于有生命的生物系统来说，在现有的科技水平下，要想把生物系统中的某些成分提出来放在人为控制的环境下进行研究，难度很大；另外，由于受到现有林业生产和管理水平的制约，林业的基础数据缺乏，生产周期长，信息反馈慢，使得林业系统模型从构造、计算到推广和应用的难度都很大。

(2)系统模型要求

系统模型必须与被模拟的原型系统有某种程度上的相似性，尽可能代表原型系统的重要特征，同时在数学或物理上的分析与模拟上又是易于处理的。因此，对于系统模型有如下要求：

①真实性　即反映系统的物理本质，立足于对现实系统的描述上，这依赖于对对象系

统(主体)的认识程度。林业系统模型要如实反映客观现实，不能超越客观允许的条件和可能去追求所谓的最优化。

②简明性　模型中变量的设置不能过于烦琐，应当简明，易于了解。模型的数学结构也不宜过于复杂，以便于掌握和推广，实用价值才高。

③完整性　模型应当包括目标、结构、约束(环境)等。

④可解性　这里的可解性不是解析的意思，而是模型便于分解和组装。

⑤规范化　模型应当尽量采用现有的标准形式，或者通过对标准形式模型加以某些修改，使之适合于新的系统。

5.1.4　系统建模的步骤

系统建模是以数学表达式或具有理想特性的符号组合图形来表征系统特性的过程。构建数学模型需要想象力和技巧。有人说，数学模型是应用数学的艺术。一要学习、思考别人做过的模型；二要自己动手，认真做些实际应用，不断积累经验；三是许多数学建模专家高度总结的经验："综合就是创造"。

从方法论的角度总结系统建模的步骤如下：

①形成问题　在明确目标、约束条件及外界环境的基础上，规定模型描述哪些方面的属性，预测何种后果。

②选定变量　按前述影响因素的分析筛选出适合的变量。

③确定变量关系　定性分析各变量之间的关系及对目标的影响。

④确定模型的数学结构及参数辨识　建立各变量之间的定量关系，主要是选择合适的数学表达式。这一步的关键是数据的来源，如果数据难以取得，则要重新回到第二步或第一步。

⑤模型真实性检验　数学模型建模过程中，可用统计检验的方法和现有统计数字对变量之间的函数关系进行检验。模型构建后可根据已知的系统行为来检验模型的计算结果，以判断模型的精确程度和模型的应用范围。如果精度比期望值低，则要查清原因，并进行调试。

下面以优化模型为例，说明建立系统模型的方法、步骤和技巧。

5.2　优化模型的基本概念

5.2.1　优化模型的一般形式

在工程技术、经济管理、科学研究和日常生活等诸多领域中，人们经常遇到的一类决策问题是：在一系列客观或主观限制条件下，寻求使所关注的某个或多个指标达到最大(或最小)的决策。例如，结构设计要在满足强度要求的条件下选择材料的尺寸，使其总重量最轻；资源分配要在有限资源约束下制定各用户的分配数量，使资源产生的总效益最大；运输方案要在满足物资需求和装载条件下安排从各供应点到各需求点的运量和路线，使运输总费用最低；生产计划要按照产品工艺流程和顾客需求，制定原料、零件、部件等订购、投产的日程和数量，尽量降低成本使利润最高。

上述这种决策问题通常称为最优化(optimization，简称为优化)问题，人们解决这些优化问题的手段大致有以下几种：

①依赖过去的经验判断面临的问题　决策者这似乎切实可行，并且没有太大的风险，但是其处理过程会融入决策者太多的主观因素，常常难以客观地给予描述，从而无法确认结果的最优性。

②做大量的试验反复比较　这固然比较真实可靠，但是常要花费太多的资金和人力，而且得到的最优结果基本上偏离开始设计预期的试验范围。

③用数学建模(mathematical modeling)的方法　建立优化模型(optimization model)求解最优决策，我们将这种方式简称为优化建模(optimization modeling)。虽然由于建模时要作适当的简化，可能使得结果不一定完全可行或达到实际上的最优，但是它基于客观规律和数据，又不需要多大的费用，具有前两种手段无可比拟的优点。如果在此基础上再辅之以适当的经验和试验，就可以期望得到实际问题的一个比较圆满的回答。优化建模是解决优化问题的最有效、最常用的方法之一，在决策科学化、定量化的呼声日益高涨的今天，用数学建模方法求解优化问题，无疑是符合时代潮流和形势发展需要的。

优化模型是一种特殊的数学模型，优化建模方法是一种特殊的数学建模方法。优化模型一般有以下 3 个要素：

①决策变量(decision variable)　它通常是该问题要求解的那些未知量，不妨用 n 维向量 $x=(x_1, x_2, \cdots, x_n)^{\mathrm{T}}$ 表示，当对 x 赋值后它通常称为该问题的一个解或一个点(solution/point)。

②目标函数(objective function)　通常是该问题要优化(最小或最大)的那个目标的数学表达式，它是决策变量 x 的函数，可以抽象地记作 $f(x)$。

③约束条件(constraints)　由该问题对决策变量的限制条件给出，即 x 允许取值的范围为 $x \in D$，D 称为可行域(feasible region)，常用一组关于 x 的等式 $h_i(x)=0(i=1, 2, \cdots, m)$ 或不等式 $g_j(x) \leqslant 0(j=1, 2, \cdots, l)$ 来界定，分别称为等式约束(equality constraint)和不等式约束(inequality constraint)。

于是，优化模型从数学上可表述成一般形式为：

$$\text{opt} \quad z=f(x) \tag{5-1}$$

$$\text{s.t.} \quad h_i(x)=0 \quad (i=1, 2, \cdots, m_e) \tag{5-2}$$

$$g_i(x) \leqslant 0 \quad (j=m_e+1, m_e+2, \cdots, m_e+m) \tag{5-3}$$

$$x \in D$$

式(5-1)opt 是最优化(optimize)的意思，可以是 min(求极小)或 max(求极大)两者之一；s. t. 是“受约束于”(subject to，也可理解成 such that)的意思。

5.2.2　可行解与最优解

同时满足约束式(5-2)和式(5-3)的解 x(即 $x \in d$)称为可行解或可行点(feasible solution/point)，否则称为不可行解或不可行点(infeasible solution/point)。满足式(5-1)的

可行解 x^*（也就是使目标达到最优的 x^*）称为最优解或最优点（optimal solution/point，也称为 optimizer），在最优解 x^* 处目标函数的取值 $f(x^*)$ 称为最优值（optimal value，也称为 optimum）。对于极小化问题，则对应的最优解（点）也可以称为最小解（点）（minimum solution/point，或 minimizer），最优值称为最小值（minimum）。类似地，对于极大化问题，则对应的最优解（点）也可以称为最大解（点）（maximum solution/point，或 maximizer），最优值称为最大值（maximum）。

如果在某个可行解 x^* 的附近（x^* 的某个邻域），x^* 使目标函数达到最优（即将可行域限定在 x^* 的某个邻域中时 x^* 是最优解），但 x^* 不一定是整个可行域 d 上的最优解，则 x^* 称为一个局部最优解或相对最优解（local/relative optimal solution，或 local /relative optimizer），此时的所谓最优解实际上只是极值点。相对于局部最优解，我们把整个可行域上的最优解称为全局最优解或整体最优解（global optimal solution，或 global optimizer）。例如，对于极小化问题，图 5-1 中的 x_1、x_2 都是局部最优解（最小点），其中 x_1 不是全局最优解，而 x_2 是全局最优解。对于大多数优化问题，求全局最优解是很困难的，所以很多优化软件往往只能求到局部最优解。

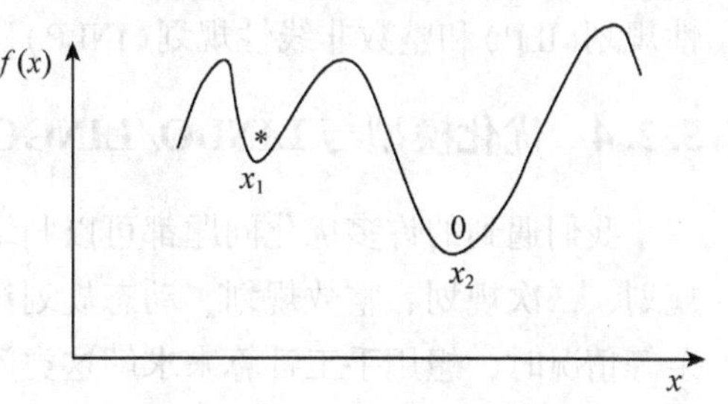

图 5-1 局部最优解与全局最优解

5.2.3 优化模型的基本类型

优化模型可以从不同的角度进行分类，若优化模型中只有式（5-1）而没有式（5-2）、式（5-3），则这种特殊情况称为无约束优化（unconstrained optimization）；只要有式（5-2）或式（5-3），模型就称为约束优化（constrained optimization）。还有一些更特殊的情况，即只有式（5-2）而没有式（5-1）、式（5-3），模型就变成了普通的方程组（system of equations）；如果只有式（5-3）而没有式（5-1）、式（5-2），模型就变成了不等式组（system of inequalities）。这些都可以看成约束优化的特例。一般说来，实际生活中的优化问题总是有约束的，但是如果最优解不是在可行域的边界上，而是在它的内部，那么就可以考虑用无约束优化进行比较简单地处理。另外，在理论和算法上，无约束优化也是约束优化的基础。

在上面的模型式（5-1）至式（5-3）中，除了要求决策变量满足约束式（5-2）、式（5-3）外，没有限制决策变量 x 在什么范围内取值，这时通常表示（默认）决策变量的分量 $x_i(i=1, 2, \cdots, n)$ 可以在实数范围内取值，即 $x \in R^n$。优化问题的另一种分类方法，是按照模型中决策变量的取值范围以及目标函数 $f(x)$ 和约束函数 $h_i(x)=0\ (i=1, 2, \cdots, m_e)$ 或不等式 $g_j(x) \leqslant 0(j=m_e+1, m_e+2, \cdots, m_e+m)$ 的特性进行分类。常见的类型如下：

①当模型中决策变量 x 的所有分量 $x_i(i=1, 2, \cdots, n)$ 取值均为连续数值（即实数）时，优化模型称为连续优化（ continuous optimization），这也是通常所说的数学规划，（mathematical programming）。此时，若 f、h_i、g_j 都是线性函数，则称为线性规划（linear programming，LP）；若f、h_i、g_j至少有一个是非线性函数，则称为非线性规划(nonlinear programming，NLP)。特别地，若f是一个二次函数，而h_i、g_j都是线性函数，则称为二次规划(quadratic programming，QP)，它是一种相对比较简单的非线性规划。

②否则，若x的一个或多个分量只取离散数值，则优化模型称为离散优化(discrete optimization)，或称为组合优化(combinatorial optimization)。这时通常x的一个或多个分量只取整数数值，称为整数规划(integer programming，IP)，并可以进一步明确地分为纯整数规划(pure integer programming，PIP，此时x的所有分量只取整数数值)和混合整数规划(mixed integer programming，MIP，此时x的部分分量只取整数数值)。特别地，若x的分量中取整数数值的范围还限定为只取0或1，则称为0-1规划(zero-one programming，ZOP)。此外，与连续优化分成线性规划和非线性规划类似，整数规划也可以分成整数线性规划(ILP)和整数非线性规划(INLP)。

5.2.4 优化模型与LINDO/LINGO软件

我们遇到的许多优化问题都可以归结为规划问题，如线性规划、多目标规划、非线性规划、二次规划、整数规划、动态规划等。当遇到变量比较多或者约束条件表达式比较复杂等情况时，想用手工计算来求解这类问题几乎是不可能的。编程计算虽然可行，但工作量大、程序长而繁琐，稍不小心就会出错，还可能需要花费大量的时间和精力。可行的办法是用现成的软件求解，LINGO是专门用来求解各种规划问题的软件包，其功能十分强大，是求解优化模型的最佳选择。

LINGO是美国LINDO系统公司(Lindo System Inc)开发的求解数学规划系列软件中的一个(其他软件为LINDO，GINO，What's Best等)，它的主要功能是求解大型线性、非线性和整数规划问题。目前LINGO的版本很多，只有Demo版是免费的，其他版本需要向LINDO系统公司(在中国的代理商)购买，LINGO的不同版本对模型的变量总数、非线性变量数目、整数变量数目和约束条件的数量作出不同的限制。

LINGO的主要功能特色为：

①既能求解线性规划问题，也有较强的求解非线性规划问题的能力；

②输入模型简练直观；

③运行速度快、计算能力强；

④内置建模语言，提供几十个内部函数，从而能以较少语句，较直观的方式描述较大规模的优化模型；

⑤将集合的概念引入编程语言，很容易将实际问题转换为LINGO模型；

⑥能方便地与Excel、数据库等其他软件交换数据。

LINGO的基本用法：

启动LINGO后，在主窗口上弹出标题为“LINGO Model-LINGO1”的窗口，称为模型窗口(通常称LINGO程序为“模型”)，如图5-2所示，用于输入模型，可以在该窗口内用基本类似于数学公式的形式输入小型规划模型。

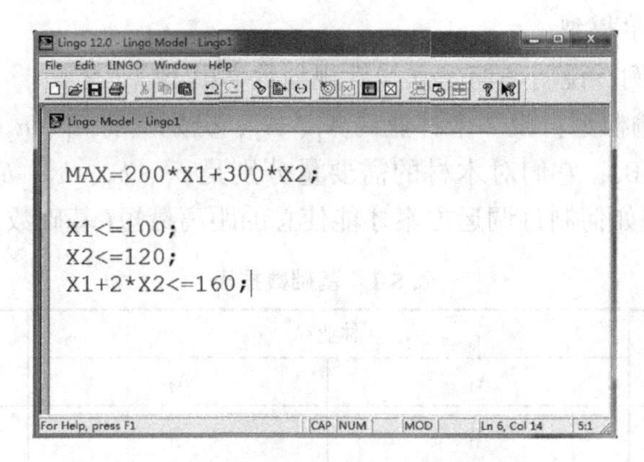

图 5-2　LINGO 的主窗口和模型窗

LINGO 的语法规定：

①求目标函数的最大值或最小值分别用 MAX = … 或 MIN = … 来表示；

②每个语句必须以分号“;”结束，每行可以有多个语句，语句可以跨行；

③变量名称必须以字母(A~Z)开头，由字母、数字(0~9)和下划线所组成，长度不超过 32 个字符，不区分大小写；

④可以给语句加上标号；

⑤以“!”开头，以“;”号结束的语句是注释语句；

⑥如果对变量的取值范围没有作特殊说明，则默认所有决策变量都非负；

⑦LINGO 模型以语句“MODEL:”开头，以“END”结束，对于比较简单的模型，这两个语句可以省略。

选择菜单“Lingo | Solve”(或按 Ctrl+S)，或用鼠标点击“求解”按钮，如果模型有语法错误，则弹出一个标题为“LINGO Error Message”(错误信息)的窗口，指出在哪一行，有怎样的错误，每种错误都有一个编号，点击 explain 获得编号具体含义。改正错误以后再求解，如果语法通过，LINGO 用内部所带的求解程序求出模型的解，然后弹出一个标题为“LINGO Solver Status”(求解状态)的窗口，其内容为变量个数、约束条件个数、优化状态、非零变量个数、耗费内存、所花时间等信息，点击“Close”关闭该窗口，屏幕上出现标题为“Solution Report”(解的报告)的信息窗口，显示优化计算的步数、优化后的目标函数值、列出各变量的计算结果。解“的”报告的具体内容将在下面的实例中进行说明。

5.3　优化问题的建模实例

5.3.1　线性规划

线性规划模型是数学规划中研究较早，发展较快，应用较广且比较成熟的一个分支。它主要是解决我们日常生活中的两方面的问题：一是资源有限的情况下，如何获取最大的利润；二是怎样安排生产经营活动，耗费的资源最少，而获得最大的利益。在农林业中，线性规划模型经常用于解决土地种植规划问题、木材运输问题、林木生产经营规划问题等。

(1)线性规划数学模型

下面通过几个实例，说明如何建立线性规划数学模型。

【例 5-1】木材运输模型：设 2 个林业局 A_1、A_2，分别拥有 a_1、a_2 木材，要运到 5 个城市 B_1、B_2、B_3、B_4、B_5，它们对木材的需要量分别是 b_1、b_2、b_3、b_4、b_5，设从 A_i 到 B_j 的距离为 c_{ij}(km)，问如何制订调运方案才能使总的距离最短(基础数据见表 5-1)。

表 5-1 基础数据表

城 市	林业局		需要木材
	A_1	A_2	
B_1	c_{11}	c_{21}	b_1
B_2	c_{12}	c_{22}	b_2
B_3	c_{13}	c_{23}	b_3
B_4	c_{14}	c_{24}	b_4
B_5	c_{15}	c_{25}	b_5
拥有木材	a_1	a_2	—

解：设从林业局 A_i 调到城市 B_j 的木材为 x_{ij}(t)，列变量设置表(表 5-2)：

表 5-2 变量设置表

城 市	林业局		需要木材
	A_1	A_2	
B_1	x_{11}	x_{21}	b_1
B_2	x_{12}	x_{22}	b_2
B_3	x_{13}	x_{23}	b_3
B_4	x_{14}	x_{24}	b_4
B_5	x_{15}	x_{25}	b_5
拥有木材	a_1	a_2	—

从林业局 A_1 调到 5 个城市的木材应与 A_1 拥有的木材相等，故有：

$x_{11}+x_{12}+x_{13}+x_{14}+x_{15}=a_1$

同理：

$x_{21}+x_{22}+x_{23}+x_{24}+x_{25}=a_2$

各城调进的木材应与其需要量相等，故有 5 个方程：

$x_{11}+x_{21}=b_1$

$x_{12}+x_{22}=b_2$

$x_{13}+x_{23}=b_3$

$x_{14}+x_{24}=b_4$

$x_{15}+x_{25}=b_5$

又调运的木材量不能为负值，则

$x_{ij}\geqslant 0\quad (i=1,\ 2;\ j=1,\ 2,\ 3,\ 4,\ 5)$

设总的吨千米数为 Z，则

$$Z=c_{11}x_{11}+c_{21}x_{21}+c_{12}x_{12}+c_{22}x_{22}+c_{13}x_{13}+c_{23}x_{23}+c_{14}x_{14}+c_{24}x_{24}+c_{15}x_{15}+c_{25}x_{25}$$

综合起来求目标函数 Z 最小，即

$$\min Z=c_{11}x_{11}+c_{21}x_{21}+c_{12}x_{12}+c_{22}x_{22}+c_{13}x_{13}+c_{23}x_{23}+c_{14}x_{14}+c_{24}x_{24}+c_{15}x_{15}+c_{25}x_{25}$$

而所有 x_{ij} 应满足约束条件：

$x_{11}+x_{12}+x_{13}+x_{14}+x_{15}=a_1$

$x_{21}+x_{22}+x_{23}+x_{24}+x_{25}=a_2$

$x_{11}+x_{21}=b_1$

$x_{12}+x_{22}=b_2$

$x_{13}+x_{23}=b_3$

$x_{14}+x_{24}=b_4$

$x_{15}+x_{25}=b_5$

$x_{ij}\geqslant 0$

【例 5-2】林木生产经营规划模型：设某林场有一类地 38. 5 hm^2，二类地 71. 3 hm^2，三类地 44. 1 hm^2，立地生产力预测见表 5-3。

表 5-3　立地生产力预测表

立地类型	树　种		
	马尾松	杉木	阔叶树
一类	6. 67	4. 69	—
二类	4. 02	3. 97	—
三类	3. 67	2. 86	3. 51

现规定：马尾松种植面积不少于 76 hm^2，杉木不少于 45. 6 hm^2，阔叶树种 30. 4 hm^2 且只种于第三类土地，问如何安排种植计划，使(总的木材产量最大)每年总的木材生长量最大?

解：变量设置，见表 5-4：

表 5-4　变量设置表

立地类型	树　种		
	马尾松	杉木	阔叶树
一类	x_{11}	x_{21}	—
二类	x_{12}	x_{22}	—
三类	x_{13}	x_{23}	30. 4

三类地种阔叶树 30.4 hm^2，还剩余 13.7 hm^2。

列线性方程组：

$x_{11}+x_{21}=38.5$

$x_{12}+x_{22}=71.3$　　（一、二、三类地上种马尾松、杉木的约束）

$x_{13}+x_{23}=13.7$

又有：

$x_{11}+x_{12}+x_{13}\geqslant 76$

$x_{21}+x_{22}+x_{23}\geqslant 45.6$

$x_{ij}\geqslant 0$

目标数：

$\max Z=6.67x_{11}+4.02x_{12}+3.67x_{13}+4.69x_{21}+3.97x_{22}+2.86x_{23}$

【例 5-3】某工厂在计划时期内要安排生产Ⅰ、Ⅱ两种产品，这些产品分别需要在 A、B、C、D 四种不同的设备上加工，按工艺规定产品Ⅰ、Ⅱ在各设备上所需要的加工台时数（一台设备工作一小时称为一台时），见表 5-5 所列。

表 5-5　产品、设备、加工台时数表

产　品	设　备				产品利润
	A	B	C	D	
Ⅰ(x_1)	2	1	4	0	2
Ⅱ(x_2)	2	2	0	4	3
有效台时数	12	8	16	12	—

问如何安排生产计划，才能获得最大的利润？

解：设置变量：x_1、x_2 分别表示计划期内产品Ⅰ、Ⅱ的产量。

目标函数：

$\max Z=2x_1+3x_2$

约束条件：

$2x_1+2x_2\leqslant 12$

$x_1+2x_2\leqslant 8$

$4x_1\leqslant 16$

$4x_2\leqslant 12$

$x_1,\ x_2\geqslant 0$

从以上三个例子可以看出：它们都属于同一类优化问题，由于模型中的目标函数和约束条件都是线性的，所以都是典型的线性规划模型。

线性规划模型要求一组非负变量，满足一组条件（线性方程或线性不等式组），使一个线性函数取得最大值（或最小值），即是所谓线性规划问题。

线性规划（linear programming，LP）是森林经营管理中最常用的优化算法。线性规划的最终目的是尽最大可能合理分配资源。在线性规划中，规划问题可以被表示成为满足某些约束条件的最大化或最小化目标函数：

目标函数：
$$\max(\min) Z = \sum_{j=1}^{n} c_j x_j \tag{5-4}$$

约束条件：
$$\begin{cases} \sum_{j=1}^{n} a_{ij} x_j \begin{pmatrix} \leqslant \\ = \\ \geqslant \end{pmatrix} b_i \quad (i = 1,\ 2,\ \cdots,\ m) \\ x_j \geqslant 0 \quad (j = 1,\ 2,\ \cdots,\ n) \end{cases} \tag{5-5}$$

式中，Z 为目标函数值；x_j 为决策变量，在森林经营规划中，x_j 可以作为面积或采取第 j 项措施的面积百分比；c_j 为价值系数，主要用于表示采取第 j 项措施后决策变量增加或减少的程度；a_{ij} 为约束方程的系数，它反映了采取经营措施 j 后，决策变量增加或减少的效果；b_i 为资源限定值，它可以确定决策变量应满足的最大要求，或森林经营人员的最大工作时间等。

满足约束条件的解 $x = (x_1,\ x_2,\ \cdots,\ x_n)$，称为线性规划问题的可行解，所有可行解构成的集合称为问题的可行域，记为 R。可行域中使目标函数达到最小值或最大值的可行解叫最优解。

线性规划模型具有以下特点：

①目标函数和约束条件必须为线性的，体现了系统因素数量上的可比性和可加性。

②决策变量是连续分布的(即可为分数或小数)，变量值为整数的模型将其划归为整数规划来单独处理。

③目标函数的单一性。当决策目标多个且相互矛盾时，可用数学规划的另一分支——多目标规划来处理。

④线性规划模型为确定型模型。即线性规划模型中的全部参数或系数值为已知的。

⑤决策变量，$x_j \geqslant 0$，即非负的。

(2)线性规划的图解法

对于仅含 2 个决策变量的线性规划问题可用图解法求解。图解法简单、直观，有助于理解线性规划问题的基本原理。

现用图解法求解线性规划模型的最优解，线性规划模型的图解法如图 5-3 所示。

①用几何图形在直角坐标系中表示各约束条件　模型中的决策变量 x_1，x_2 对应 x 轴、y 轴。$x_1 \geqslant 0$，表示 x_2 轴和它右侧的半平面；$x_2 \geqslant 0$，表示 y 轴和它右侧以上的半平面；2 个非负约束条件对应第一象限，满足约束条件中每一个不等式的点集都应在第一象限内。

$2x_1+2x_2 \leqslant 12$ 代表以直线①$2x_1+2x_2=12$ 为界的左下方的半平面；$x_1+2x_2 \leqslant 8$ 代表以直线② $x_1+2x_2=8$ 为界的左下方的半平面；$4x_1 \leqslant 16$ 代表以直线③$4x_1=16$ 为界的左方的半平面；$4x_2 \leqslant 12$ 代表以直线④$4x_2=12$ 为界的下方的半平面。

这样由 x 轴、y 轴及①$2x_1+2x_2=12$，② $x_1+2x_2=8$，③$4x_1=16$，④$4x_2=12$ 共 4 根直线(例 5-3 的所有约束条件)就围成了图 5-3 的一个凸多边形 $OQ_1Q_2Q_3Q_4$，即图中网格部分。这就是满足所有约束条件(包括非负条件)的解的点集的交集，称为线性规划问题的可行域(可行解的集合)，在可行域中的任何一点(x_1，x_2)，包括边界点，都是满足约束条件的可行解，但不一定是最优解。

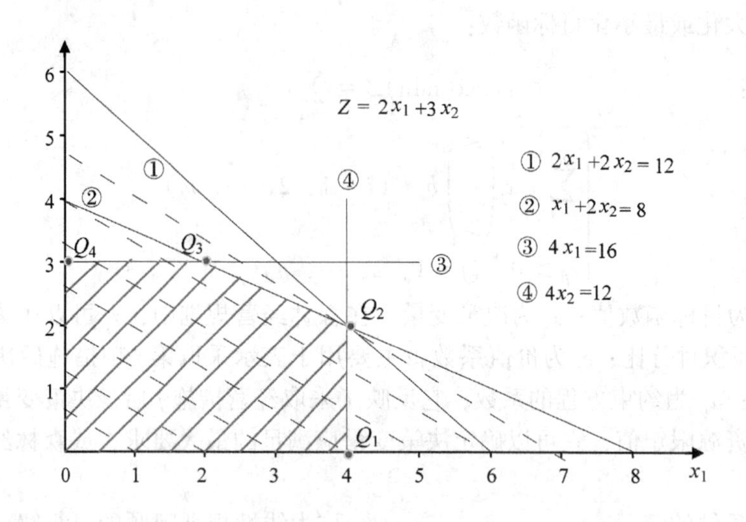

图 5-3 线性规划模型图解法

②分析目标函数的几何意义　在坐标平面上，目标函数 $Z = 2x_1+3x_2$ 可以表示为以 Z 为参数的一簇平行直线：$x_2 = -\frac{2}{3}x_1 + \frac{1}{3}Z$。不同的 Z 值对应不同的直线，但它们具有相同的斜率 $K = -\frac{2}{3}$。位于同一直线上的点，具有相同的 Z 值，因而这些平行线被称为等值线。

例如，图中等值线 L：

$$\begin{cases} x_1 = 3 \\ x_2 = 0 \\ Z = 6 \end{cases} \quad \begin{cases} x_1 = 2 \\ x_2 = \frac{2}{3} \\ Z = 6 \end{cases} \quad \begin{cases} x_1 = \frac{3}{2} \\ x_2 = 1 \\ Z = 6 \end{cases} \quad \begin{cases} x_1 = 0 \\ x_2 = 3 \\ Z = 6 \end{cases}$$

③确定最优解　由 $x_2 = -\frac{2}{3}x_1 + \frac{1}{3}Z$ 知，当 Z 值越大时，等值线离原点越远。因此，可将等值线(沿着其矢法线方向向右上方移动)向前平行推进，离原点越远，目标值越大，从而逐渐接近最优解。这些平行线与可行域的角点依次交于：

$$O(0,\ 0) \rightarrow Q_1(4,\ 0) \rightarrow Q_4(0,\ 3) \rightarrow Q_3(2,\ 3) \rightarrow Q_2(4,\ 2)$$

$$\begin{cases} x_1 = 0 \\ x_2 = 0 \\ Z = 0 \end{cases} \begin{cases} x_1 = 4 \\ x_2 = 0 \\ Z = 8 \end{cases} \begin{cases} x_1 = 0 \\ x_2 = 3 \\ Z = 9 \end{cases} \begin{cases} x_1 = 2 \\ x_2 = 3 \\ Z = 13 \end{cases} \begin{cases} x_1 = 4 \\ x_2 = 2 \\ Z = 14 \end{cases}$$

当等值线与 $OQ_1Q_2Q_3Q_4$ 最后交于 $Q_2(4,\ 2)$ 时，$Z=14$，也就不能再推，否则就越出可行域。因此，此模型在可行域的一个顶点 $Q_2(4,\ 2)$ 处获得最优解，说明该工厂的最优生产计划方案是：在计划期内生产产品Ⅰ4 件、产品Ⅱ2 件，最大利润为 14 元。

图解法求解两个变量线性规划问题，可按下列三步骤进行：首先在坐标系中画出可行域，即各约束条件、非负条件围成的公共部分；然后绘制目标函数的等值线，即以 Z 为参数的一簇平行线；最后在等值线中选取最大(或最小)且位于可行域中的一条，此直线与可行域的交点或相交直线的坐标即为模型的最优解。

图解法虽然仅适合于两个变量的模型，但为我们解一般性的线性规划模型提供了思路和启示。下面我们从图解法了解线性规划问题的解的几种情况。

——无限多个最优解

如果例 5-3 中线性规划模型其他约束条件不变，只将价值系数变为 $c_1=2$、$c_2=4$，则目标函数为：$Z=2x_1+4x_2$，那么目标函数的等值线的斜率与约束方程 $x_1+2x_2=8$ 的斜率相同，该一簇目标函数等值线将与直线 $x_1+x_2=8$ 重合，即与可行域 $OQ_1Q_2Q_3Q_4$ 相交于 Q_2Q_3 线段(一条边)，也就是意味有无限多个解，如其中的整数解为 $Q_2(4,2)$ 和 $Q_3(2,3)$，即

$$\begin{cases} x_1=4 \\ x_2=2 \\ Z=16 \end{cases} \qquad \begin{cases} x_1=2 \\ x_2=3 \\ Z=16 \end{cases}$$

这表明 Q_2Q_3 线段上所有的点都使目标函数 Z 取得相同的最大值，于是该线性规划问题有无限多个最优解(最优解：max 或 min 的可行解称为线性规划问题的最优解，即目标函数值达到最大或最小值的可行解)。

——可行域无界，无最优解

【例 5-4】图解法求解线性规划问题的最优解：

$\max Z=x_1+x_2$

$-x_1+x_2\leqslant 4$

$x_1-x_2\leqslant 2$

$x_1,\ x_2\geqslant 0$

在直角坐标系中作直线①$-x_1+x_2=4$ 和②$x_1-x_2=2$，从图 5-4 中可见，该线性规划问题有可行域，但可行域无界，目标函数值 $Z\to+\infty$，这种情况，无最优解。在实际问题中，只有当数学模型有错误时，才可能发生这种情况。

——无最优解

【例 5-5】图解法求解线性规划问题的最优解：

$\max Z=x_1+x_2$

$-x_1+x_2\geqslant 4$

$x_1-x_2\geqslant 2$

$x_1,\ x_2\geqslant 0$

在直角坐标系中作直线①$-x_1+x_2=4$ 和②$x_1-x_2=2$，从图 5-5 中可见，该线性规划问题无可行域，也就无最优解。在实际问题中，只有当约束条件相矛盾时，才会出现这种情况。

综上所述，线性规划问题的解的情况有如下几种情况：

①有可行解：有唯一最优解；有无穷多最优解；无最优解。

②无可行解。

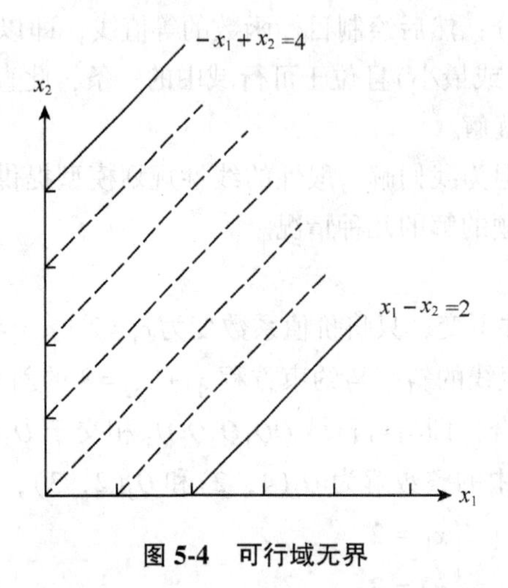

图 5-4　可行域无界

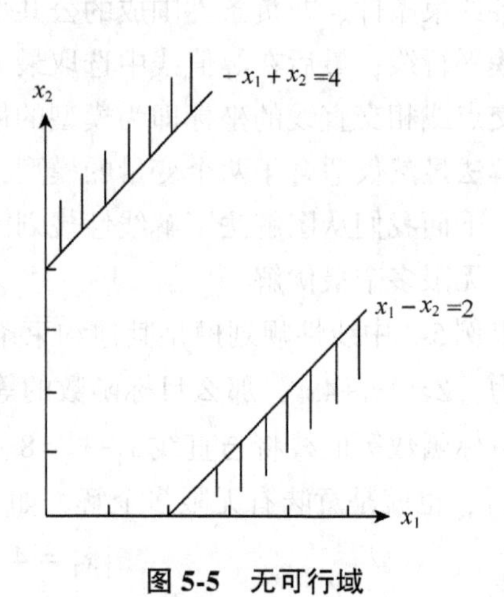

图 5-5　无可行域

(3)一般线性规划问题的 LINGO 求解

这里我们采用 LINGO 求解例 5-2 中的线性规划问题。启动 LINGO，在 Model 窗口内输入如下模型：

max= 6.67x_{11}+4.02x_{12}+3.67x_{13}+4.69x_{21}+3.97x_{22}+2.86x_{23};

x_{11}+x_{21}=38.5;

x_{12}+x_{22}=71.3;

x_{13}+x_{23}=13.7;

x_{11}+x_{12}+x_{13}≥76;

x_{21}+x_{22}+x_{23}≥45.6;

END

点击"求解"按钮得到以下报告：

Global optimal solution found.

Objective value: 591.4200

Variable	Value	Reduced Cost
x_{11}	38.50000	0.000000
x_{12}	25.70000	0.000000
x_{13}	13.70000	0.000000
x_{21}	0.000000	1.930000
x_{22}	45.60000	0.000000
x_{23}	0.000000	0.7600000

Row	Slack or Surplus	Dual Price
1	591.4200	1.000000
2	0.000000	6.670000

3	0.000000	4.020000
4	0.000000	3.670000
5	1.900000	0.000000
6	0.000000	-0.5000000E-01

该报告说明：找到最优解，目标函数值为591.42，变量值分别为 $x_{11}=38.5$，$x_{12}=25.7$，$x_{13}=13.7$，$x_{21}=0$，$x_{22}=45.6$，$x_{23}=0$，即为最优解。"Reduced Cost"为各个变量的检验数(或缩减成本系数)，最优解中变量的Reduced Cost为0。"Slack or Surplus"为约束对应的松弛或剩余变量的值，即约束条件左边与右边的差值。"Dual Price"为对偶价格(或影子价格)的值。例5-2中安排一类地种植马尾松38.5hm²，二类地种植马尾松25.7 hm²、杉木45.6 hm²，三类地种植马尾松13.7 hm²、阔叶树30.4 hm²，使每年总的木材生长量达到591.42 m³。

5.3.2 目标规划

目标规划是在线性规划的基础上发展而来的，最早由查恩斯(Charnes)等描述了其原理，而菲尔德(Field)等首次将其引入林业问题中。之后，众多学者将其应用于森林规划研究中，并取得了很好的效果。门多萨(Mendoza)对目标规划算法和在森林规划问题中的改进进行了详细综述。无论是公益林还是商品林，在森林经营过程中，都需要考虑其多个经营目标，如考虑生态效益最大，还要考虑经济效益最大，同时还要考虑社会效益最大等。有些目标是一致的，如蓄积量大，则生物量和碳储量也大；有些目标是相反的，如采伐面积越大，则森林覆盖率就越小。因此，在林业生产经营活动中，经常需要对多个目标的方案、计划、项目等进行选择，只有对各种目标进行综合权衡后，才能做出科学合理的决策。多目标规划方法就是解决森林多目标经营的有效方法。目标规划有两种：一种是目的规划(goal programming)；另一种是多目标规划(multi-objective programming)。

(1)目标规划的标准形式

线性目标规划的基本形式可以用下面的公式表示。

目标函数：

$$\min Z = \sum_{l=1}^{L} P_l \sum_{k=1}^{K} (w_{lk}^- d_k^- + w_{lk}^+ d_k^+) \tag{5-6}$$

约束条件：

$$\begin{cases} \sum_{j=1}^{n} c_{kj} x_j + d_k^+ + d_k^- = g_k \quad (k=1, 2, \cdots, K) \\ \sum_{j=1}^{n} a_{ij} x_j \leqslant (=, \geqslant) b_i \quad (i=1, 2, \cdots, m) \\ x_j \geqslant 0 \quad (j=1, 2, \cdots, n) \\ d_k^+, d_k^- \geqslant 0 \quad (k=1, 2, \cdots, K) \end{cases} \tag{5-7}$$

与线性规划模型相比，公式中增加了 d^+、d^-、P_l、w_{lk} 4个变量，以及由 d^+、d^-表示的约束条件。d^+、d^-为正、负偏差变量，正偏差变量d^+表示决策值超过目标值的部分，负偏差变量d^-表示决策值未达到目标值的部分，决策值不可能既超过目标值同时又未达到目标值，因此恒有式(5-8)成立。

$$d^+ \times d^- = 0 \tag{5-8}$$

P_l为优先因子，凡要求第一位达到的目标的赋予优先因子P_1，次位的目标赋予优先因子P_2…，并规定$P_l \gg P_{l+1}(l = 1, 2, \cdots, L)$，表示$P_l$比$P_{l+1}$有更大的优先权。即首先保证$P_1$级目标的实现，这时可不考虑次级目标，而$P_2$级目标是在实现$P_1$级目标的基础上考虑的。依此类推，若要区别具有相同优先因子的两个目标的差别，这时可分别赋予它们不同的权系数w_j，这些都由决策者按具体情况而定。

目标规划的目标函数(准则函数)是按各目标约束的正、负偏差变量和赋予相应的优先因子而构造的。当每一目标值确定后，决策者的要求是尽可能缩小偏离目标值，因此目标规划的目标函数只能是$\min Z = f(d^+, d^-)$。其基本形式有3种：

①要求恰好达到目标值　即正、负偏差变量都要尽可能地小，此时：

$$\min Z = f(d^+, d^-) \tag{5-9}$$

②要求不超过目标值　即允许达不到目标值，就是正偏差变量要尽可能地小，此时：

$$\min Z = f(d^+) \tag{5-10}$$

③要求超过目标值　即超过量不限，但必须是负偏差变量要尽可能地小，此时：

$$\min Z = f(d^-) \tag{5-11}$$

对每一个具体目标规划问题，可根据决策者的要求和赋予各目标的优先因子来构造目标函数。

(2)常见目标规划模型

①单目标规划模型

【例5-6】某木材加工厂加工两种木制品A与B，须经过配料和精加工两道工序，工时定额及可利用工时数和产品利润见表5-6，如何安排生产计划，可获得最大利润？

表5-6　基础数据表

工　序	工时定额		可利用工时数
	A	B	
配　料	4	2	60
细加工	2	4	48
利　润	8元/件	6元/件	—

解：

$\max Z = 8x_1 + 6x_2$

$4x_1 + 2x_2 \leqslant 60$

$2x_1 + 4x_2 \leqslant 60$

$x_1, x_2 \geqslant 0$

求解可得：

$x_1=12$ （A 产品）

$x_2=6$ （B 产品）

$Z=132$ （利润）

这是一个简单的线性规划问题。

【例 5-7】 如果其他条件同例 5-6，希望尽量达到 140 元的目标利润，则问题为求最小负偏差 min d^-，可建立目标规划模型：

$\min d^-$

$8x_1+6x_2+d^- - d^+ = 140$

$4x_1+2x_2 \leqslant 60$

$2x_1+4x_2 \leqslant 48$

$x_1,\ x_2,\ d^-,\ d^+ \geqslant 0$

这就是一个简单的单目标规划模型。

在 LINGO 中输入下列模型（DMINUS 为 d^-，DPLUS 为 d^+）：

min=DMINUS;

$8x_1+6x_2$+DMINUS-DPLUS=140;

$4x_1+2x_2 \leqslant 60$;

$2x_1+4x_2 \leqslant 48$;

END

求解得最优解为：$x_1=12$，$x_2=6$。

②不分优先级别的多目标规划模型

【例 5-8】 如果其他条件同例 5-6，假设目标为两个：

①尽量可能达到 100 元的目标利润。

②A 产品不少于 10 件。

两个目标同等重要。则问题归纳为：

$\min(d_1^- + d_2^-)$

$8x_1 + 6x_2 + d_1^- - d_1^+ = 100$

$x_1 + d_2^- - d_2^+ = 10$

$4x_1 + 2x_2 \leqslant 60$

$2x_1 + 4x_2 \leqslant 48$

$x_1,\ x_2,\ d_1^-,\ d_1^+,\ d_2^-,\ d_2^+ \geqslant 0$

这是一个不考虑目标优先级别的多目标规划。

在 LINGO 中输入下列模型（DMINUS1 为 d_1^-，DPLUS1 为 d_1^+，DMINUS2 为 d_2^-，DPLUS2 为 d_2^+）：

min=DMINUS1+ DMINUS2;

$8x_1+6x_2$+DMINUS1-DPLUS1=100

x_1+DMINUS2-DPLUS2=10;

$4x_1+2x_2 \leqslant 60$;

$2x_1+4x_2 \leqslant 48$;

END

求得最优解为：$x_1=12.5$，$x_2=0$。

③考虑优先级别的多目标规划模型

【例 5-9】 如果其他条件同例 5-6，有三个目标，并按重要性排列的顺序为：

①A 产品在 14 件以上；

②利润达 130 元以上；

③B 产品在 5 件以上。

引进三个目标的优先级别数 a_1、a_2、a_3 则问题归纳为：

$\min(a_1d_1^- + a_2d_2^- + a_3d_3^-)$

$x_1 + d_1^- - d_1^+ = 14$

$8x_1 + 6x_2 + d_2^- - d_2^+ = 130$

$x_2 + d_3^- - d_3^+ = 5$

$4x_1 + 2x_2 \leqslant 60$

$2x_1 + 4x_2 \leqslant 48$

$x_1,\ x_2,\ d_1^-,\ d_1^+,\ d_2^-,\ d_2^+,\ d_3^-,\ d_3^+ \geqslant 0$

这是一个考虑了多目标优先级别的目标规划问题。

d_i^- 表示第 i 个方程低于原来预定目标的程度。

d_i^+ 表示第 i 个方程高于原来预定目标的程度。

下面采用 LINGO 分级求解。

求第一级目标，列出 LINGO 程序如下：

```
min= DMINUS1;
x1+ DMINUS1- DPLUS1=14;
8x1+6x2+ DMINUS2- DPLUS2=130;
x2+ DMINUS3- DPLUS3=5;
4x1+2x2≤60;
2x1+4x2≤48;
END
```

计算结果如下：

```
Global optimal solution found.
  Objective value:                    0.000000
  Model Class:                              LP

                Variable           Value        Reduced Cost

                 DMINUS1        0.000000            1.000000

                      x1        15.00000            0.000000

                  DPLUS1        1.000000            0.000000
```

x_2	0.000000	0.000000
DMINUS2	10.00000	0.000000
DPLUS2	0.000000	0.000000
DMINUS3	5.000000	0.000000
DPLUS3	0.000000	0.000000

Row	Slack or Surplus	Dual Price
1	0.000000	-1.000000
2	0.000000	0.000000
3	0.000000	0.000000
4	0.000000	0.000000
5	0.000000	0.000000
6	18.00000	0.000000

目标函数的最优值为0，即第一级偏差为0。

求第二级目标，列出LINGO程序如下：

```
min= DMINUS2;
x1+ DMINUS1- DPLUS1=14;
8x1+6x2+ DMINUS2- DPLUS2=130;
x2+ DMINUS3- DPLUS3=5;
4x1+2x2≤60;
2x1+4x2≤48;
DMINUS1=0;
END
```

计算结果如下：

Global optimal solution found.

Objective value: 6.000000

Variable	Value	Reduced Cost
DMINUS2	6.000000	0.000000
x_1	14.00000	0.000000
DMINUS1	0.000000	0.000000
DPLUS1	0.000000	4.000000

x_2	2.000000	0.000000
DPLUS2	0.000000	1.000000
DMINUS3	3.000000	0.000000
DPLUS3	0.000000	0.000000

Row	Slack or Surplus	Dual Price
1	6.000000	-1.000000
2	0.000000	-4.000000
3	0.000000	-1.000000
4	0.000000	0.000000
5	0.000000	3.000000
6	12.00000	0.000000
7	0.000000	4.000000

目标函数的最优值为6，即第二级偏差为6。

求第三级目标，列出LINGO程序如下：

min= DMINUS3;

x_1+ DMINUS1- DPLUS1=14;

$8x_1+6x_2$+ DMINUS2- DPLUS2=130;

x_2+ DMINUS3- DPLUS3=5;

$4x_1+2x_2 \leqslant 60$;

$2x_1+4x_2 \leqslant 48$;

DMINUS1=0;

DMINUS2=6;

END

计算结果如下：

Global optimal solution found.

Objective value: 3.000000

Variable	Value	Reduced Cost
DMINUS3	3.000000	0.000000
x_1	14.00000	0.000000
DMINUS1	0.000000	0.000000
DPLUS1	0.000000	2.000000

x_2	2.000000	0.000000
DMINUS2	6.000000	0.000000
DPLUS2	0.000000	0.000000
DPLUS3	0.000000	1.000000

Row	Slack or Surplus	Dual Price
1	3.000000	-1.000000
2	0.000000	-2.000000
3	0.000000	0.000000
4	0.000000	-1.000000
5	0.000000	0.5000000
6	12.00000	0.000000
7	0.000000	2.000000
8	0.000000	0.000000

目标函数的最优值为3，即第三级偏差为3。

分析计算结果 $x_1=14$，$x_2=2$，最优解为 $x^*=(14, 2)$，最优利润为124元。

5.3.3 整数规划

在前面讨论的线性规划问题中，有些最优解可能是分数或小数，但对于某些具体问题，常有要求解答必须是整数的情形(称为整数解)。例如，所求解是机器的台数、完成工作的人数或装货的车数等，分数或小数的解答就不合要求。为了满足整数解的要求，初看起来，似乎只要把已得到的带有分数或小数的解经过“舍入化整”就可以了。但这常常是不行的，因为化整后不见得是可行解；或虽是可行解，但不一定是最优解。因此，对求最优整数解的问题，有必要另行研究。我们将这样的问题称为整数规划(integer programming，IP)。

整数规划中如果所有的变数都限制为(非负)整数，就称为纯整数规划(pure integer programming)或称为全整数规划(all integer programming)；如果仅一部分变数限制为整数，则称为混合整数计划(mixed integer programming)。整数规划的一种特殊情形是0~1规划，它的变数取值仅限于0或1。

现举例说明用前述线性规划求得的解不能保证是整数最优解。

【**例5-10**】某木材厂拟用集装箱托运甲、乙两种木材产品货物，每箱的体积、重量、可获利润以及托运所受限制见表5-7所列。问两种货物各托运多少箱，可使获得利润为最大？

表 5-7　托运限制与利润数据表

货物	体积(m^3/箱)	重量(百 kg/箱)	利润(百元/箱)
甲	5	2	20
乙	4	5	10
托运限制	24	13	

现在我们解这个问题，设 x_1，x_2 分别为甲、乙两种货物的托运箱数(当然都是非负整数)。这是一个(纯)整数规划问题，用数学式可表示为：

$\max Z = 20x_1 + 10x_2$

$5x_1 + 4x_2 \leqslant 24$

$2x_1 + 5x_2 \leqslant 13$

$x_1，x_2 \geqslant 0$

$x_1，x_2$ 整数

下面采用 LINGO 求解。在 LINGO 中输入下列模型：

```
max=20x1+10x2;
5x1+4x2≤24;
2x1+5x2≤13;
@gin(x1); @gin(x2);
END
```

程序中@gin(x)为变量定界函数，限定变量取整数。计算结果如下：

```
Global optimal solution found.
  Objective value:                    90.00000
  Model Class:                        PILP
                   Variable           Value        Reduced Cost
                         x1        4.000000           -20.00000
                         x2        1.000000           -10.00000

                        Row    Slack or Surplus      Dual Price
                          1        90.00000            1.000000
                          2        0.000000            0.000000
                          3        0.000000            0.000000
```

结果表明最优解为：$x_1=4$ 箱，$x_2=1$ 箱，最优值为：90 百元。

0-1 型整数规划是整数规划中的特殊情形，它的变量 x_i 仅取值 0 或 1。这时 x_i 称为 0-1 变量，或称二进制变量。

【例 5-11】有 10 件林产品货物要从甲地运送到乙地，每件货物的重量(单位：t)和利润(单位：元)见表 5-8。

由于只有一辆最大载重为 30 t 的货车能用来运送货物，所以只能选择部分货物进行运送。要求确定运送哪些货物，使得运送这些货物的总利润最大。

这是一个不考虑容积的一维 0-1 背包问题。先引入 0-1 型决策变量 x_i：如果 $x_i=1$ 表示运送货物 i，否则表示不运送。

表 5-8 0-1 背包问题基础数据表

物品	1	2	3	4	5	6	7	8	9	10
重量(t)	6	3	4	5	1	2	3	5	4	2
利润(元)	540	200	180	350	60	150	280	450	320	120
x	x_1	x_2	x_3	x_4	x_5	x_6	x_7	x_8	x_9	x_{10}

$$\max Z = \sum_{i=1}^{10} p_i x_i$$

$$\begin{cases} \sum_{i=1}^{10} w_i x_i \leqslant 30 \\ x_i \in \{0,\ 1\} \quad (i=1,\ 2,\ \cdots,\ 10) \end{cases}$$

式中，p_i 为每件货物的利润；w_i 为每件货物的重量。

下面采用 LINGO 求解。在 LINGO 中输入下列模型：

$\max=540x_1+200x_2+180x_3+350x_4+60x_5+150x_6+280x_7+450x_8+320x_9+120x_{10}$；

$6x_1+3x_2+4x_3+5x_4+x_5+2x_6+3x_7+5x_8+4x_9+2x_{10}\leqslant 30$；

@bin(x_1)；@bin(x_2)；@bin(x_3)；@bin(x_4)；@bin(x_5)；@bin(x_6)；@bin(x_7)；@bin(x_8)；@bin(x_9)；@bin(x_{10})；

END

程序中@bin(x)为变量定界函数，限定变量取 0 或 1。计算结果如下：

Global optimal solution found.

Objective value: 2410.000

Model Class: PILP

Variable	Value	Reduced Cost
x_1	1.000000	-540.0000
x_2	1.000000	-200.0000
x_3	0.000000	-180.0000
x_4	1.000000	-350.0000
x_5	0.000000	-60.00000
x_6	1.000000	-150.0000
x_7	1.000000	-280.0000

x_8	1.000000	-450.0000
x_9	1.000000	-320.0000
x_{10}	1.000000	-120.0000

从结果中看出，最优运送方案为：除3号和5号货物不运送，其他都运送，获总利润2410元。

5.3.4 非线性规划

由前面几节知道，在科学管理和其他领域中，很多实际问题可以归结为线性规划问题，其目标函数和约束条件都是自变量的一次函数。但是，还有另外一些问题，其目标函数和(或)约束条件很难用线性函数表达。如果目标函数或约束条件中含有非线性函数，则称这种规划问题为非线性规划问题。解这种问题要用非线性规划的方法。由于很多实际问题要求进一步精确化，并随着计算机的发展，非线性规划在近几十年来得到飞速进展。目前，它已成为运筹学的重要分支之一，并在最优设计、管理科学、系统控制等许多领域得到越来越广泛的应用。

下面通过一个选址问题的实例，说明如何建立非线性规划模型。

【例5-12】某林区有6个建筑工地要开工，每个工地的位置(用平面坐标 a、b 表示，距离单位：km)及水泥日用量 d(单位：t)由表5-9给出。目前有两个临时料场位于 $P(5, 1)$、$Q(2, 7)$，日储量各有20 t。请回答以下两个问题：

①假设从料场到工地之间均有直线道路相连，试制定每天的供应计划，即从 P、Q 两料场分别向各工地运送多少吨水泥，使总的吨千米数最小。

②为了进一步减少吨千米数，打算舍弃目前的两个临时料场，改建两个新的料场，日储量仍各为20 t。问应建在何处，与目前相比节省的吨千米数有多大。

表5-9　工地的位置及水泥日用量表

工　地		1	2	3	4	5	6
位置	a	1.25	8.75	0.5	5.75	3	7.25
	b	1.25	0.75	4.75	5	6.5	7.75
水泥日用量表 d		3	5	4	7	6	11

优化模型：记工地的位置为(a_i, b_i)，水泥日用量为 $d_i(i=1, 2, \cdots, 6)$；料场位置为(x_j, y_i)，日储量为 $e_j(j=1, 2)$；从料场 j 向工地 i 的运送量为 c_{ij}。

决策变量：在问题①中，决策变量就是料场 j 向工地 i 的运送量 c_{ij}；在问题②中，决策变量除了料场 j 向工地 i 的运送量 c_{ij} 外，新建料场位置(x_j, y_j)也是决策变量。

目标函数：这个优化问题的目标函数 z 是总吨千米数(运量乘以运输距离)，所以优化目标可表达为：

$$\min Z = \sum_{j=1}^{2} \sum_{i=1}^{6} c_{ij} \sqrt{(x_j - a_i)^2 + (y_j - b_i)^2}$$

约束条件：各工地的日用量必须满足，所以

$$\sum_{j=1}^{2} c_{ij} = d_i \quad (i = 1, 2, \cdots, 6)$$

各料场的运送量不能超过日储量，所以

$$\sum_{i=1}^{6} c_{ij} \leqslant e_j \quad (j = 1, 2)$$

问题归结为在约束条件及决策变量 c_{ij} 非负的情况下，使目标函数达到最小，当使用临时料场时(问题①中)决策变量只有 c_{ij}，目标函数和约束条件关于 c_{ij} 都是线性的，所以这时的优化模型是线性规划模型，编写 LINGO 程序如下：

```
MODEL:
Sets:
  gd/1..6/: a, b, d;      ! 定义6个工地;
  lch/P Q/: x, y, e;      ! 定义2个料场;
    links (gd, lch): c;     ! C 为运量;
endsets
Data:
  a=1.25  8.75  0.5  5.75  3  7.25;
  b=1.25  0.75  4.75  5  6.5  7.75;! 工地的位置;
  d=3 5 4 7 6 11;! 工地水泥需求量;
  x=5, 2; y=1, 7;      ! 料场位置;
  e=20, 20;! 料场的日存储量;
enddata
  min=@sum(links(i, j): c(i, j)*((x(j)-a(i))^2+(y(j)-b(i))^2)^(1/2));
! 目标函数是使总的吨·千米数最小;
@for(gd(i): @sum(lch(j): c(i, j))=d(i));
! 满足各工地的日需求量;
@for(lch(j): @sum(gd(i): c(i, j))<=e(j));
! 料场每天总运出量不超过存储量;
END
```

求解结果目标函数最优值(总吨·千米数)为 136.2275，调运方案见表 5-10。

表 5-10 问题①最优调运方案

工 地		1	2	3	4	5	6	合计
运量	料场 P	3	5	0	7	0	1	16
	料场 Q	0	0	4	0	6	10	20
合计		3	5	4	7	6	11	36

当为新建料场选址时(问题②中)，决策变量为 c_{ij} 和 x_j、y_j，由于目标函数 z 对 x_j、y_j 是非线性的，所以在新建料场时这个优化模型是非线性规划模型(NLP)，编写 LINGO 程

序如下：

```
MODEL:
Sets:
  gd/1..6/: a, b, d;      ! 定义6个工地;
  lch/P Q/: x, y, e;      ! 定义2个料场;
    links (gd, lch): c;       ! C为运量;
endsets
Data:
  a=1.25  8.75  0.5  5.75  3  7.25;
  b=1.25  0.75  4.75  5   6.5  7.75;! 工地的位置;
  d=3 5 4 7 6 11;! 工地水泥需求量;
  e=20, 20; ! 料场的日存储量;
enddata
  min=@sum(links(i, j): c(i, j)*((x(j)-a(i))^2+(y(j)-b(i))^2)^(1/2));
! 目标函数是使总的吨千米数最小;
@for(gd(i): @sum(lch(j): c(i, j))=d(i));
! 满足各工地的日需求量;
@for(lch(j): @sum(gd(i): c(i, j))<=e(j));
! 料场每天总运出量不超过存储量;
END
```

求解结果为目标函数最优值(总吨·千米数)为85.266 06，新建料场的位置为P(3.254 882，5.652 331)，Q(7.249 999，7.749 997)，调运方案见表5-11。

表5-11　问题②最优调运方案

工　地		1	2	3	4	5	6	合 计
运量	料场P	3	0	4	7	6	0	20
	料场Q	0	5	0	0	0	11	16
合　计		3	5	4	7	6	11	36

5.4　动态规划

动态规划(dynamic programming，DP)是运筹学的一个分支，它是解决多阶段决策过程最优化的一种数学方法，产生于20世纪50年代。1951年美国数学家贝尔曼等人，根据一类多阶段决策问题的特点，把多阶段决策问题变换为一系列互相联系的单阶段问题，然后逐个加以解决。与此同时，他提出了解决这里问题的“最优性原理”，研究了许多实际问题，从而创建了解决问题的一种新方法——动态规划。

动态规划的问世，在工农业生产、工程技术，经济及军事部门中引起了广泛的兴趣。

许多问题利用动态规划处理取得了良好的效果。动态规划技术应用于林业始于 1958 年，日本学者 Arimizn 首先将它用来研究商品材林分的间伐问题，目的在于取得最大的收获量。由于动态规划法应用起来相对来说较为灵活和方便，因此动态规划在林业上的应用范围不断地扩展。20 世纪末期，我国诸多学者开展了这一领域的研究工作，取得了许多研究成果。例如，如兴安落叶松人工林最优密度探讨；应用动态规划确定兴安落叶松幼中龄林合理密度；用动态规划方法探讨油松人工林最适密度。

5.4.1　动态规划的基本概念

最短路线问题通常用来介绍动态规划的基本思想，它是一个比较直观、全面的例子。我们通过下面这个例子来介绍动态规划的基本概念。

【例 5-13】如图 5-6，求从 A 到 G 的最短路径。

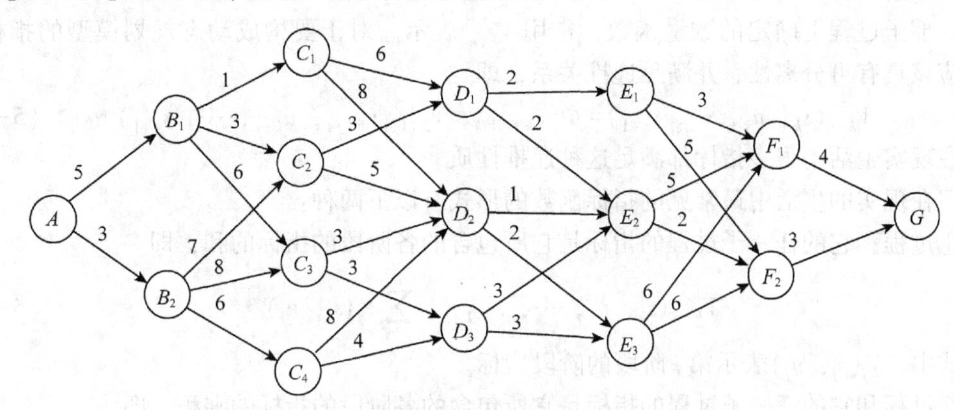

图 5-6　最短路径示意

把所给问题的过程，恰当地分为若干个相互联系的阶段，描述阶段的变量称为阶段变量，常用 k 表示。阶段可以通过时间、空间或自然特征等因素来划分，关键是可以把问题转化为多阶段独立的决策过程。在上例中可划分为 6 个阶段来求解，$k=1$，2，3，4，5，6。

状态是每个阶段开始或结束所处的自然状况或客观条件，在 k 阶段的开始称为 k 阶段的初始状态，在 k 阶段的结束称为终止状态。一个阶段的终止状态也是下一个阶段的初始状态，状态常用 S_k 表示。通常一个阶段有若干个状态，在例 5-13 中，第一个阶段有一个初始状态是 A 和两个终止 $\{B_1,\ B_2\}$，第二个阶段有两个初始状态 $\{B_1,\ B_2\}$ 和四个终止状态 $\{C_1,\ C_2,\ C_3,\ C_4\}$，可到达状态的点集合又称为可达状态集合。

这里的状态如果在某个阶段给定，则在这个阶段以后的过程的发展不受这个阶段的以前各阶段的影响。也就是说过程的过去历史只能通过当前的状态去影响它未来的发展，当前的状态是以往历史的一个总结。这个性质称为无后效性。

决策表示当过程处于某一阶段的某个状态时，可以做出不同的决定或选择，从而确定下一阶段的初始状态，这种决定称为决策，常用 $U_k(s_k)$ 表示。在现实工作中决策变量的取值往往限制在某一范围以内，这个范围称为允许决策集合，常用 $D_k(s_k)$ 表示。显然有 $U_k(s_k) \in D_k(s_k)$。例 5-13 中的第一个阶段决策变量可以取到 B_1 距离 5，也可以取到 B_2 的距离3。

策略是一个按顺序排列的决策组成的集合。由第 k 阶段开始到终止状态为止的过程，称为问题的后部子过程。由每段的决策按顺序排列组成的决策函数序列称为子策略，记为 $P_{k,n}(s_k)=\{u_k, u_{k+1}, u_{k+2}, \cdots, u_n\}$，当 $k=1$ 时这个策略称为全过程的一个策略，记为 $P_{1,n}(s_1)$。在所有的策略中获得最优效果的称为最优策略。

状态转移方程是确定过程由一个状态到另一个状态的演变过程，若给定第 k 阶段状态变量 s_k 的值，如果该段的决策变量 u_k 一经确定，第 $k+1$ 阶段的状态变量 s_{k+1} 的值也就完全确定。即 s_{k+1} 的值随 s_k 和 u_k 的值变化而变化，这种确定的对应关系记为 $s_{k+1}=T(s_k, u_k)$。这种变化关系就称为状态转移方程。在例 5-13 中如果从 A 点出发可以选择 3 km 的路程。

用来衡量所实现过程优劣的一种数量指标函数，称为指标函数，它是定义在全过程和所有后部子过程上确定的数量函数，常用 $V_{k,n}$ 表示。对于要构成动态规划模型的指标函数，应该具有可分离性，并满足递推关系，即

$$V_{k,n}(s_k, u_k, \cdots, s_{n+1})=\Phi[s_k, u_k, V_{k+1,n}(s_{k+1}, u_{k+1}, \cdots, s_{n+1})] \tag{5-12}$$

在现实生活中很多指标都满足这种递推性质。

但在现实的生活中最常见的指标函数的形式有以下两种：

①过程和它的任一子过程的指标是它所包含的各阶段的指标的和，即

$$V_{k,n}(s_k, u_k, \cdots, s_{n+1}) = \sum_{j=k}^{n} V_j(s_j, u_j) \tag{5-13}$$

式中，$V_j(s_j, u_j)$表示第 j 阶段的阶段指标。

②过程和它的任一子过程的指标是它所包含的各阶段的指标的乘积，即

$$V_{k,n}(s_k, u_k, \cdots, s_{n+1}) = \prod_{j=k}^{n} V_j[V_j(s_j, u_j)] \tag{5-14}$$

指标函数的最优值，称为最优值函数，记为 $f_k(s_k)$。它表示从第 k 阶段开始到第 n 阶段终止的过程，采取最优策略所得到的指标函数值，即

$$f_k(s_k) = \text{opt}V_{k,n}(s_k, u_k, \cdots, s_{n+1}) \tag{5-15}$$

式中，opt 是最优化(optimization)的缩写，可根据需要取 max 或 min。

在不同的问题中指标函数的含义是不同的，它可能表示距离、利润、成本或产品的产量等。在例 5-13 中指标函数就代表距离。

5.4.2 动态规划的基本方程和最优化原理

我们还是以例 5-13 为例来讲解一下动态规划的基本解题方法和思路。生活中的一些常识告诉我们，如果从 A 经 C 和 E 到达终点 G 是一条最短的路径，那么从 C 出发经过 E 到达 G，也是 C 到达 G 的最短路径。这个用反证法很容易证明，如果从 C 经 E 到达 G 不是一个最短路，那么从 A 经 C 到达 G 就存在一条比从 A 经 C 和 E 到达 G 更短的路径，这与所给的条件不符。所以在例 5-13 中如果找到了最短路 $A \to B_1 \to C_2 \to D_1 \to E_2 \to F_2 \to G$，则 $E_2 \to F_2 \to G$ 应该是由 E_2 出发到 G 点的所有可能路径中最短的。根据这个性质，我们从后向前逐步递推来寻找 A 到 G 的最短路径。

例5-13解：设k为阶段数，f_k为第k阶段各点到终点距离的最优值函数，d_k为k段的两点间的距离，u_k为决策变量。

当$k=6$时，由F_1到G点是$f_6(F_1)=d_6(F_1, G)=4$。同理，$f_6(F_2)=3$。

当$k=5$时，出发点有E_1、E_2、E_3三个，从E_1出发到G的最短距离为：

$$f_5(E_1)=\min\begin{Bmatrix} d_5(E_1, F_1)+f_6(F_1) \\ d_5(E_1, F_2)+f_6(F_2) \end{Bmatrix}=\min\begin{Bmatrix} 3+4 \\ 5+3 \end{Bmatrix}=7$$

其相应的决策为$u_5(E_1)=F_1$，说明E_1至G的最短距离为7，其最短路线是$E_1 \to F_1 \to G$。

同理，从E_1和E_2出发，有：

$$f_5(E_2)=\min\begin{Bmatrix} d_5(E_2, F_1)+f_6(F_1) \\ d_5(E_2, F_2)+f_6(F_2) \end{Bmatrix}=\min\begin{Bmatrix} 5+4 \\ 2+3 \end{Bmatrix}=5$$

相应的决策为$u_5(E_2)=F_2$：

$$f_5(E_3)=\min\begin{Bmatrix} d_5(E_3, F_1)+f_6(F_1) \\ d_5(E_3, F_2)+f_6(F_2) \end{Bmatrix}=\min\begin{Bmatrix} 6+4 \\ 6+3 \end{Bmatrix}=9$$

$u_5(E_3)=F_2$

同理可求：

当$k=4$时：

$f_4(D_1)=7$　　$u_4(D_1)=E_2$

$f_4(D_2)=6$　　$u_4(D_2)=E_2$

$f_4(D_3)=8$　　$u_4(D_3)=E_2$

当$k=3$时：

$f_3(C_1)=13$　　$u_3(C_1)=D_1$

$f_3(C_2)=10$　　$u_3(C_2)=D_1$

$f_3(C_3)=9$　　$u_3(C_3)=D_2$

$f_3(C_4)=12$　　$u_3(C_4)=D_3$

当$k=2$时，有：

$f_2(B_1)=13$　　$u_2(B_1)=C_2$

$f_2(B_2)=16$　　$u_2(B_2)=C_3$

当$k=1$时，有：

$f_1(A)=18$　　$u_1(A)=B_1$

由上面的决策变量u我们知道了A到G的最短路径是$A \to B_1 \to C_2 \to D_1 \to E_2 \to F_2 \to G$。所有的动态规划问题都是分阶段求解的。如果用枚举法求解，那么一共有48条路径，47次比较运算；138次加法运算，用动态规划方法共进行了16次比较运算，28次加法运算。动态规划的优势显而易见，在现实生活中可能会有更多的决策过程，更多的状态因子，如果能恰当地应用动态规划分步求解，可能会很容易获得你所需要的结果。

上述算法可以简写成：

$$\begin{cases} f(i)=\min\limits_{j}\{W_{ij}+f(j)\} \quad (i=n-1, \cdots, 2, 1) \\ f(n)=0 \end{cases}$$

式中，n是终点，1是起点，终点的$f(n)=0$，逐步向起点推算，j是与i相邻，上一步考察过，且与终点相通，$f(j)$为已知的点。

以上基本做法是把问题分成多个阶段，一个一个阶段地考虑问题，将一个复杂问题简单化，这就是解动态规划的基本思想。

编写LINGO程序如下：

```
model:
sets:
  cities/A, B1, B2, C1, C2, C3, C4, D1, D2, D3, E1, E2, E3, F1, F2, G/: FL;
  roads(cities, cities)/a, b1 a, b2
                        b1, c1 b1, c2 b1, c3 b2, c2 b2, c3 b2, c4
                        c1, d1 c1, c2 c2, d1 c2, d2 c3, d2 c3, d3 c4, d2 c4, d3
                        d1, e1 d1, e2 d2, e2 d2, e3 d3, e2 d3, e3
                        e1, f1 e1, f2 e2, f1 e2, f2 e3, f1 e3, f2
                        f1, g f2, g/: W, P;
endsets
data:
  w=5 3
    1 3 6 7 8 6
    6 8 3 5 3 3 8 4
    2 2 1 2 3 3
    3 5 5 2 6 6
    4 3;
enddata
  N=@size(cities); FL(N)=0;
  @for(cities(i) | i #LT# N: FL(i)=@MIN(roads(i, j): w(i, j)+FL(j)));
  @FOR(roads(i, j): P(i, j)=@IF(FL(i) #EQ# W(i, j)+FL(j), 1, 0));
END
```

计算的部分结果如下：

```
Feasible solution found.

            Variable          Value
           P( A, B1)       1.000000
           P( B1, C2)      1.000000
           P( B2, C2)      1.000000
           P( B2, C3)      1.000000
           P( C1, D1)      1.000000
```

```
P( C2, D1)        1.000000
P( C3, D2)        1.000000
P( C4, D3)        1.000000
P( D1, E2)        1.000000
P( D2, E2)        1.000000
P( D3, E2)        1.000000
P( E1, F1)        1.000000
P( E2, F2)        1.000000
P( E3, F2)        1.000000
P( F1, G)         1.000000
P( F2, G)         1.000000
```

从结果中不难看出一条从 A 到 G 的路径：$A \rightarrow B_1 \rightarrow C_2 \rightarrow D_1 \rightarrow E_2 \rightarrow F_2 \rightarrow G$，为最短路径。本 LINGO 程序采用了“集合”，请读者参阅相关的专门书籍。

5.4.3　林分最优密度动态规划模型

在林分生长与培育中进行多次间伐最终主伐的这一过程，可看作一个多阶段决策过程。在保证满足木材总收入最高这一目标的前提下，求解间伐各阶段的采伐和保留的木材数量，称每次间伐数量为决策变量，保留(或初始)数量为状态变量，用动态规划求解所得各阶段决策变量为最优间伐量，所得状态变量即为最优密度，选定胸高断面积为密度指标。

上述问题的数学模型如下：

目标函数：

$$\max \sum_{n=1}^{N} R_n \tag{5-16}$$

状态转移方程：

$$R_n = B_{n-1} - Y_n + G_n \tag{5-17}$$

逆推方程：

$$f_{N-(n-1)}(B_{n-1}) = \max\left[Y_n(B_{n-1} Y_n) + f_{N-n}(B_n)\right] \tag{5-18}$$

式中，$0 \leqslant Y_n \leqslant B_{n-1}(n=1, 2, \cdots, N)$为状态变量；$B_n$ 为第 n 阶段期末单位面积的林分断面积，为状态变量；Y_n 为第 n 阶段期初采伐的林分断面积，为决策变量；G_n 为第 n 阶段断面积净生长量；R_n 为第 n 阶段期初的收益，以材积表示，其大小取决于 Y_n；$f_{N-(n-1)}(B_{n-1})$ 表示用后向法求解到第 n 阶段期初，采取最优决策时 $N-(n-1)$ 个阶段的累积收益。

根据递推方程，通过后向递推法对上述动态规划求解，可得第 n 阶段最优密度 K_n，计算公式如下：

$$K_n = \left(\frac{H_n - H_{n-1} + b_1 \times A^{b_2} \times H_n}{b_5 b_3 \times A^{b_1} \times S^{b_5} \times H_n} \right)^{[1/(b_6-1)]} \tag{5-19}$$

式中，H_{n-1}，H_n 为前后两个阶段的林分平均高；$b_i(i=1, 2, \cdots, 6)$ 为参数；A 为年龄；S 为地位指数。

第 n 阶段最优间伐量：

$$Y_n = B_{n-1} - K_n \tag{5-20}$$

对 n 阶段断面积生长量，采用修正理查德函数式：

$$G_n = a(B_{n-1} - Y_n) - b(B_{n-1} - Y_n)^m \tag{5-21}$$

式中，a，b，m 为参数；引入林分年龄 A 与地位指数 S 对参数 a、b 以下式回归修匀：

$$a = b_1 \times A^{b_2}$$

$$b = b_3 \times A^{b_4} \times S^{b_5}$$

以上两式代入式(5-21)，m 改作 b_6 即为下式：

$$G_n = b_1 A^{b_2}(B_{n-1} - Y_n) - b_3 A^{b_4} \times S^{b_5}(B_{n-1} - Y_n)^{b_6} \tag{5-22}$$

式中，参数 $b_1 \sim b_6$ 与式(5-19)参数等值。

由式(5-19)可知，当参数 b_i 确定后，最优密度取决于林分年龄、树高和立地质量。

在最优断面积已知的情况下，以期初的平均胸径换算出最优株数。一般来说，间伐可促进胸径的生长，但由于期初的平均胸径未考虑间伐的影响，最优株数可能产生一定误差，因此密度指标的控制最好采用胸高断面积。

因不同立地条件下各林分的初始条件不同，生长量方程就不同。同时，间伐间隔期和要求也不同，因此，欲对一现实林分确定其最优密度，必须由不同年龄间隔的数据拟合生长量方程开始，再以不同的参数分别计算预测。但针对不同的要求，也可建立模式林分。

思考与练习

1. 简述优化方法有哪些？对于林业系统主要应用于哪些方面？

2. 已知一个同龄林经营单位的面积结构和收获，见表 5-12 所列。

表 5-12　森林龄级面积蓄积表

龄级(组)	Ⅰ(幼)	Ⅱ(中)	Ⅲ(成)
面积(hm^2)	13300	5900	4500
单位蓄积(m^3/hm^2)	100	280	400

根据经营规程要求，在一个分期内应采伐光最老龄(成熟)林分(Ⅲ龄级)，且及时更新。试采用线性规划模型寻找一个收获调整方案，使得在 3 个分期内把森林调整到理想森林结构，即第 3 分期末经营单位各龄级面积均衡，并且 3 个分期木材总收获量最大。

3. 试寻找一个动态规划在林业中的应用实例，指出其中的状态转移方程并阐述其优化原理；同时讨论动态规划在林业系统优化问题中的优缺点。

第6章 系统动力学

系统仿真作为研究、分析和设计系统的一种有效技术正被广泛应用。仿真这一概念、思想也变得更加广义，凡是利用计算机在模型上而不是在真实系统上进行实验、运行的研究方法都可认为是仿真。在计算机上进行各种过程的仿真正成为各个领域在研究中的一种重要手段。本章主要介绍林业领域中常用的系统仿真技术——系统动力学。

6.1 概述

6.1.1 系统动力学的产生、发展与应用

系统动力学(system dynamics，SD）出现于1956年，创始人为美国麻省理工学院福雷斯特(J. W. Forrester)教授，他于1958年为分析生产管理及库存管理等企业问题而提出的系统仿真方法，其最初叫工业动态学，是一门分析研究信息反馈系统的学科，也是一门认识系统问题和解决系统问题的交叉综合学科。从系统方法论来说，系统动力学是研究结构的方法、功能的方法和历史的方法的统一。它基于系统论，吸收了控制论、信息论的精髓，是一门综合自然科学和社会科学的横向学科。它按照自身独特的方法论建立系统的动态模型，并借助于计算机进行仿真，以处理行为随时间变化的系统的问题。它是研究复杂系统动态行为的方法。

第二次世界大战后，随着科学技术和工业化的进展，一些国家存在的诸如城市人口过多、环境污染、资源短缺等社会问题日趋严重，如何研究和解决这些问题呢？单靠运筹学之类的解析分析方法已无能为力，因此，迫切需要采用新的科学方法对这些社会经济问题进行综合研究。系统动力学就是在这种背景下产生的一种分析和研究社会经济系统的有效方法。

早在20世纪50年代中期，福雷斯特就提出了“工业动力学”(industrual dynamics)，主要应用于工业企业管理，处理诸如生产与雇员情况的波动、市场与市场增长的不稳定性问题。由于工业动力学的研究观点和方法，不仅适用于工业企业，还能适用于更大的系统，其应用范围日益扩大，从民用到军用、从科研设计工作的管理到城市摆脱停滞与衰退的决策、从犯罪到吸毒问题等，几乎遍及各类系统，深入到各领域。于是，在研究和总结的基

础上，福雷斯特于1969年和1971年又相继发表了“城市动力学”(urban dynamics)和“世界动力学”(world dynamics)的著作，并于1972年正式提出“系统动力学”的名称。

福雷斯特的学生米都斯(D. H. Meadows)应用系统动力学建立了世界模型。作为研究成果，他在1971年发表了罗马俱乐部的第一份工作报告《增长的极限》(*the limits to growth*)，即MIT世界模型。

《增长的极限》对于当时世界系统的分析结论是：如果保持当前世界人口、工业化、粮食生产、资源使用等的增长率不变，则在未来100年内就会达到地球的增长极限，很可能最后招致无法控制的人口减少和工业生产率的衰退。如果能改变这种增长势头，把人口和工业化发展保持均衡状态，就有可能建立起具有长久性的生态和经济稳定的社会机制。

继研究世界模型之后不久，福雷斯特又倾力于全美国有关社会经济问题系统动力学模型的研究，该模型把美国的社会经济问题作为一个整体加以研究，从1972年开始，历时11年，耗资约600万美元，完成了一个方程数达4000的全国系统动力学模型，解开了一些在经济方面长期存在的、令经济学家们困惑不解的疑团，取得了令人瞩目的成果，其最有价值的研究成果在于揭示了美国与西方国家经济长波形成的内在奥秘。这标志着系统动力学在理论与应用研究方面取得了飞跃性进展，并日渐成熟。

用系统动力学方法研究社会系统具有特殊的意义。一般社会系统规模很大，内部构造比较复杂，具有多重反馈环，而且相互以动态关系发生作用，使得系统呈现复杂的非线性性质。因此，对其进行数学上的描述是比较困难的，即使在严格假定下构造解析模型，也很难得到被研究的现实系统的最优解。而动力学方法却可发挥其特长，它不是从理想状态出发，而是以现存的系统为前提，通过仿真实验，从多种可能的方案中选择满意的方案，以寻求出改善系统的机会和途径。

系统动力学主要是分析系统行为的变化趋势，而不在于给定精确的数据，它可以对某些系统的发展与平衡提供科学依据。为了描述像社会系统这样的模型，并能使模型在计算机上运行，随着系统动力学的发展，它为处理这类问题提供了有力工具。在目前系统动力学专用的计算机仿真语言软件中，Vensim是界面非常友好的一种仿真工具，它的功能非常强大，可以运行方程数目达数千的大型模型，因此被人们广泛使用。

目前，系统动力学已在世界范围内受到人们的普遍重视，正成为一种常用的系统工程方法，渗透到许多领域，尤其在国土规划、区域经济开发、环境保护、企业战略研究等方面，主要用来解决社会、经济、军事、工业、生态、环境与人口等领域的动态变化问题。

6.1.2 系统动力学研究对象

系统动力学的研究对象主要是社会系统，社会系统包括范围是十分广泛的。概括地讲，凡涉及人类的社会和经济活动的系统都属于社会系统，企业、研究机构、宗教团体等都属于社会系统；同样，社会经济、生态系统、组织管理等都是社会系统的主要内容。

社会系统的核心是由个人或集团形成的组织，而组织的基本特征是具有明显的目的。

人通常会借助于物理系统来弥补和增强其能力。如用计算机求解复杂的数学方程。由此可见，一般来说社会系统总是含有物理系统。

社会系统和物理系统的根本区别是社会系统中存在决策环节。社会系统的行为总是经过采集信息，并按照事先确定的某一规则(或原则、政策等)对信息进行加工处理，最后在指出决策之后才能出现系统行为。

决策是人类活动中的基本特征。在处理日常生活中的一些问题时，人们往往会在不知不觉中作出相应的决策。但对于系统边界远比个人要大的企业、城市、地区、国家乃至世界来说，其决策环节所要采集的信息量却是十分庞大的；而且，其中既有看得见摸得着的实体，还有看不见摸不到的价值观念、伦理观念和道德观念，以及个人或集团的偏见等因素。因此，认识和掌握决策环节的决策机构是十分重要的。

社会系统的基本特性是自律性和非线性。所谓自律性就是自己作主进行决策，自我管理、控制和约束自身行为的能力。控制论的创始人维纳曾经在控制论中表明，从生物体到工程系统乃至社会系统的结构，都共同存在着反馈。工程系统是由于专门加上反馈机构而使其具有自律性，而社会系统的自律性可以用反馈机构加以解释。不同之处在于社会系统中原因和结果的相互作用本身就具有自律性。因此，当研究社会系统的结构时，首先在于认识和发展社会系统中所存在着的由因果关系形成的固有的反馈机构。

社会系统的非线性是指社会现象中原因和结果所呈现的极端非线性关系，诸如，原因和结果在时间上的分离性(滞后性)，出现事件的随机性，以及难以直接观察等。这种高度的非线性是由社会系统问题的原因和结果相互作用的多样性、复杂性等造成的。这种特性可以用社会系统的非线性多重反馈机构加以解释和研究。

社会系统作为一个具有滞后特性的动态系统，由于缺乏数据而难以精确地描述其行为，只能通过半定量的方法用仿真或模拟来研究。系统动力学就是把社会系统作为非线性多重反馈系统来研究。社会问题模型化，通过仿真实验和计算，对社会现象进行分析和预测，为企业、城市、地区、国家等制定发展战略及进行决策提供有用的信息和依据。

6.1.3　系统动力学的特点

系统动力学作为一种仿真技术具有如下特点：

①应用系统动力学研究社会系统，能够容纳大量变量，一般可达数千个以上，而这正好符合社会系统的需要。

②系统动力学的模型，既有描述系统各要素之间因果关系的结构模型，以此来认识和把握系统结构；又有专门形式表现的数学模型，据此进行仿真试验和计算，以掌握系统的未来动态行为。因此，系统动力学是一种定性分析与定量分析相结合的仿真技术。

③系统动力学的仿真试验能起到实际系统实验室的作用。通过人和计算机的结合，既能发挥人(系统分析人员和决策人员)对社会系统的了解、分析、推理、评价、创造等能力的优势，又能利用计算机高速计算和迅速跟踪等的功能，以此来试验和剖析实际系统，从而获得丰富而深化的信息，为选择最优或满意的决策提供有力的证据。

④系统动力学通过模型进行仿真计算的结果，都用预测未来一定时期内各种变量随时间而变化的曲线来表示，也就是说，系统动力学能处理高阶次、非线性、多重反馈的复杂时变社会系统的有关问题。

6.2 反馈系统与因果关系

6.2.1 反馈系统

系统动力学是把研究的对象作为系统来处理的。而系统总是处在某个环境之中，系统的输入就是环境对系统的作用，系统的输出则是系统对环境的反作用。

如果系统的输出对输入没有影响，则该系统称为开环系统。一个开环系统本身不能观察到自己的行为，并不能对自己的行为有所反映。例如，手表就是一个开环系统，它自己既不会观察到自己的准确性，也不会自行调整。

如果系统的输出反过来影响着系统的输入，这样的系统称为反馈系统(又称闭环系统)。在反馈系统中一定有一个闭环回路结构，它把过去行动的结果带回给系统，以控制系统未来的行动。

如果我们将手表和人看成一个系统，人可以观察手表是否准确，不准则进行调整，这就构成一个反馈系统。

反馈系统一般分为两类：负反馈系统和正反馈系统。从系统的行为来看，负反馈系统会自动寻找目标，在达不到该目标时会产生偏差响应。例如，手表和人构成一个负反馈系统，该系统以标准时间为目标。而正反馈系统会产生增长的过程，在此过程中，过去行动所产生的结果会引起未来更大的行动。如工业系统中，如果把产值通过利润提留形成自有资金作为该系统的要素，则如图 6-1 所示的闭环回路结构就是一个正反馈系统。

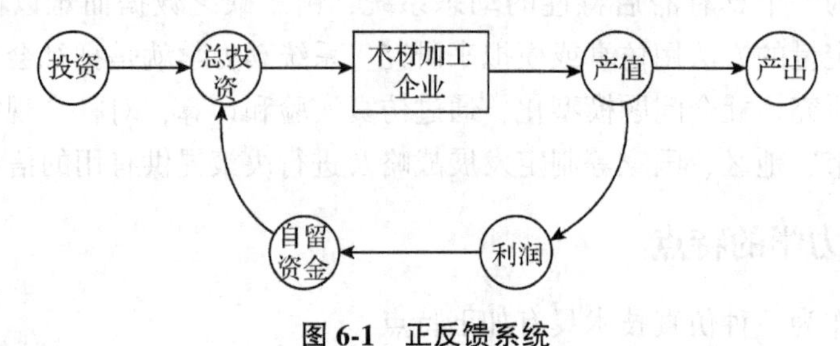

图 6-1 正反馈系统

6.2.2 系统的因果关系

系统动力学根据反馈动力学原理，把反馈环看成系统的基本组件，复杂系统往往由多个反馈环组成，其中一定有一个主环决定着系统的行为特征。在系统与外界的相互作用和系统内部各要素的相互作用下，系统总是处于不断变化的过程中，系统组成要素间相互作用的关系符合因果定律，为了分析和描述系统的因果关系，系统动力学提供了一种手段——因果关系图。

(1) 因果关系的表示

在系统动力学中，系统中的要素用圆圈表示，中间标以要素名称或符号，因果关系用一个箭头表示。人口出生率与人口总数以及治理工程与污染量的因果关系，如图 6-2 表示。图中因果关系链旁的正号表示，这两个要素之间有正的因果关系，即人口出生率越高人口总数就越多，即两要素间变化方向一致。图中因果关系链旁的负号表示，这两个要素之间有负的因果关系，即治理工程规模越大，污染量就越小，它们之间变化方向相反。

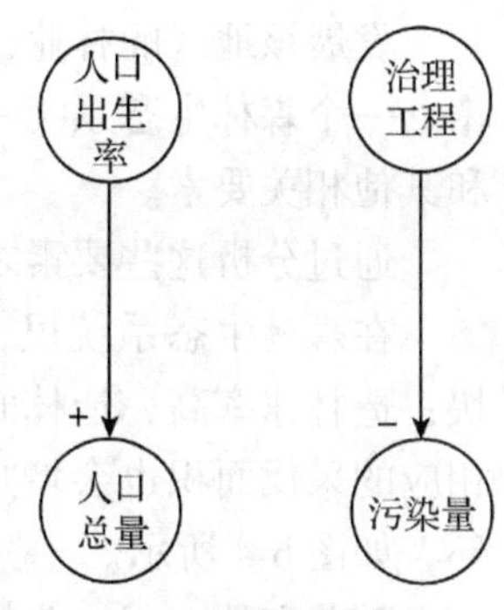

图 6-2 因果关系图

(2) 因果关系反馈环

两个以上的因果关系链首尾串联而形成封闭的环路，称为因果关系反馈环。

因果关系反馈环如图 6-3 所示，其中(a)是最简单的因果关系环，A、B 两要素无法分辨谁是因、谁是果，即互为因果。由图 6-3(b)，可以看出，这种环中的任意要素变动时，最后会使该要素朝相同方向变动，这种变动趋势加强的反馈环，称为正反馈环，用居于环中的符号+来标识。正反馈环起到自我强化(或弱化)的作用，使系统表现为无限增长的行为。由图 6-3(c)可看出环中某一要素发生变化后，通过环中诸要素依次作用，最后会使该要素朝相反方向变化，这样的反馈环称作负反馈环。负反馈环用环中的符号-表示。负反馈环具有内部调节器(稳定器)的效果，可以控制系统的发展速度或衰退速度，它使系统表现为具有收敛行为。正、负反馈环是性质根本不同的两种反馈环。

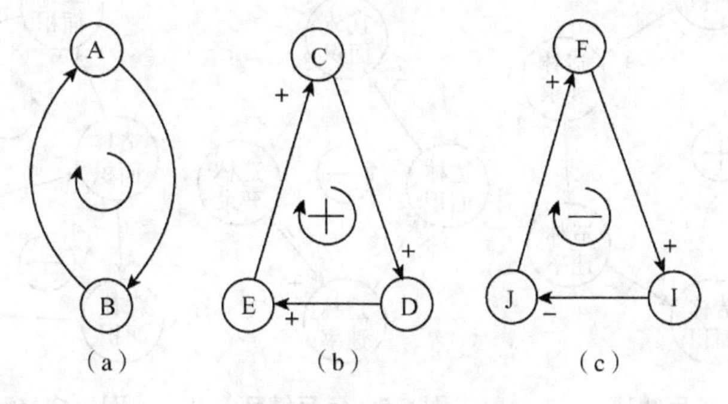

图 6-3 反馈环示意图

为了确定反馈环的正负，我们只要记住以下规则即可：

①若反馈环中的链均为正链，则该环必为正反馈环。

②若反馈环中有偶数个负链，则该环必为正反馈环。

③若反馈环中有奇数个负链，则该环为负反馈环。

(3) 因果关系图

系统内部的决策过程是在系统内部的一个或多个反馈环中进行的，而且系统的复杂性取决于反馈环的多少及其动态作用的复杂程度。因此，要构造系统动力学模型，首先要从构造反馈环开始，然后依据这些反馈环的动态作用画出系统的因果关系图，并根据因果关系图确定出起主导作用的反馈环。

下面我们通过一个森林生态系统来说明因果关系图的绘制过程。

【例 6-1】 对于一个地区的森林生态系统，这里仅以提高生态效益指标——森林覆盖率为目标来研究这个系统。这个地区有大片的宜林荒地、未成林造林地及有林地。这三个量描述了系统过去、现在和将来的森林生态系统状况。

发展该地区的林业，其目的在于改善该地区的生态环境，并使之达到期望的森林覆盖率。一个森林生态系统一般包括有宜林荒地、造林地面积、有林地面积、采伐面积等要素和其他相关要素。

通过分析这些要素之间的相互关系，找出该系统的反馈环。

在森林生态系统里，如果宜林面积大，造林要求会增大；造林要求大，造林速率加快；造林速率高，造林面积就会增加；造林面积增大，森林面积会增大；森林面积增加，相应的采伐面积也会增加；采伐面积增加，宜林面积也相应增加。这就形成正因果关系环，如图 6-4 所示。

随着宜林面积、造林要求和造林速率的增大，造林面积相应增大，从而导致宜林面积减少。这就形成了负反馈环，如图 6-5 所示。

考虑要达到预期的森林覆盖率的目标，随着森林面积的增长，现实森林面积与期望森林面积的偏差减少，最后期望面积偏差为零，达到期望覆盖率，这就形成了耦合负反馈环，如图 6-6 所示。

根据以上的分析，我们就可以画出森林生态系统的因果关系图，如图 6-7 所示。

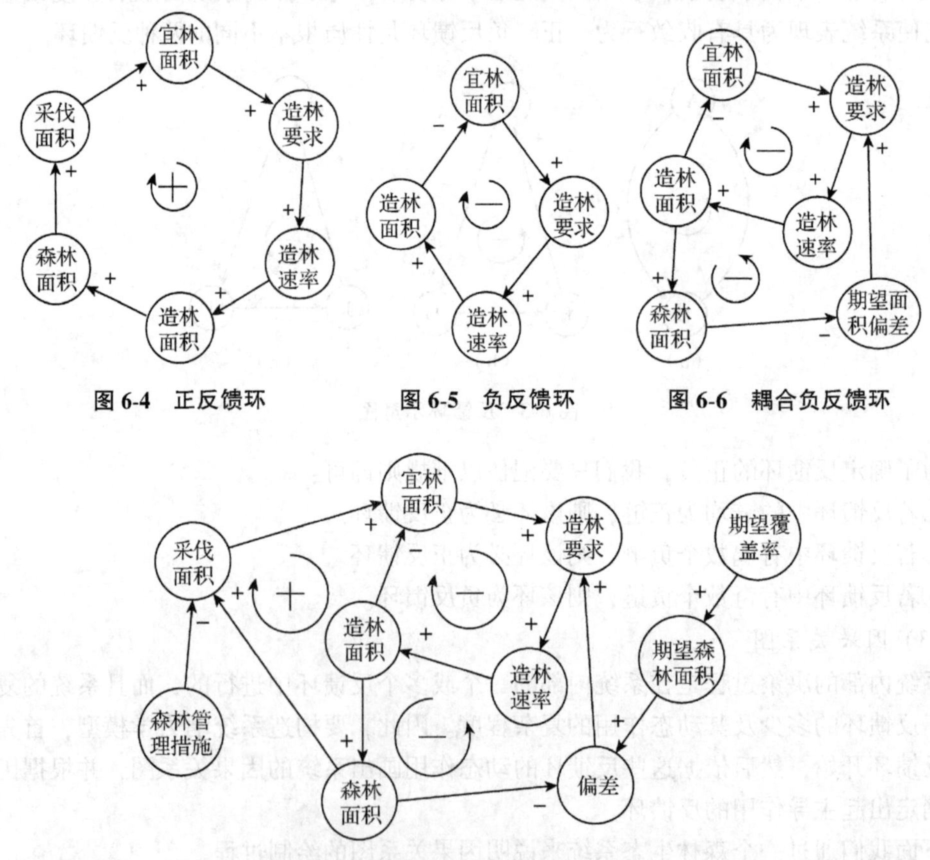

图 6-4 正反馈环

图 6-5 负反馈环

图 6-6 耦合负反馈环

图 6-7 森林生态系统因果关系图

值得注意的是，一个复杂系统，往往是由若干个正、负反馈环相互耦合形成的复杂结构。在这样的系统中，正反馈环的自我强化作用和负反馈环的自我调节作用，使系统呈现出“增长”与“稳定”之间的相互转化的行为。当正反馈环起主要作用时，系统表示出增长行为，而当负反馈环起主要作用时，系统呈现“稳定”的行为。在系统中起着主导作用的反馈环，称为系统的主环，但主环的确定并不是一成不变的，而是随着时间的推移，主环在不断地转移。例如，上述森林生态系统，造林面积的增长导致森林面积增长，此时正反馈环起着主要作用，它是系统的主环。当森林面积发展到一定规模之后，偏差与宜林面积将会相继减少，这时系统的主环也会相继转移到其他负反馈环上。这些负环成为系统的主环之后将会抑制造林要求减少，从而导致造林面积减少。

6.3 系统动力学模型

分析和研究社会经济等系统，其根本内容是研究这些系统的动态行为。要完成这个任务，关键的问题是掌握系统的构造，有了正确的系统构造，对系统行为的预测才有意义。系统动力学模型的核心是关于系统构造的描述。本节主要介绍系统动力学模型的基本构成、系统的流图和构造方程式(即数学模型)，同时介绍系统动力学仿真中的有关问题。

6.3.1 系统动力学模型的构造

为了说明系统动力学模型的基本构造，先来看一个水流控制系统，如图 6-8 所示。水流由水塔 1 通过阀门 2 流入水箱 3，再通过阀门 4 流出。假设阀门 4 固定为某流量不变，控制者通过控制阀门 2 来调节水箱 3 的水准量。其过程是控制者通过对水箱 3 中水平面高低的观察以获得关于水平面状态的信息，并与所期望的水平面状态相比较，然后做出调节阀门 2 的决策与实施。行动的结果，使原来的水平面状态发生变化，状态变化的信息又按上述过程传递给控制者。可以把上述过程用框图来描述。由图 6-9 可知，由于信息传递形成了封闭回路，故称为反馈回路。图 6-9 中虚线部分表示系统状态的改变与新信息的传递过程。

图 6-9 实际上反映了系统动力学的基本原理。首先，通过对实际系统进行观察和分析，据此采集有关对象系统的状态信息，随后再根据这些信息进行决策，决策的结果是采取行动，行动作用于实际系统，使系统的状态发生变化。这即为一个完整的决策过程。系统动力学则用图 6-10 来描述这个过程。

在图 6-10 中，水塔 1 称为源，阀门称为流率(rate)，水箱中的水平面称为流位(level，也称水准)，带箭头的实线表示流(行动)，带箭头的虚线表示信息流。

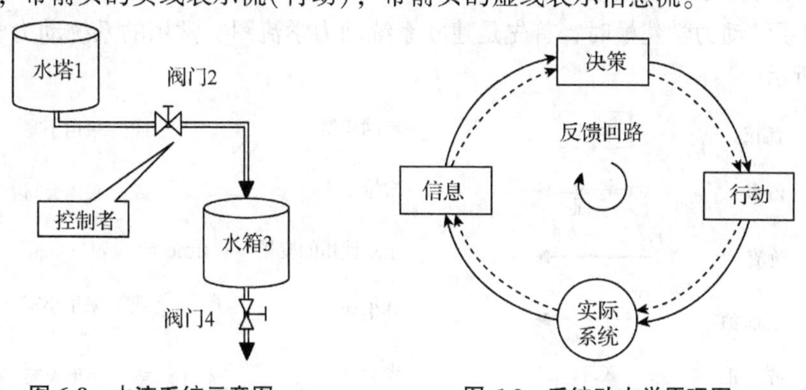

图 6-8 水流系统示意图　　图 6-9 系统动力学原理图

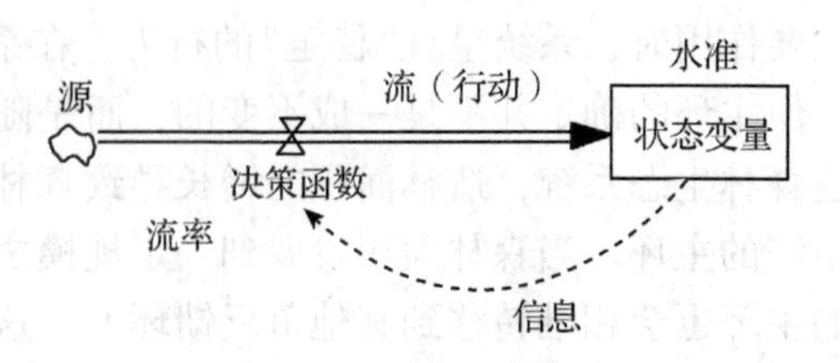

图 6-10 系统动力学流程图

在系统动力学模型中，我们把图 6-10 称为决策机构，是指根据流位传来的信息所确定的决策函数(即流率)的子构造，也称策略。一旦这个决策机构被量化，就可以借助计算机进行仿真。

图 6-10 所示的决策过程，表明了决策机构来源于各流位的状态信息，这些信息又同实体流发生关系，决策的操作则是改变实体的流动状态。因此，决策机构往往处在反馈环之中，这个所谓决策反馈环联结了决策、行动、流位和信息以形成一个完整的途径。凡是控制任何系统的行动或行为过程的都属于决策范围，都应具有图 6-10 中所示的决策反馈结构。因此，系统的动态行为，基本上是由决策反馈环所代表的决策过程所形成的。所以，分析系统的动态行为，其重点在于掌握决策。

由此可见，系统动力学模型的基本构成要素包括流位、流率、实物流和信息流，并由它们构成的决策反馈环(决策机构)作为一个整体而发挥作用，这是系统动力学的基本特点。

6.3.2 系统动力学流程图

在 6.2 中讨论的系统因果关系图是描述系统结构的图像模型，它没有反映出系统各要素量的特征以及它们之间量的联系。为了得到系统抽象的数学模型，在系统的因果关系图与系统的数学模型之间还需要沟通。为此，系统动力学提供一种行之有效的方法——系统动力学流程图(简称 SD 流图)。

系统动力学流图是在因果关系图的基础上进一步区分变量的性质，用更加直观的符号刻画系统要素之间的逻辑关系，明确系统的反馈形式和控制规律。

(1) 系统动力学流图的基本构成元素

在应用系统动力学建模时，首先是建立系统动力学流图。常用的系统动力学流图符号如图 6-11 所示。

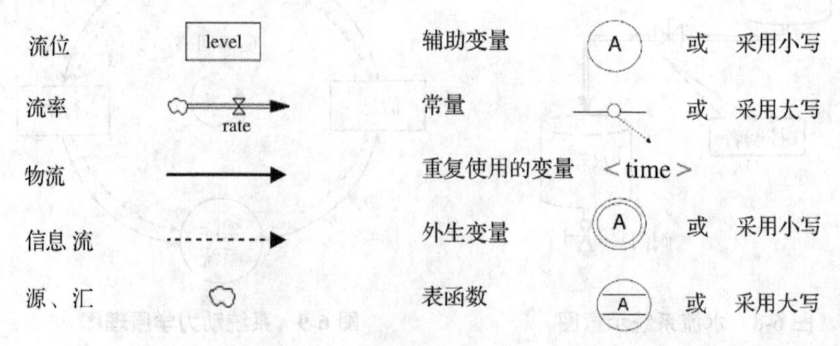

图 6-11 系统动力学流图常用符号

①流位(level) 是对系统内部状态的描述，是描述系统的状态变量(也称积累量或存量)，例如，森林蓄积量、家具企业的库存量、人口系统中的人口总数等都可用流位来表示。

流位的状态受控于它的输入流与输出流的大小，以及延迟的时间。

流位变量现时值=原有值+改变量

$$LEV(t+\Delta t)=LEV(t)+\Delta LEV(t)$$

$$=LEV(t)+\Delta t\cdot RAT(t)$$

流位与实际系统的状态相对应，因此，它是描述系统的状态变量。系统的动态行为，就是指系统中流位随时间变化的过程，它的正确确定决定着对系统的正确仿真。

流位在SD图中用一个矩形框来表示，如图6-11所示。

②流率(rate) 流位描述了系统中实体的状态，流率是描述了单位时间内流量的变化率，流率是控制流量的变量，随着时间的推移，使得状态变量的值增加或减少，如人口出生率、死亡率、订货率、造林速率等为流率变量。它表示单位时间内在流位(Level)与流位(Level)之间流过的流，即流位变量变化的速率。在系统流程图中用类似阀门的符号来表示，如图6-11所示。通过流率的箭头表示流，流率又称决策函数，它可以用来控制输入流与输出流的大小。

流位和流率是系统动力学中的核心概念。流位是积累量，表示系统的状态；流率使流位发生变化，流率是速率量，它表示流位变化的速率。流位的变化由且仅由流率引起。

③流 (flow) 系统动力学模型是一种通过控制流的状态来实现对系统控制的模式。因此，除了要注意流的独立性外，还要明确流的种类。流的种类有：

a. 物流：是系统中物质能量产生、传递和接受的过程，如材料、产品、劳动力、人口、资产、住宅、国土资源、能源、污染、货币、森林资源等在系统内的流动等。

物流是构成系统的基本流。物流中物或能量的转移遵循守恒定律。

b. 信息流：是系统中信息产生、传递和接受的过程，它是连接流位和流率的信息通道，如订货与库存差异、拥挤度、森林面积与期望值偏差等信息的传递。

信息流构成系统中管理控制流，系统动力学模型是一种通过控制流的状态来实现对系统控制的模式。信息流中信息的转移是非守恒的，从某一状态取出信息并不使该状态值发生变化。

物流与信息流的表示符号如图6-11所示。

c. 辅助变量、常量、外生变量：辅助变量(auxiliary variable)是设置在流位和流率之间的信息通道中的变量。当流率(Rate)的表达式很复杂时，可用辅助变量来描述其中的一部分，使流率(Rate)的表达式得以简化，使复杂的函数易于理解。它的符号为圆圈，其中注明变量名和意义。

常数(parameter)是在模型仿真运行期间，某个参数的值保持不变，它用一段实线表示。常数可直接输入给流率，或者通过辅助变量输入给流率变量。因此，常标有小圆圈，表示引出信息。

外生变量是不受系统制约的外部因素，如温度的设定值等。

d. 源(source)和汇(sink)：源是指流的来源，相当于供应点；汇指流的归宿(消失地），相当于消费点。在系统动力学中，源和汇分别表示系统的输入和输出，是系统的外部环境。流入我们研究的系统的外部流入，也由系统再流向外部世界，按时间先后把外部世界表示为源和汇。这仅是一种表示形式，目的是使系统的描述更为清晰，它对系统的行为无任何影响。

e. 表函数：表函数是系统动力学模型中的用户自定义函数。通常用图表的方式来表示。一般用于反映两个变量之间特殊的非线性关系。表函数在系统动力学建模中的应用非常普遍，因为社会经济系统中的许多变量之间都存在复杂的非线性关系，只能通过作图的办法加以描述。表函数中函数关系的确立一般应有充分的理由，否则会影响整个模型的可信性。表函数在流图中用一个圆圈中间两条横线来表示，函数的名字写在圆圈的中间，并用两条横线标在函数名称的上下，它的符号如图 6-11 所示。

（2）系统流图设计中的几个问题

下面我们讨论从系统的因果关系图过渡到系统流图时应加以注意的几个问题。

①确定流位变量　在任何一个反馈环中，都至少有一个流位变量。有时，几个反馈环通过一个公共的系统要素耦合在一起，而这个要素又具有流位变量的特征，就应将此要素选作系统的流位变量。

如前所述，流位变量是一个积累量，它不仅包含现在的信息而且包含着过去的信息。可以说，一个系统要素如果包含着过去的信息，它就具有流位变量的特征。但是具有流位变量特征的系统要素却不一定要选作流位变量，还要考虑流位变量应是最小集合与独立性的原则。如果它与已选定的流位变量相关，那就不能再选它作为流位变量了。

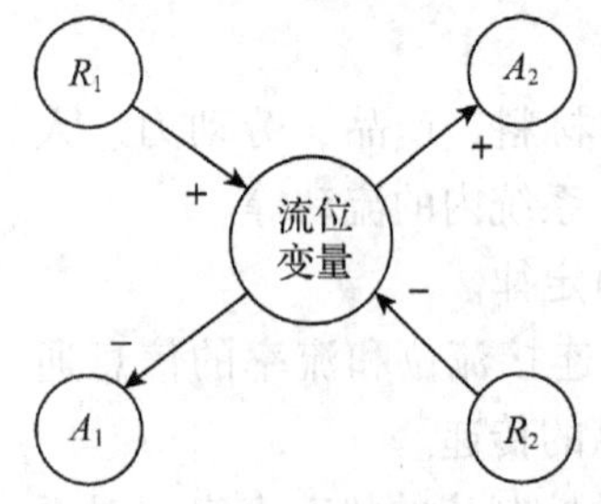

图 6-12　流位变量因果关系图

②确定流率变量　一般来说，流率变量与流位变量总是相间出现的，决不会两个流位变量或两个流率变量相继出现。因此，在因果关系图上选定了流位变量之后，应在与这些流位变量相邻的要素中来考察确定流率变量，如图 6-12 表示在因果关系图中选定的一个流位变量。它“发生”若干因果关系链，同时又“接收”若干因果关系链。它所“接收”的每一个因果关系链是影响其流位变量的因果关系。因此，与这些因果关系链末端直接相连的要素 R_1、R_2 就被选作流率变量。当然，这些因果关系链有正负之分，正者（如图中的 R_1）是控制流入流的速率，负者（如图中的 R_2）是控制流出流的速率。

③确定辅助变量　辅助变量仅在系统的信息链中出现。系统的信息链始于信息源——流位变量，终于流率变量。因此，确定辅助变量应从流位变量开始沿着因果关系环搜索到流率变量。图 6-12 中，与流位变量相邻，并“接收”由流位变量所“发出”的因果关系链上的要素的是辅助变量，如要素 A_1、A_2。这些辅助变量是各个信息链中的第一个接收信息的节点。

（3）SD 流图设计实例

下面仍以林业生态系统作为实例，介绍系统动力学流图的设计。

从图 6-7 可见，该系统由两个负反馈环和一个正反馈环相互耦合而成。负反馈环 1 使宜林荒地不断减少。负反馈环 2 又使期望森林面积与实际森林面积的偏差不断缩小。正环通过"造林要求"到"造林面积"使森林面积增加，森林面积增加的同时亦增加了采伐的可能性(包括自然灾害与人为采伐)。而采伐的可能性又受森林管理措施和管理水平的影响。

正反馈环与负反馈环 1 通过宜林面积耦合在一起，且宜林面积具有流位变量特征，所以，宜林面积选作系统的流位变量。同理，正反馈环与负反馈环 2 通过森林面积耦合在一起，负反馈环 1 与负反馈环 2 通过造林面积耦合在一起，且森林面积、造林面积具有流位变量特征，所以，森林面积和造林面积选作系统的流位变量。

但 3 个流位变量在因果关系图中相继出现，需增加流率变量使流位变量与流率变量相间出现。

根据因果关系图，我们可以绘制出林业系统的动力学图，如图 6-13 所示。

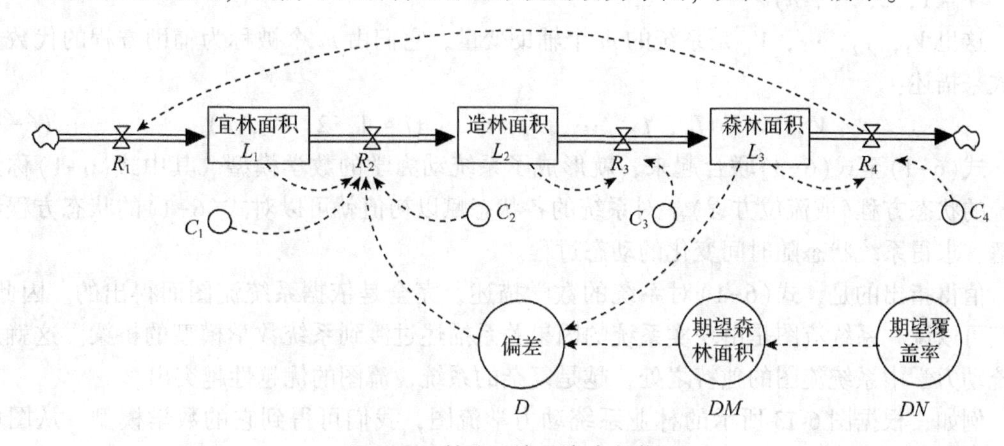

图 6-13 林业系统系统动力学图

图中 L_1、L_2、L_3 代表林业系统的三个流位变量；R_1 代表 L_1 的增加率；R_2 代表 L_1 的减少率，同时也是 L_2 的增加率，R_3 代表 L_3 的增加率；R_4 代表 L_3 的减少率，D、DM、DN 为辅助变量；C_1 和 C_2 是与造林方案有关的常数，C_3 是从造林到森林郁闭的时间延滞常数；C_4 是由森林管理措施与水平有关的常数，它代表毁林率。

6.4 系统动力学数学模型与数值解法

前面介绍的因果关系图和系统动力学流程图，可以清晰地描述系统中各要素间的逻辑关系与系统的结构，但是不能显示出变量间的数量关系，即依据因果关系图和 SD 流图，还不能定量描述系统的动态行为。本节将阐述如何从系统的流图得出系统的数学模型，然后再介绍在计算机上求解系统动力学模型的数值解法。

(1) 系统动力学数学模型

如前所述，系统动力学首先要描述的是系统的状态，即流位，"流位"是由系统内物质流的流动情况所决定。对于每个系统状态或每个物质流流经的流位实体，都有如同水箱一样的结构(图 6-14)。此结构说明，系统的流位由流入流和流出流决定，而流入流与流出流又分别受流率 $R_{in}(t)$ 与 $R_{out}(t)$ 的控制。因此，有如下流位方程式：

$$\dot{L}(t) = R_{in}^{(r)}(t) - R_{out}^{(r)}(t) \tag{6-1}$$

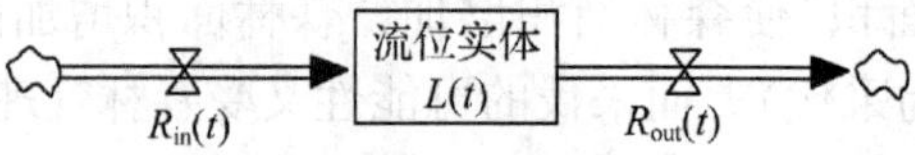

流位实体 $L(t)$

$R_{in}(t)$ $R_{out}(t)$

图 6-14 “水箱”结构

其中 $r=1, 2, \cdots, n$；n 为系统流位变量的个数。

$R_{in}^{(r)}(t)$ 和 $R_{out}^{(r)}(t)$ 的表达式是一组代数方程

$$R_{in}^{(r)}(t) = R_{in}^{(r)}[V_1(L_1, L_2, \cdots, L_n; t), \cdots, V_m(L_1, L_2, \cdots, L_n; t); t]$$

$$R_{out}^{(r)}(t) = R_{out}^{(r)}[V_1(L_1, L_2, \cdots, L_n; t), \cdots, V_m(L_1, L_2, \cdots, L_n; t); t] \tag{6-2}$$

$(r = 1, 2, \cdots, n)$

这里 $V_1, V_2, \cdots, V_m$ 是系统的 m 个辅助变量，它们由 m 个被称为辅助方程的代数方程式来描述：

$$V_i(t) = V_i(L_1, L_2, \cdots, L_n; t) \quad (i = 1, 2, \cdots, n) \tag{6-3}$$

式(6-1)至式(6-3)联合起来，就形成了系统动力学的数学模型。其中式(6-1)称为系统的状态方程(或流位方程)。对系统的各状态赋以初值就可以对式(6-1)的状态方程组求解，求得系统状态随时间变化的动态过程。

值得指出的是，式(6-1)对系统的数学描述，完全是依据系统流图而得出的。因此，我们可以说，系统流图是由现实系统的因果关系描述过渡到系统数学模型的桥梁。这就是系统动力学中系统流图的独特之处，越是复杂的系统，流图的优越性越突出。

例如，根据图 6-13 所示的林业系统动力学流图，我们可得到它的数学模型。从图可见，宜林荒地 L_1 的变化率 $\dot{L}_1$ 应等于增加率 R_1 减去减少率 R_2，即

$$\dot{L}_1 = R_1 - R_2 \tag{6-4}$$

同样可得：

$$\dot{L}_2 = R_2 - R_3 \tag{6-5}$$

$$\dot{L}_3 = R_3 - R_4 \tag{6-6}$$

而且从图可知，宜林荒地的增加率 R_1 应等于毁林率，即

$$R_1 = R_4 \tag{6-7}$$

R_3 等于单位时间造林面积过渡到森林面积的数量，即

$$R_3 = \frac{L_2}{C_3} \tag{6-8}$$

若 C_4 表示单位时间毁林面积与森林面积的比，则森林面积的减少率 R_4 为：

$$R_4 = C_4 \cdot L_3 \tag{6-9}$$

再研究 R_2 的表达式，它是与造林决策方案有关的量。可用下述表达式表示一种决策：

$$R_2 = \begin{cases} \dfrac{L_1}{C_1} & (D < D_{min}) \\ \dfrac{D}{C_1} & (D \geqslant D_{min}) \end{cases} \tag{6-10}$$

式中，$D_{\min}$ 是给定的最小偏差；C_2 是 D 达到 $D_{\min}$ 的时间延滞常数；C_1 表示宜林荒地改造成造林地的时间延滞常数。改变 C_1，C_2 及 $D_{\min}$ 的值可以得到不同的决策方案。在式(6-10)中：

$$D = DW - L_3 \tag{6-11}$$

这里 DW 是期望的森林面积。

在系统动力学中，式(6-4)至式(6-6)称为状态(或流位)方程；式(6-10)称为流率方程，式(6-11)称为辅助方程。

设 L_1、L_2、L_3 的初值如下：

$$L_1(0) = C_5 \tag{6-12}$$

$$L_2(0) = C_6 \tag{6-13}$$

$$L_3(0) = C_7 \tag{6-14}$$

以上三式称为初值方程。因此，式(6-4)至式(6-14)统称为林业系统的数学模型。此模型很难求出其解析解，最好借助于计算机采用系统动力学仿真技术求其数值解。

(2) 数学模型的数值解法

如前所述，系统动力学的数学模型主要是一组一阶常微分方程。微分方程的数值解法很多。这里仅介绍欧拉法求解微分方程的方法。

先来研究一阶系统。一阶系统的数学模型为：

$$\begin{cases} \dot{L}(t) = f(t) \\ L(0) = L_0 \end{cases} \tag{6-15}$$

其中：

$$f(t) = R_{\text{in}}(t) - R_{\text{out}}(t) \tag{6-16}$$

$$R_{\text{in}}(t) = R_{\text{in}}[V_1(t),\ V_2(t),\ \cdots,\ V_m(t)\ ;\ t]$$

$$R_{\text{out}}(t) = R_{\text{out}}[V_1(t),\ V_2(t),\ \cdots,\ V_m(t)\ ;\ t]$$

$$V_i(t) = V_i[L(t),\ t] \qquad (i = 1,\ 2,\ \cdots,\ m)$$

在数字计算机上求解上述方程，首先需要将其离散化。设时间间隔为 Δt，由式(6-15)可得：

$$\frac{L(t + \Delta t) - L(t)}{\Delta t} \approx f(t)$$

故有：

$$L(t + \Delta t) \approx L(t) + \Delta t \cdot f(t) \tag{6-17}$$

将式(6-16)代入式(6-17)，且令 $t_k = t$，$t_{k+1} = t + \Delta t$，并认为在 Δt 时间间隔内流率 $R_{\text{in}}(t)$ 和 $R_{\text{out}}(t)$ 都保持不变，则有：

$$L(t_{k+1}) = L(t_k) + \Delta t \cdot [R_{\text{in}}(t_k) - R_{\text{out}}(t_k)] \tag{6-18}$$

此式说明，当前时刻的流位变量的值等于前一时刻的流位变量值加上 Δt 时间间隔内流位变量的增值。该方程给我们在计算机上求解提供了迭代格式。在系统动力学中，式(6-18)称为差分流位方程。由此方程，可以从起始时刻 $t_0 = 0$ 开始计算，逐步求出任意时刻 t_k 的流位值。

关于多阶系统的求解，其原理与一阶情况大体相同，在此不再赘述。

6.5 Vensim 仿真分析

Vensim 是一个界面友好、操作简单、功能强大的系统仿真平台，可以帮助我们理解系统动力学的基本原理和方法。

Vensim 是一个可视化的建模工具，可以通过 Vensim 定义一个动态系统，将其存档，同时建立模型，进行仿真、分析以及最优化；使用 Vensim 建模非常简单灵活，通过因果关系图和流图两种方式就可以创建仿真模型。

在 Vensim 中，系统变量之间通过用箭头连接而建立关系，且是一种因果关系，变量之间的因果关系由方程编辑器进一步精确描述，从而形成一个完整的仿真模型。

在创建模型的整个过程中分析或考察引起某个变量的变化的原因以及该变量本身如何影响模型，还可以研究包含此变量的回路的行为特征，从而彻底地探究这个模型的行为。

Vensim 有几种版本，例如，Vensim DSS，Vensim Professional 和 Vensim PLE 等。Vensim 的所有版本对系统要求都不是很高，只要是 Windows 操作系统都可以正常运行。

关于 Vensim 的详细介绍和相关信息可以参考 http：//www. wensim. com 相关网站。

下面我们以林业系统作为实例，使用 Vensim 进行系统动力学仿真分析。

（1）Vensim 因果关系图绘制与分析

①Vensim 因果关系图绘制

a. 打开 Vensim，新建模型，在 Build 窗口绘制因果关系图；

b. 在绘图工具栏点击 Variable 放置变量并命名；

c. 在绘图工具栏点击 Arrow 建立变量之间的因果关系，并用鼠标光标放在箭头上按右键设置箭头属性，用“+”“-”确定正负因果关系；

d. 在绘图工具栏点击 Comment 设置反馈环属性，确定因果关系图中的正负反馈环。这样绘制的林业系统因果关系如图 6-15 所示：

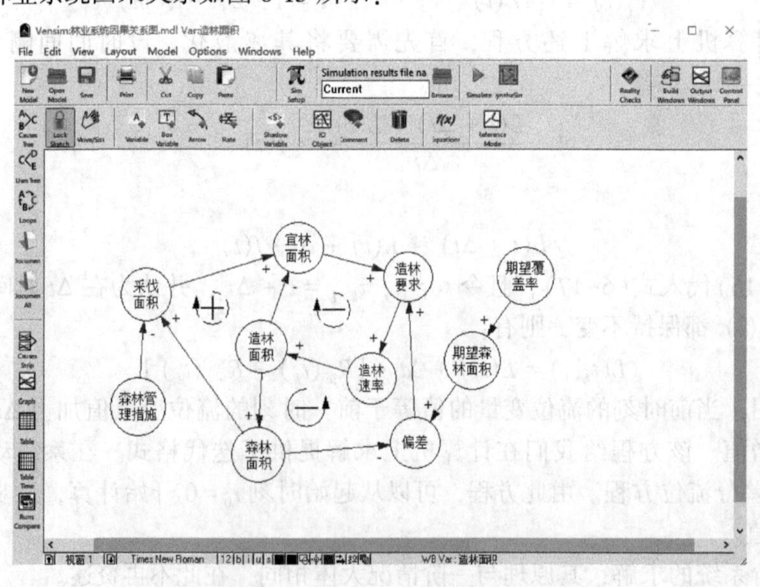

图 6-15 Vensim 林业系统因果关系图

②因果关系图结构分析　Vensim 提供 3 种分析工具去分析因果循环图的逻辑结构，以“造林面积”变量为例：

a. Causes Tree（原因树）：用树状图表示导致工作变量变化的原因。

从图 6-16 中可以看出，直接影响造林面积变量变化的两个变量为造林要求和造林速率。

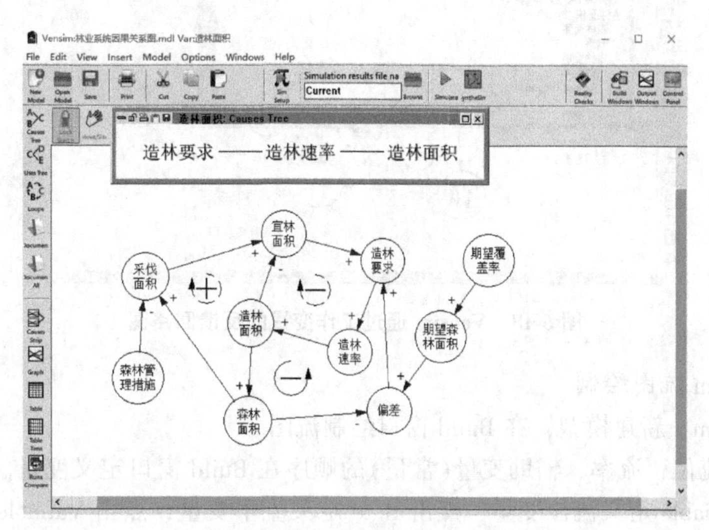

图 6-16　Vensim 原因树分析图

b. Uses Tree（结果树）：用树状图表示工作变量影响的结果。

从图 6-17 看出，造林面积变量影响宜林面积变量和森林面积变量，宜林面积变量影响造林要求变量，森林面积变量影响偏差变量和采伐面积变量。

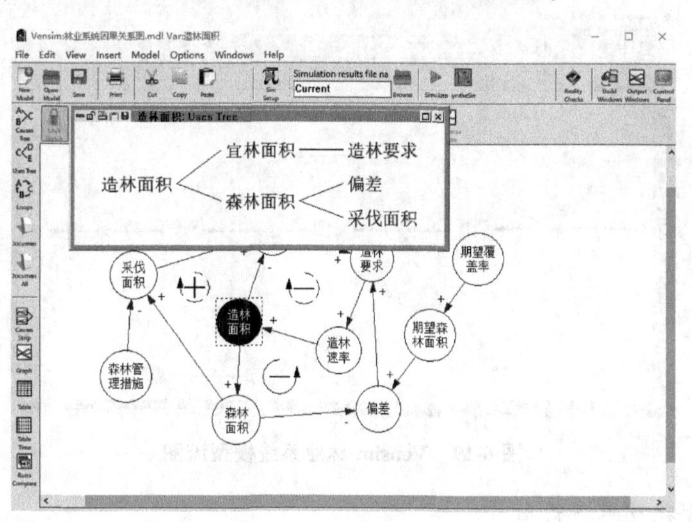

图 6-17　Vensim 结果树分析图

c. Loops：通过工作变量的反馈回路。

从图 6-18 看出，有三个反馈回路通过造林面积变量。

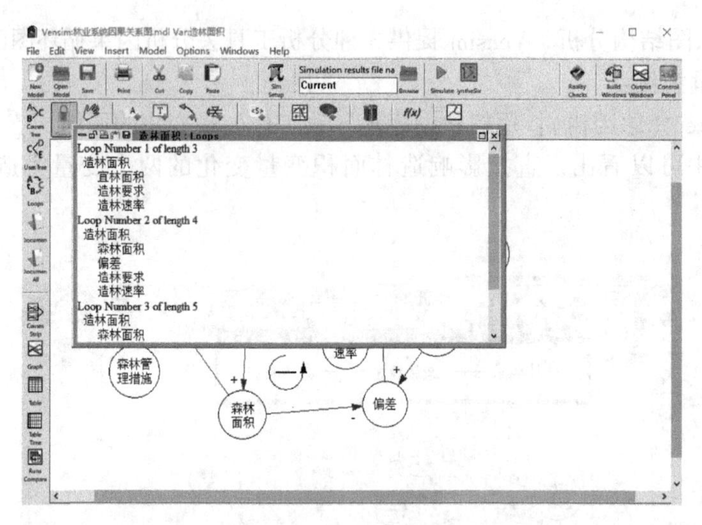

图 6-18 Vensim 通过工作变量的反馈回路图

(2) Vensim 流图绘制

打开 Vensim，新建模型，在 Build 窗口绘制流图。

①按照从流位、流率、辅助变量(常量)的顺序在 Build 窗口定义变量。在绘图工具栏中点击 Box Variable 定义流位变量，点击 Rate 定义流率变量，点击 Variable 定义辅助变量或常量。

②根据因果关系图，用箭头线将变量连接。在绘图工具栏中点击 Arrow 实现变量的连接。

这样绘制的 Vensim 林业系统模型流图如图 6-19 所示：

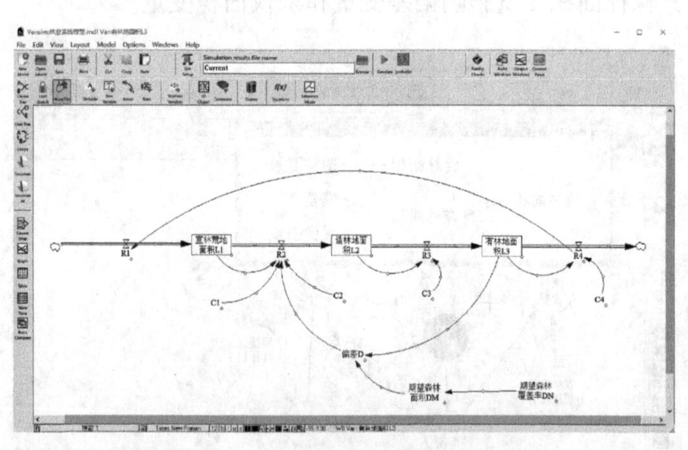

图 6-19 Vensim 林业系统模型流图

(3) 模型方程及参数设置

①模型的时间进度设置　主要是设置模型仿真的初始时间、终止时间、步长和步长单位。在林业系统模型中仿真初试时间为 0、终止时间为 20、步长为 1 和步长单位为年。在 Vensim 主菜单 Model 中选择 Settings 进行设置如下(图 6-20)：

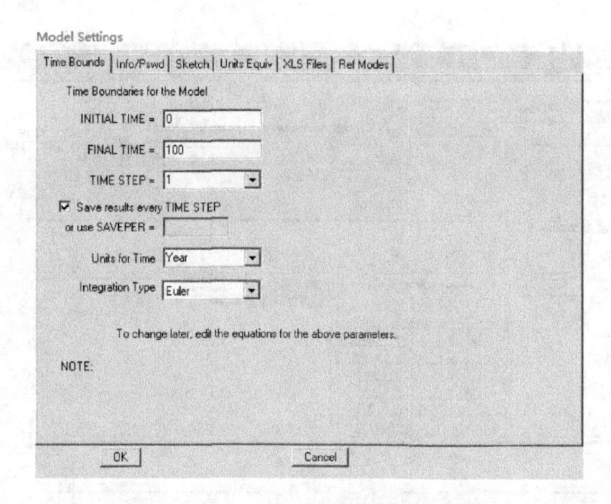

图 6-20　Vensim 时间进度设置图

②模型方程与参数的信息整理　在 Vensim 中利用 Equations 对变量和参数间的关系式、参数取值、单位进行编辑，包括流位方程和流率方程，如林业系统模型中 L_1、R_2、D 的设置如下(图 6-21～图 6-23)：

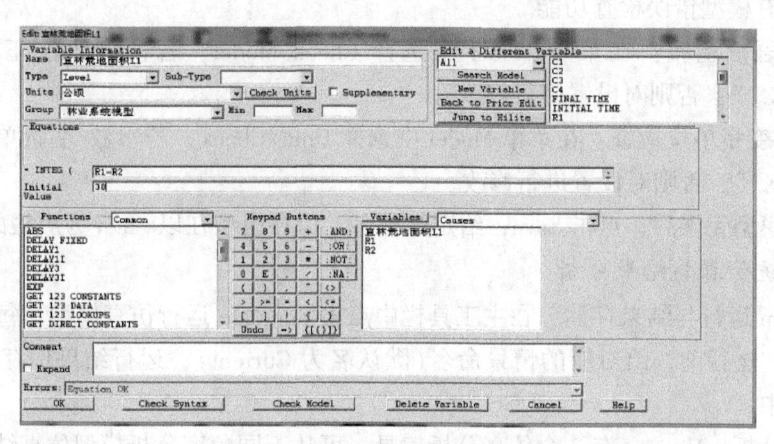

图 6-21　Vendim 流位方程设置

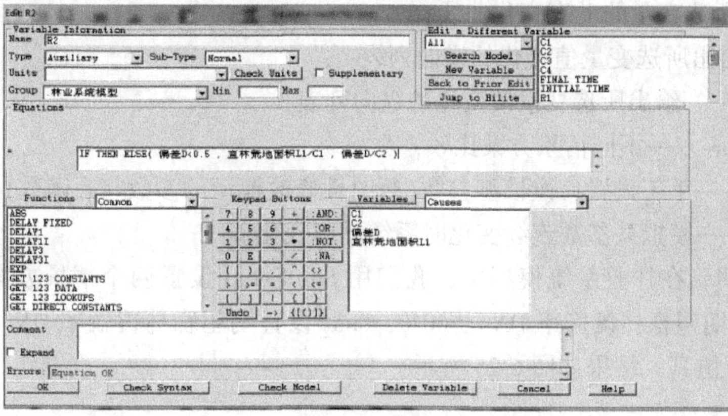

图 6-22　Vendim 流率方程设置

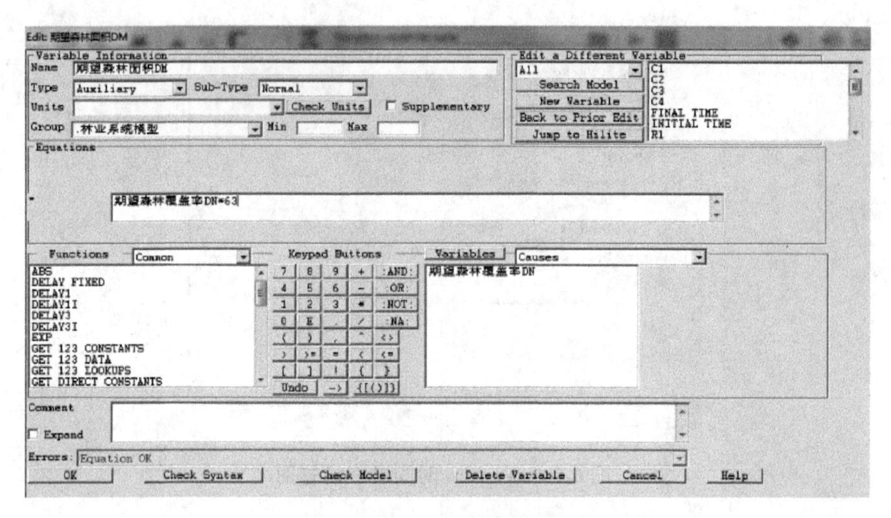

图 6-23　Vensim 辅助变量设置

(4) 模型检查

Vensim 有模型错误检查功能。

①模型语法检查：在菜单 Model 中选择 Check Model，若模型语法正确，则显示“Model is OK.”；否则对设置进行修改。

②参数/变量单位检查：在菜单 Model 中选择 Units Check，若参数/变量单位正确显示“Units are OK.”；否则对设置进行修改。

③确认模型无误后，点击 Save，给定文件名，保存模型在以 . mdl 为后缀的文件中。

(5) 系统仿真与结果分析

①Vensim 运行与结果存储　在主工具栏中点击 Simulate 运行仿真模型，每次运行都对应某种情景，运行前，给对应的情景命名(默认名为 Current)，运行结果保存在以 . vdf 为后缀的文件中。

②结果分析　Vensim 有 7 个仿真分析工具，可从不同角度分析模型仿真结果：

Causes Strip——所选变量与导致其变化变量的动态变化曲线对比；

Graph——所选变量的动态变化曲线；

Table——给出所选变量值变化的横向列表；

Table Time——给出所选变量值变化的纵向列表；

Runs Compare——不同情景方案比较；

Sim Setup——手工设置修改模型参数(暂时性修改模型的参数与表函数)；

Synthesim——模拟某参数连续变化时系统动态变化。

图 6-24 表明，在林业系统模型中，我们用 Sim Setup 设置两个情景方案，即 sim_1 和 sim_2，sim_1 设置期望森林覆盖率 DN 为 60%，sim_2 设置期望森林覆盖率 DN 为 70%，对两个情景方案进行仿真，结果如图 6-25 所示。

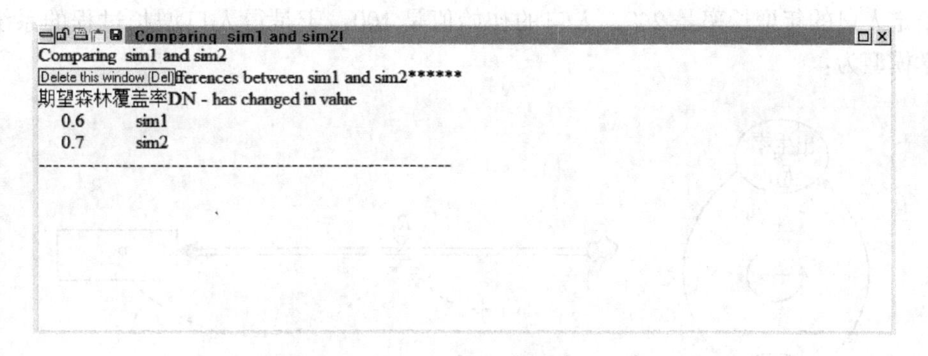

图 6-24 Vensim 不同情景方案比较

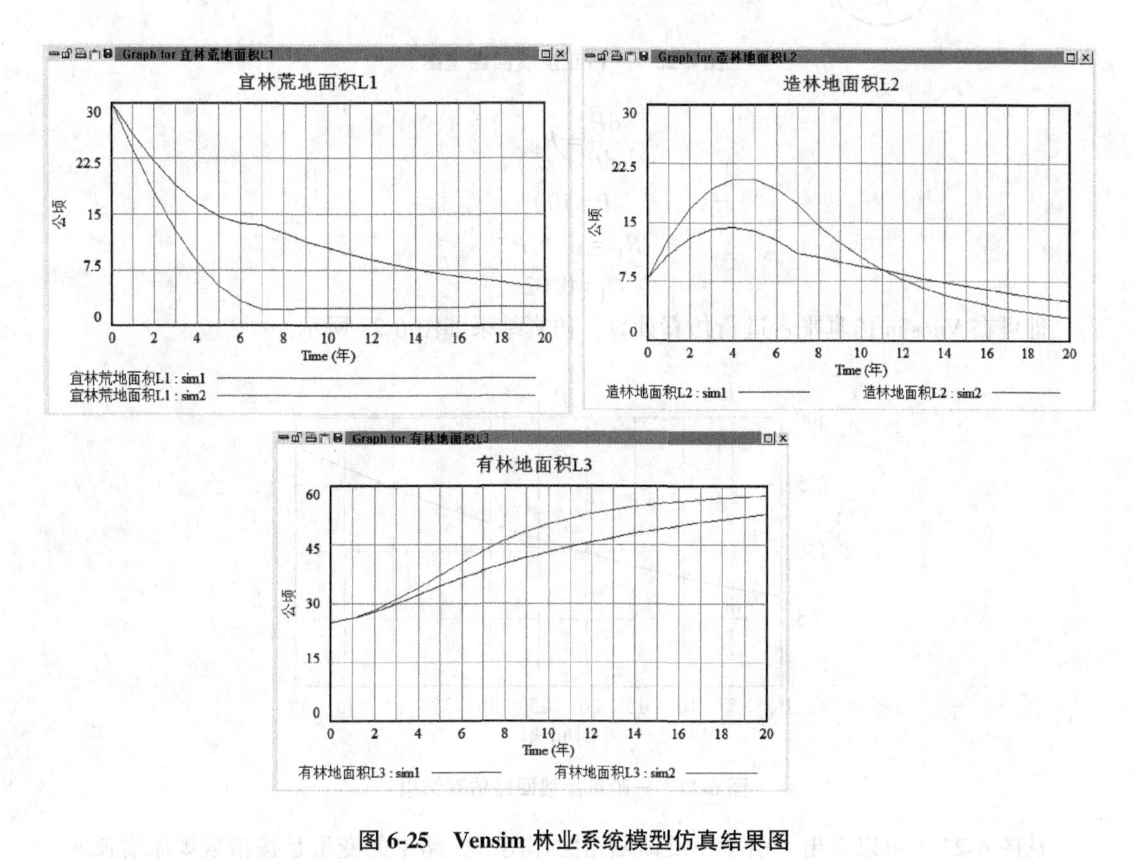

图 6-25 Vensim 林业系统模型仿真结果图

6.6 系统动力学仿真计算机理

6.6.1 一阶正反馈回路

一阶正反馈回路的流程图如图 6-26 所示。这里用人口的增加机理加以说明，出生率 R_1(人/年)增加，总人口 P 增加；总人口增加又使得年出生人口增加。亦即总人口和出生率之间形成正的反馈回路。

给定人口的年增长率是 2%，人口的初始值是 100，于是得人口增长过程的系统动力学数学模型为：

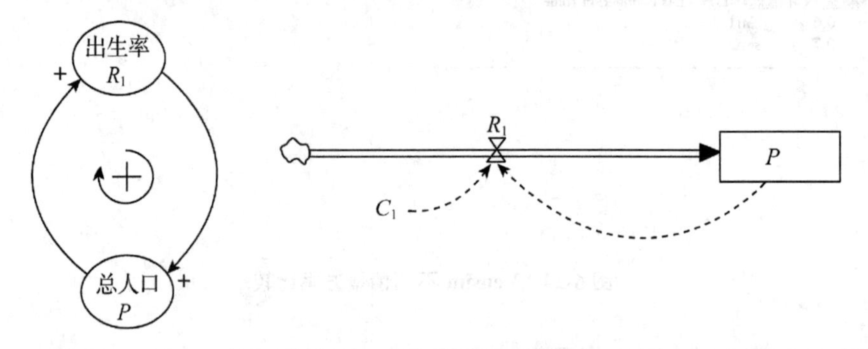

图 6-26　一阶正反馈回路流图

$$\frac{\mathrm{d}P}{\mathrm{d}t}=R_1$$

$$P=100$$

$$R_1=C_1\cdot P$$

$$C_1=0.02$$

即可在 Vensim 仿真平台进行仿真计算，仿真结果如图 6-27 所示。

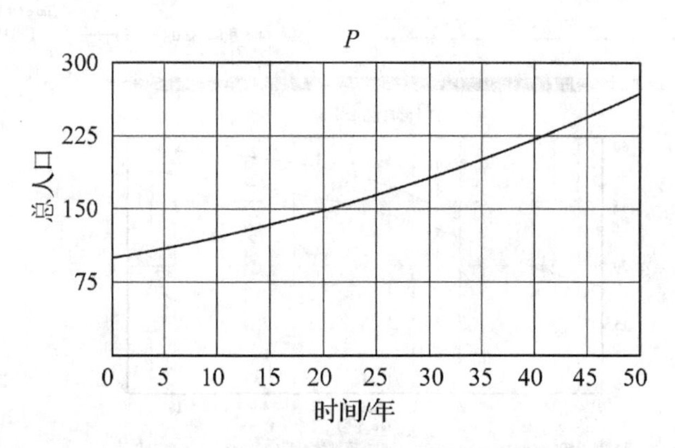

图 6-27　一阶正反馈回路仿真结果

从图 6-27 中可以看出，由于正反馈回路的作用，回路中的变量是按指数规律增长的。

6.6.2　一阶负反馈回路

图 6-28 所示为将库存量调整到目标库存量的流程图。I 表示库存量，Y 表示期望库存量，Z 表示将目前库存量调整到期望库存的时间。将初始库存量调整到期望库存量的机理如下：当库存量增加，库存量与期望库存量的差额 D 就减少，即两者呈负因果关系。于是由 D-R_1-I-D 构成了负反馈回路。如上所述，负反馈回路具有使其中变量保持稳定的作用。

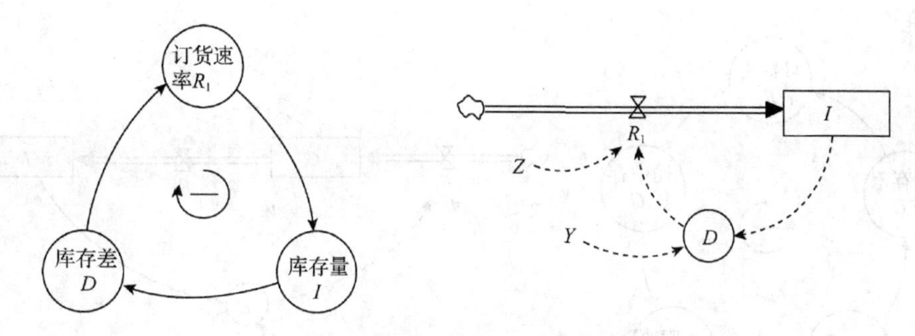

图 6-28　一阶负反馈回路流图

今设定：$I_0=1000$，$Y=6000$，$Z=5$(周)，则描述该库存系统动态行为的系统动力学数学模型是：

$$\frac{\mathrm{d}I}{\mathrm{d}t}=R_1$$

$$I=1000$$

$$R_1=D/Z$$

$$D=Y-I$$

$$Y=6000$$

$$Z=5$$

即可在 Vensim 仿真平台进行仿真计算，仿真结果如下。

由图 6-29 表示的变化曲线可以看出，由于一阶负反馈回路的作用，库存流位会逐渐达到期望库存量。通常，构成负反馈回路是决策者使系统达到预期目标或稳定的必要条件。

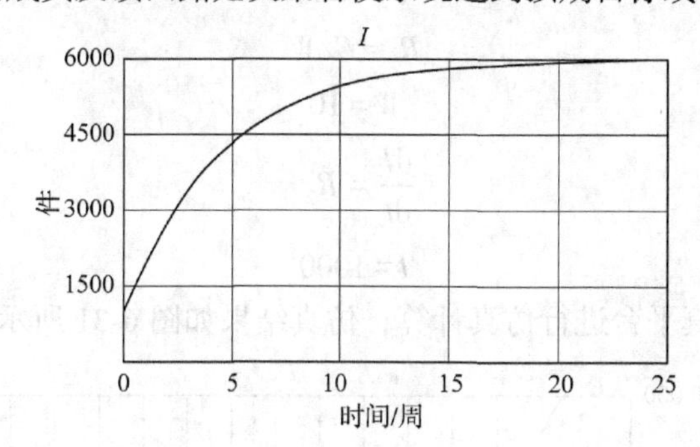

图 6-29　一阶负反馈回路仿真结果

6.6.3　两阶负反馈回路

实际上，库存系统并不像上面所述的一阶负反馈回路那样简单。例如，考虑到从订货到入库具有滞后现象，因而形成所谓“途中存货”。这样，库存系统就会从原来的一阶负反馈回路变成两阶负反馈回路。

图 6-30 所示即为两阶负反馈库存系统的流程图和反馈回路。由于库存量 I 受入库速率 R_2 的影响，加上从订货到入库具有滞后，故形成了新的流位变量——途中存货 G。由于在反馈回路中存在着两个流位变量 I 和 G，故称为两阶反馈回路。

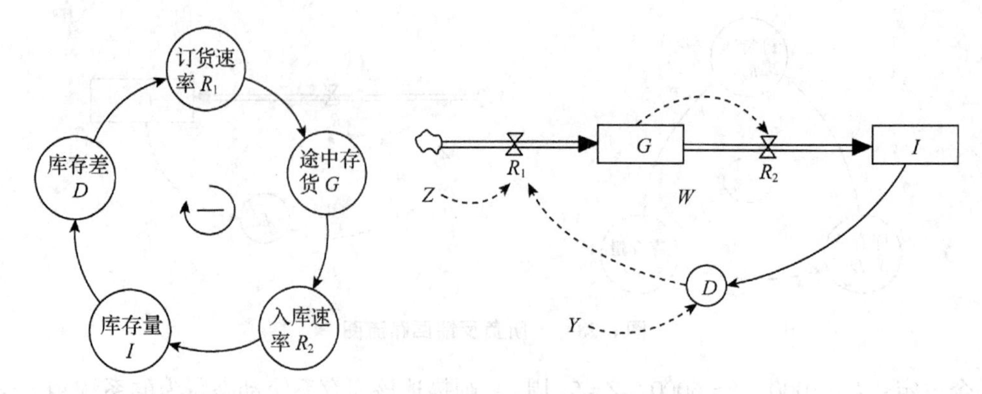

图 6-30　两阶负反馈回路图

设初始库存量为 1000，期望库存量为 $Y=6000$，调整库存时间 $Z=5$(周)，初始途中存货为 10 000，订货商品的入库时间 $W=10$(周)，则描述该库存系统动态行为的系统动力学数学模型是：

$$\frac{dG}{dt} = R_1 - R_2$$

$$G = 10\,000$$

$$R_1 = D/Z$$

$$D = Y - I$$

$$Z = 5$$

$$Y = 6000$$

$$R_2 = G/W$$

$$W = 10$$

$$\frac{dI}{dt} = R_2$$

$$I = 1000$$

即可在 Vensim 仿真平台进行仿真计算，仿真结果如图 6-31 所示。

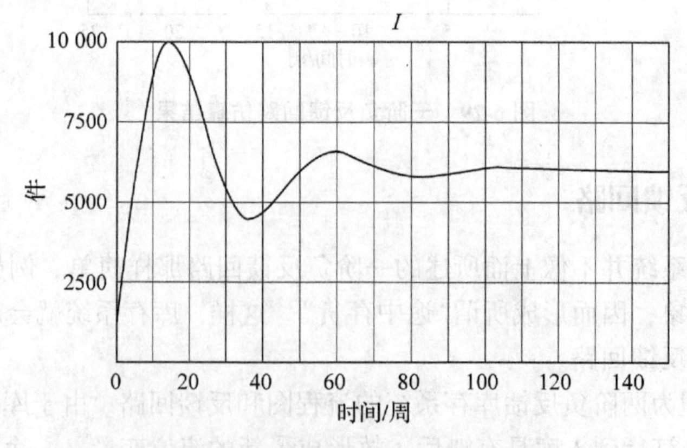

图 6-31　两阶负反馈回路仿真结果

由图 6-31 可知，同一阶负反馈回路一样，两阶负反馈回路也具有追求目标的功能。所不同的是在两阶负反馈回路的作用下，库存量在第一次到达期望值后还会继续增加从而超出了库存期望值，则在目标值附近以衰减振荡的形式逼近目标值，这是一般两阶负反馈回路的共同特征。

6.7　系统动力学模型建模步骤

系统动力学建模流程可分为三个阶段，如图 6-32 所示。

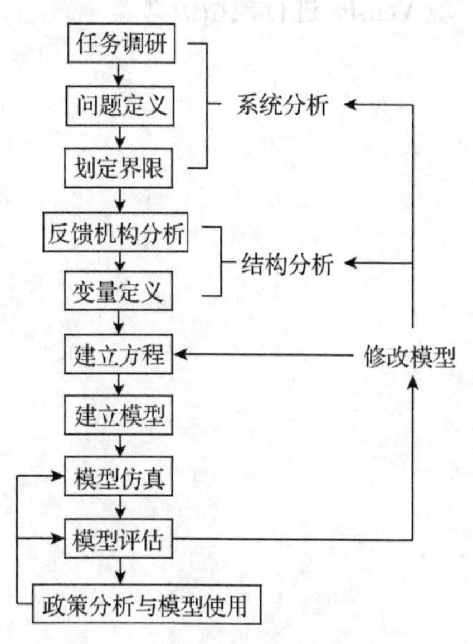

图 6-32　系统动力学建模步骤

第一阶段为初期阶段：这个阶段包括系统分析和结构分析。

系统分析是通过任务调研定义系统，就是确定动态系统要解决的问题和发展的目标，预测系统的期望状态，观测系统的特征，描述出与问题有关的状态，估计问题产生的范围与边界。

结构分析是反馈结构分析和变量定义。在明确系统目标和系统的问题之后，就可根据系统边界内诸要素之间的相互关系，确定系统中的因果反馈结构。反映系统边界内诸要素间因果关系的是反馈环。所谓反馈是指系统中某要素的增加，使系统中受它影响的其他要素也发生变化(增加或减少)。反馈环分为正反馈与负反馈，而正反馈环使系统表现为增长的行为，负反馈环则使系统表现为收敛的行为。反馈环在构成系统行为方面有着极其重要的意义。

第二阶段为中期阶段：这个阶段主要是建立系统动力学模型。

系统动力学模型由流图与构造方程式组成。所谓建立系统动力学模型就是要确定各反馈环中的流位和流率。

流位是系统的状态变量，它的变化可用来描述系统的动态特征；而流率是流位的变化速率，它控制着流位，流率变量是一个决策函数(包括人的决策与机理决策的行为)。当确定了流位和流率变量之后，就可得出流图与构造方程式。

第三阶段为后期阶段：这个阶段包括模型仿真试验、结果分析与模型评估、政策分析与模型使用。

使用系统动力学仿真环境 Vensim 进行模型仿真。在 Vensim 中，不需要编程，只要在模型建立窗口画出流图，输入方程和参数，就可以直接进行仿真。通过对仿真结果的分析，不仅可发现系统的构造错误和缺陷，还可找出错误和缺陷的原因。根据政策分析和模型使用情况，如果需要，就对模型进行修正，然后做仿真试验，直至得到满意的结果为止。

思考题与习题

1. 阐明系统动力学方法研究社会系统的特殊意义。

2. 试简述系统动力学仿真原理。

3. 举例说明一阶正反馈回路、一阶负反馈回路和两阶负反馈回路的机理。

4. 试用系统动力学方法建立一个林场森林资源预测模型，并使用系统动力学仿真环境 Vensim 进行模型仿真。

第7章 系统评价原理与方法

7.1 系统评价概述

系统评价(systematic review)是对系统开发提供的各种可行方案，从社会、政治、经济、技术等方面予以综合考察，全面权衡利弊得失，从而为系统预测和决策选择最优方案提供科学依据。系统评价是系统工程中一项重要的基础工作，同时也是一项非常困难的工作。系统工程是一门解决问题的技术，也就是说，在系统开发过程中，通过系统工程的思想、程序和方法的应用，从社会的、生态的、经济的、效率的观点综合地评价、审查研究系统的合理性以及系统设计成功的可能性，不仅能提出许多研究系统的替代方案，而且要通过系统评价技术从众多的替代方案中找出所需的最优方案。然而，要决定哪个方案“最优”却未必容易，因为对于复杂的大系统或内容不详的问题来说，“最优”这个词含义并不十分明确，而且评价是否为“最优”的尺度(标准)也是随着时间而变化和发展的，这就使得系统评价越来越重要，也越来越困难。

7.1.1 系统评价的关键要素

(1) 价值

当进行系统评价时，人们常常会不自觉地相信价值的存在。然而价值的一般问题虽然自人类产生文化以来，就在宗教、社会、经济、哲学等广泛领域内引起人们的普遍关注和议论，但至今价值问题仍是一个无法彻底解决的问题。有一个问题常被作为例子来提出，即“一杯水和一颗钻石哪个更有价值?”由于评价者所处的环境不同(是在文明社会里还是在沙漠里)，其答案就会截然不同。

所谓价值，如果从哲学意义上讲，就是评价主体(个人或集体)对某个评价对象的认识和估计。如果从经济学上来说，价值常被理解为根据评价主体的效用观点对评价对象能满足某种需求的认识和估计。

价值是评估主体主观感受到的，是人们对客观存在的事物从各种各样的分析中主观抽象出来的。因此，就某个具体评价问题来说，由于评价主体所处的立场、观点、环境、目的等的不同，对价值评定也会有所不同。即使对同一个评价主体来说，同一个评价对象的价值也有可能会随着时间的推移而发生变化，从而形成了个人的价值观。另外，由于人类过着群体生活，从而有机会经常交流对事物的认识，所以在价值观念上又会表现出某种程度的共同性和客观性，从而形成了所谓的社会价值观。如何把个人的价值观和社会价值观合理统一和协调起来，这就是系统评价的重要任务。

价值不是孤立地附属于某一个评价对象的，也不应该有衡量价值的绝对尺度(标准)。也就是说，评价对象的价值不是对象本身所固有的，而是评价对象和它所处的环境条件的相互关系相对规定的属性。既然没有计量价值的绝对尺度，在系统评价时采用多种尺度相对比较是必不可少的。

(2) 评价尺度

系统评价是由评价对象、评价主体、评价目的、评价时期、评价地点等要素构成的一个综合性的问题。因此，对评价技术来说，就是首先引进和确定评价尺度(标准)，然后通过评价尺度，对评价对象进行测定，并确定其价值。所以，评价的基本过程是首先确定评价尺度，然后再依据评价尺度来测定评价对象的价值。

常用的评价尺度大致可以分为 4 种：第一种称为绝对尺度，即规定其原点尺度不变，如物理学中通常采用的是绝对尺度。以此测得的量，其数值具有重要意义。第二种尺度称为间隔尺度，有些场合只要求测得数值差才有意义，如测量加工零件名义尺寸的上、下偏差，评定学校教育的效果或文化的地区差别等。在这种场合下，绝对值就没有多大意义，而其数值差就能说明问题。第三种是顺序尺度，它可以用数字或反映顺序的字符来表示，如 1，2，3，…；Ⅰ，Ⅱ，Ⅲ，…；A，B，C，…，等等。这时需要的只是它的顺序关系，如运动员的比赛名次、产品评奖的等级等，就是用这种顺序尺度来进行评价的。第四种是名义尺度。这仅仅是为了识别或分类需要而用数字与对象相对应，如学校班级的编号或运动员的编号等即为这种名义尺度。

在评价中，要根据评价的目的、评价对象的性质等来确定评价尺度，这是系统评价的重要工作之一。

(3) 系统评价的任务

系统评价的主要任务就在于从评价主体根据具体情况所给定的、可能是模糊的评价尺度出发，进行首尾呼应的、无矛盾的价值测定，以获得多数人可以接受的评价结果，为正确决策提供所需的信息。

由此可见，系统评价和决策是密切相关的。为了在众多的替代方案中作出正确的选择，就需要有足够丰富的信息，其中包括足够的评价信息。所以说，系统评价只有和方案决策和行为决定联系起来才有意义。评价是为了决策，而决策需要评价，评价过程也是决策过程。“评价”和“决策”有时候可以作为同义词使用。自然，在实际问题上由于评价与决策的目的不同，两者仍有区别。

7.1.2 系统评价的步骤

针对不同的评价对象、评价内容、评价方法，其对应综合评价的步骤略有差异，但是总体上遵循以下 7 个步骤，只是可能不同的评价方法会选用其中的部分步骤组合。

①确定评价的目标、范围和对象。

②围绕评价目标，分析影响综合评价的指标因素，构建评价指标体系结构图。

③指标量化，即排除各指标量纲的影响，转化到统一的区间，如[0，1]，以提高指标的可比性。

④确定权重，根据各指标在评价目标中的地位，以权重值区别不同指标在系统评价中相对重要性程度。

⑤单项评价，即评价各对象在某一指标上的地位。

⑥综合评价，在单项评价的基础上，综合平衡，确定各评价对象的总体地位，并排序，供决策阶段使用。

⑦灵敏度分析，由于指标体系设计、指标量化、权重确定以及评价方法的选择都存在一定的不确定性，因此，需要分析评价结果的稳定性。

7.2 系统评价理论

有关系统评价的理论，归纳起来大致可以分为三类：第一类是以数理为基础的理论。它以数学理论和解析方法对评价系统进行严密的定量描述和计算。为了使评价能够正常进行而不出现矛盾，故经常需要在假定的条件下才能进行评价。但有些假定条件在评价实际问题时未必能够做到。因此，这类理论和方法不能完全照搬利用。但由于它整理了有关评价的问题所在，且评价目标和约束条件清楚明了，因而系统评价人员必须作为知识来理解和掌握它。第二类是以统计为主的理论。通过统计数据来建立只能凭感觉而不能测量的评价项目的评价模型。例如，菜肴的色、香、味，至少到目前为止还不能拿工程学上常用的测量手段对其进行测量，但如果有了经过人们判断的、足够的统计数据，则进行定量方面的评价也是有可能的。可以说这是一种试验性的评价法，也是心理学领域的常用方法。但由于是统计处理，所以还存在少数人行为在评价中不能反映的缺点。第三类方法是重现决策支持的方法。也就是说，与其想方设法对评价系统进行客观而正确的评价，倒不如研究如何才能比较容易地决定与目标一致的人类行为。目前常用的计算机系统仿真技术就是这一类的有效方法。

(1) 效用理论

最早科学地提出评价问题的是冯·纽曼(von Newmann)的效用理论。所谓效用，可以理解为当某一个评价主体或决策主体在许多替代方案中选用某一替代方案时，总要把该方案说得很好、很重要。也就是说，这时该方案的效用为最大。所以，只能通过效用来对各替代方案进行相对比较。即“效用”只意味着选择顺序，既没有标准也不是数量，从这一点上来说，应用就很困难。故要考虑具有与效用相同的选择顺序的数量函数，这种函数就称为效用函数，而效用理论就是用数学方法来描述效用与效用函数的关系的理论。

(2) 确定性理论

主要是用统计的方法使评价数量化，这时需要收集足够数量的、质量相等的数据，同时要有能看透问题本质的敏锐眼力。因为在人的心理感觉方面没有客观的尺度，所以能相当自由地选择数据值；另外，由于统计的方法只要有数据谁都能使用，所以若机械地套用这种方法恐怕只会得出错误的结论。

评价的数量化在数据选择方面怎么变化都有可能，这一点是与自然科学和工程学问题不相同的地方。因而碰到质的问题数量化时，首先必须了解评价的目的，吃透问题的实质，这相当于设立假定或构造概念模型。其程序是：在确认使用统计方法的适应性和有效性后，收集适当数据，以统计方法确认假定，并在数据通过检验后，能够在一定程度上建立起数量化的评价模型，进行属性评价或综合评价。即从许多认为是非独立的关于评价属性的数据，找出任意两个属性之间的关系，然后，可以用相应的分析评价方法来进行评价。

(3) 不确定性理论

使评价处于迷惑不解的困境，多数情况是发生在含有不确定因素的决策问题中。但如果已经掌握事件发生的概率，则可以用期望值作为评价函数，以便作为确定性问题来处理。即使在缺乏数据的情况下，也可凭借专家的经验和直观判断，以及以往发生的概率，对事件发生的可能性作出定量估计。这种估计称为主观概率，随着主观概率信息的增加，便逐步接近于客观概率。

(4) 非精确理论

除了事件发生的不确定性以外，还有人的认识所固有的模糊性(非精确性)。例如，用语言描述的“大”“红”“好”等概念以及审判、诊断、人物评价等综合判定，本质上都是定性的东西。为了进行这种评价，需要应用模糊集(Fuzzy set)理论。

(5) 最优化理论

评价对象的数学模型本身也可能成为评价函数，如数学规划方法就是一个典型的例子。数学规划本身具有普遍性和严密性，得到的评价也是比较客观的。典型的数学规划方法有线性规划、整数规划、非线性规划、动态规划和多目标规划等，这些都在前面章节中做过详细介绍，这里不再赘述。

7.3 系统评价方法

将各评价指标数量化，得到各个可行方案的所有评价指标的无量纲的统一得分以后，采用评价指标综合方法进行指标的综合，就可以得到每一方案的综合评价值；再根据综合评价值的高低排列出方案的优劣顺序。评价指标综合方法主要有：加权平均法、功效系数法、主次兼顾法、效益成本法、罗马尼亚选择法、层次分析法和模糊综合评价法等。

选用系统评价方法应该视具体问题而定。由于系统的类型和内容不同，系统测度也就不一样，因而评价方法也随之不同。这些方法总的说来，分为两大类：一类为定量分析评价方法；另一类为定性与定量相结合的分析评价方法。使用较为广泛的是定量与定性结合的评价方法。现就一些常用的评价方法做简要介绍。

7.3.1 指标权重的确定方法

指标权重是在现实生活中，指标重要程度的一种主观或客观度量的反应。一般而言，指标权重应该由以下三方面的原因所决定：①不同评价者对各个指标的重视程度的差别；②各指标在系统评价中所产生的作用的差异；③各指标的可靠程度不同，导致的权重差异。

通过对指标权重产生原因的分析，可知指标确定过程应该遵循以下基本原则：①权重的取值范围应该尽量方便综合评价的计算。权重总值一般取 1，10，100 或 1000 等。②指标权重的分配应该反复推敲，广泛征求相关人员的意见和建议。③权重的分配方式应采用从粗到细的给值方式。先粗略地把权重分配给指标大类，然后再细分给每个指标。现以对某林场的生态种植环境进行评价为例，各大指标分配见表 7-1 所列，各小指标权重的再分配见表 7-2 所列。

表 7-1　某林场生态评价指标大类权重分配

指标大类	权重	指标大类	权重
生物丰度指数	250	土地退化指数	200
植被覆盖指数	200	环境质量指数	150
水网密度指数	200	合计	1000

表 7-2　植被盖度指数权重再分配

指标大类	权重	指标大类	权重
林地面积	100	农田面积	40
草地面积	60	合计	200

(1) 相对比较法

相对比较法是一种基于经验的评分方法。它将所有指标列出来，构成一个 $n \times n$ 的方阵；然后对各指标两两比较并打分；最后对各指标得分求和，并做规范化处理。需要注意的是方阵对角线上的元素可以不填写，也不参加运算；打分时可采用 0–1 打分法；方阵中元素可以按照下面的规则进行确定。并满足 $a_{ij}+a_{ji}=1$。

$$a=\begin{cases}1 & （当指标 i 比指标 j 重要时）\\ 0.5 & （当指标 i 与指标 j 相同重要）\\ 0 & （当指标 i 没有指标 j 重要时）\end{cases} \tag{7-1}$$

由方阵可以按照下面公式计算指标 i 的权重系数。

$$w_i=\frac{\sum_{j=1}^{n} a_{ij}}{\sum_{i=1}^{n}\sum_{j=1}^{n} a_{ij}} \quad (i=1,\ 2,\ \cdots,\ n) \tag{7-2}$$

下面举个例子来说明此方法的使用。假设某个林场需要改造成森林公园，供游客游览，因此需要改善林场原有的森林树种结构，提高森林公园的可观赏性，同时要修建道路，增加娱乐设施等。根据建设目标拟订了几套方案，现在对拟订的方案建立评价指标：生态效益 f_1、游乐设施的数量 f_2、景观的数量 f_3、预期的投入费用 f_4、预期的门票收入 f_5。用相对比较法得到的方阵见表 7-3。

表 7-3　各个指标值相互比较结果

指　标	指　标						
	f_1	f_2	f_3	f_4	f_5	得分合计	权重 w_i
f_1		1	1	1	1	4	0.4
f_2	0		0.5	0	0	0.5	0.05
f_3	0	0.5		0	0	0.5	0.05
f_4	0	1	1		0.5	2.5	0.25
f_5	0	1	1	0.5		2.5	0.25
合　计						10	1

(2) 连环比率法

连环比率法以任意顺序排列指标，按此顺序从前到后，相邻两个指标比较其相对重要性，并依次赋予比率值，并赋予最后一个指标分值为 1。从后到前，按比率值依次求出各指标的修正评分值，最后归一化处理得到各指标的权重。具体步骤如下：

①以任意顺序排列 n 各指标不妨设为 f_1，f_2，…，f_n 。

②填写暂定分数列(r_i 列)。从评价指标的上方依次以邻近的底下那个指标为基准，在数量上进行重要性的判定。如 $r_i=3$，表示 f_i 的重要程度是 f_{i+1} 的 3 倍；$r_i=1$，表示 f_i 和 f_{i+1} 同等重要；$r_i=1/2$，表示 f_i 只有 f_{i+1} 的一半重要。

③填写修正分数列(k_i 栏)。把最下行的指标设为 1，按从下而上的顺序计算 k_i 的值：

$$k_i=r_ik_{i+1}\quad(i=1,\ 2,\ \cdots,\ n-1)\tag{7-3}$$

④对所有修正分数求和，并计算得分系数 w_i ：

$$w_i=\frac{k_i}{\sum_{i=1}^{n}k_i}\quad(i=1,\ 2,\ \cdots,\ n)\tag{7-4}$$

在表 7-4 中给出了连环比率法确定权重的计算例子，大家可以参考相关的计算过程来理解上面的计算公式。

和相对比较法一样，连环比率法也是一种主观赋权的方法。当评价指标的重要性可以在数量上做出判断时，该方法优于相对比较法，但由于赋权结果依赖于相邻的比率值，所以比率值的主观判断误差，会在逐步计算过程中进行传递。

表 7-4　用连环比率法确定权重

评价指标	暂定分数 r_i	修正分数 k_i	权重分数 w_i
生态效益 f_1	3	12	0.545
预期的投入费用 f_4	1	4	0.167
预期的门票收入 f_5	4	4	0.167
景观的数量 f_3	1	1	0.042
游乐设施的数量 f_2	—	1	0.042
小计	—	24	1

(3) 德尔斐(Delphi)法

该方法又称专家调查法，调查者首先将调查内容制成表格，然后根据调查内容选择权威人士作为调查对象，请他们发表意见并把打分填入调查表，然后由调查者汇总，求得各指标的权重值 w_i。德尔斐法的具体步骤如下：

①调查者将调查内容制成表格。

②根据调查内容选择权威人士对调查表格中的各项指标进行打分，见表7-5所列。

表7-5　一位专家对各项指标的打分结果

指　标	指　标					
	f_1	f_2	f_3	f_4	合计	w_i
f_1		1	1	1	3	0.5
f_2	0		1	0	1	0.166
f_3	0	0		1	1	0.166
f_4	0	1	0		1	0.166
合计					6	1.000

③分析各专家对各指标重要程度的打分，用统计方法处理这些得分，把处理的结果再寄回各专家供他们参考并提出意见，并请他们重新打分，再做统计处理。经过多次循环，可能使专家们的意见取得相对一致。

④对各专家的意见进行综合，对调查表做统计处理，计算出综合各专家意见以后各指标权重值，见表7-6所列。

表7-6　综合各专家打分结果以后得到的指标权重值

专　家	指　标				
	f_1	f_2	f_3	f_4	合计
专家1	0.5	0.166	0.166	0.166	1.00
专家2	0.4	0.2	0.2	0.2	1.00
⋮					
专家 k	0.45	0.15	0.2	0.2	1.00
⋮					
专家 n	0.39	0.21	0.25	0.15	1.00
合计	1.74	0.726	0.816	0.716	
权重	0.435	0.182	0.204	0.179	

7.3.2　评价指标量化的方法

常用的系统评价指标量化方法有：排队打分法、体操计分法、专家评分法、两两比较法、连环比率法，其中两两比较法和连环比率法在7.3.1中我们已经介绍过了，下面主要介绍排队打分法、体操计分法和专家评分法。

(1) 排队打分法

如果指标因素有明确的数量表示，就可以采用排队打分法。设有 m 种方案，则可采用优级记分制：最优者记 m 分，最劣者记 1 分，中间各个方案以等步长记分(步长为 1 分)，也可以不等步长记分，灵活掌握，或者各项指标均采用 10 分制，最优者满分为 10 分。

(2) 体操计分法

体育比赛中有许多评分、计分法可以应用到系统工程中来。例如，体操计分法：请 n 名有资格的裁判员各自独立地对表演者按 10 分制评分，得到 n 个评分值，然后舍去最高分和最低分，将中间的 $n-2$ 个分数相加，除以 $n-2$ 就是最后的得分。

(3) 专家打分法

这是一种感觉评分法或经验评分法，用于没有明确数量表示的指标评分。

例如，对多台某种木材加工设备的可操作性进行评价，可以请若干名专家(即有经验的操作者)来试车，按其主观感觉和经验，对每台设备按一定的记分制来打分。例如，对每台设备分别作出良、可、差的判断，记录下来；然后分别记 3、2、1 分，再相加求和，最后将和数除以操作者的人数，就是各台设备的得分。

7.3.3 评价指标综合的主要方法

将各评价指标量化，得到各个可行方案的所有评价指标的无量纲的统一得分以后，采用下述各种方法进行指标的综合，就可以得到每一方案的综合评价值，再根据综合评价值的高低，排出方案的优劣顺序。

(1) 加权平均法

加权平均法是指标综合的基本方法，具有两种形式，分别称为加法规则与乘法规则。

设方案 A_i 的指标因素 F_j 的得分(或得分系数)为 a_{ij}，将 a_{ij} 排列成评价矩阵，见表 7-7 所列。

表 7-7 评价矩阵

指标因素 F_j		F_1	F_2	…	F_n	综合评价值 φ_i
权重 w_i		w_1	w_2	…	w_n	
方案 A_i	A_1	a_{11}	a_{12}	…	a_{1n}	
	A_2	a_{21}	a_{22}	…	a_{2n}	
	⋮	⋮	⋮		⋮	
	A_m	a_{m1}	a_{m2}	…	a_{mn}	

①加法准则　根据加法准则按式(7-5)计算表 7-7 中方案 A_i 的综合评价值 φ_i：

$$\varphi_i = \sum_{j=1}^{n} w_j a_{ij} \quad (i = 1, 2, \cdots, m) \tag{7-5}$$

式中，w_j 为权系数，满足以下关系式：

$$0 \leqslant w_j \leqslant 1, \quad \sum_{j=1}^{n} w_j = 1$$

②乘法准则　乘法准则采用下列公式计算各个方案的综合评价值 φ_i：

$$\varphi_i = \prod_{j=1}^{n} a_{ij}^{w_j} \quad (i=1,\ 2,\ \cdots,\ m) \tag{7-6}$$

式中，a_{ij} 为方案 i 的第 j 项指标的得分；w_j 为第 j 项指标的权重。对式(7-5)的两边求对数，得：

$$\lg\varphi_i = \sum_{j=1}^{n} w_j \lg a_{ij} \quad (i=1,\ 2,\ \cdots,\ m) \tag{7-7}$$

对照式(7-5)可知，这是对数形式的加法规则。

在应用加权平均法时，有以下 5 点值得注意：

a. 列写指标因素应考虑周全，避免重大的遗漏；

b. 指标之间应该互相独立，避免交叉，尤其要避免有包含与被包含关系；

c. 指标宜少不宜多，宜简不宜繁；

d. 要考虑搜集数据的可能性与方便性，尽量利用现有的统计数据；

e. 对于各项指标因素分配的权重要适当。

(2) 功效系数法

系统中往往有多项评价指标，有的指标值越大越好，有的指标值越小越好，其余的可能要求适中更好，即设系统具有 n 项指标 $f_1(X)$、$f_2(X)$、…、$f_n(X)$，其中有 k_1 项越大越好，k_2 项越小越好，其余$(n-k_1-k_2)$项要求适中。现在分别为这些指标赋予一定的功效系数 d_i，即 $0 \leqslant d_i \leqslant 1$，其中 $d_i=0$ 表示最不满意，$d_i=1$ 表示最满意。一般地，$d_i=\varphi_i[f_i(X)]$，对于不同的要求，函数 φ_i 有着不同的形式，如图 7-1 所示，当 f_i 越大越好时，选用图 7-1(a)；越小越好时，选用图 7-1(b)；适中时，选用图 7-1(c)。$f_i(X)$ 转化为 d_i 后，用一个总的功效系数 D 表示，即

$$D = \sqrt[n]{d_1 d_2 \cdots d_n} \tag{7-8}$$

作为单一指标，希望 D 越大越好($0 \leqslant D \leqslant 1$)。

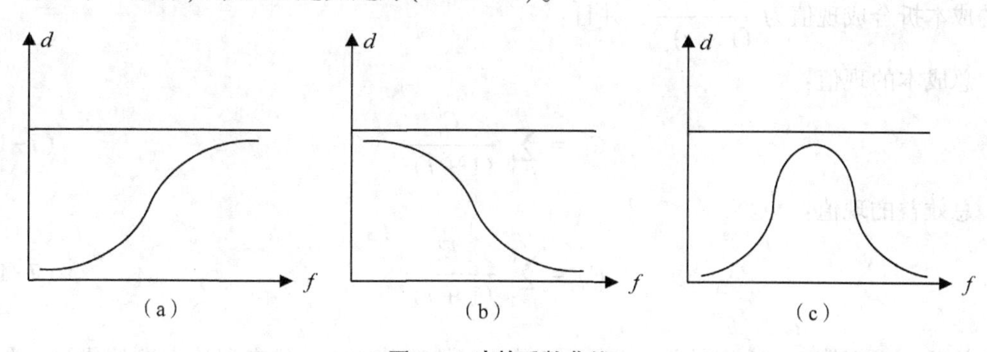

图 7-1　功效系数曲线

D 的综合性很强，当某项指标 d_k 很不满意，即 $d_k=0$ 时，则 $D=0$，如果各项指标都令人满意，即 $d_k \approx 1$ 时，则 $D \approx 1$。

(3) 主次兼顾法

如果某个系统中有多个指标，但是其中某个指标非常重要，不妨设系统具有 n 项指标因素 $f_1(X)$，$f_2(X)$，…，$f_n(X)$，而 $X \in R$，如果其中某一项指标最为重要，例如，设 f_1

(X)希望它取极小值，那么我们可以让其他指标在一定约束范围内变化，来求$f_1(X)$的极小值，就是说，将问题简化为单项指标的数学规划：

$$\min f_1(X)\ ,\ X \in R'$$

$$R' = \{X \mid f'_i \leqslant f_i(X) \leqslant f''_i,\ i = 2,\ 3,\ \cdots,\ n;\ X \in R\} \tag{7-9}$$

例如，一个林化产品加工厂，要求产品的成本低、质量好，同时还要求污染少，如果降低成本是当务之急，则可以让质量指标和污染指标满足一定约束条件而求成本的极小值；如果控制污染是当务之急，则可以让成本指标和质量指标满足一定约束条件而求污染的极小值，等等。

（4）成本效益法

成本效益分析在工程和经济活动中，是最常用的评估方法之一。因为成本是一种综合性指标，系统中的人力、经费、物资材料等资源的消耗，以及其他越小越好的指标值由可能综合成本（记作c）来反映，而系统所产生的效果在许多情况下可以用经济效益（记作E）来表示。因此，可以通过各种方案的成本与效益的比较来评价方案优劣。例如，新建项目的评估通常可以采用这种方法。

成本效益法评价主要遵从以下3条原则：

①效益相等时，成本越小的系统越优。例如，方案1和2的成本分别记作C_1和C_2，效益分别为E_1和E_2，若$E_1=E_2$，$C_1>C_2$，则方案2优于方案1。

②成本相等时，效益越大越好，即若$C_1=C_2$，$E_1>E_2$，则方案1优于方案2。

③效益与成本的比率越大越好。即令$R_i=E_i/C_i$，R_i越大越好。

在成本及效益的计算过程。一般地，在成本效益分析中确定决策人的时间偏好是一个关键。例如，决策人认为现在的100元与一年后的108元相当，一年后的100元与两年后的108元相当，…，则他有恒定的时间偏好，相当于折扣率$r=0.08$。当项目的第i个方案要延续n年，逐年投入的成本为C_j^2，C_j^3，…，C_j^n，获得效益为E_j^1，E_j^2，…，E_j^n，则第j年的成本折合成现值为$\dfrac{C_i^j}{(1+r)^j}$，并且：

总成本的现值：

$$C_{ip} = \sum_{j=1}^{n} \frac{C_i^j}{(1+r)^j} \tag{7-10}$$

总效益的现值：

$$E_{ip} = \sum_{j=1}^{n} \frac{E_i^j}{(1+r)^j} \tag{7-11}$$

然后再根据第i个方案的效益E_{ip}与成本C_{ip}的比值$R_i = \dfrac{E_{ip}}{C_{ip}}$来评价方案的优劣。除了折合成现值以外，将逐年$i$和$C_i^j$、$E_i^j$折合为$n$年后的终值，结果也一样，这时总成本终值为：

$$C_{il} = \sum_{j=1}^{n} C_i^j(1+r)^{n-j} \tag{7-12}$$

总效益终值为：

$$E_{il} = \sum_{j=1}^{n} E_i^j (1+r)^{n-j} \tag{7-13}$$

效益成本比为 E_{il}/C_{il}。

在实际评估中，如果成本、效益均有多种，而且无法折合成同一度量指标时，成本和效益必须用向量表示，构成多目标决策问题，需要采用求解多目标决策的有关方法来评估方案的优劣。

7.3.4　层次分析法

(1) 层次分析法简介

层次分析法(analytical hierarchy process)简称为 AHP 法。首先是由美国运筹学家萨提(A. L. Saaty)在 20 世纪 70 年代提出来的，是系统工程中经常使用的一种评价与决策方法。它特别适合于处理那些多目标、多层次、又难以完全用量化方法来分析与决策的复杂大系统问题。它可以将人们的主观判断用数量形式来表达和处理，是一种定性和定量相结合的分析方法。目前，层次分析法越来越受到国内外学术界的重视，被广泛应用于社会、经济、科技、规划等很多领域的系统评价、决策、预测、规划中。在国外，如美国国防部研究所谓"应急计划"、美国国家科学基金会研究电力在工业部门的分配问题、苏丹政府研究运输问题等都是应用的层次分析法来进行系统分析。层次分析法于 20 世纪 80 年代引入我国，已广泛应用于地区社会经济发展规划，农业、林业、畜牧业发展战略，工业部门设置的系统分析等方面，如举世关注的长江三峡水库论证中，就是应用层次分析法对水库的正常蓄水高度进行系统分析，并就坝高对未来政治、经济、军事与环境的影响作出分析和预测。

使用层次分析法的关键问题是要弄清楚问题的背景和条件，所要达到的目标、涉及的因素和解决问题的途径与方案等，这就需要将问题概念化，构成概念之间的逻辑结构关系，即层次结构模型，然后通过建立判断矩阵，进行单排序和总排序计算，最后就能得到满意的系统分析的结果，为系统决策提供依据。

(2) 层次分析法的主要步骤

①明确问题，建立递阶层次结构模型　应用 AHP 分析社会、经济以及科学管理领域的问题，首先要把问题条理化、层次化，构造出一个层次分析的结构模型。在这个结构模型下，复杂问题被分解为人们称为元素的组成部分。这些元素又按其属性分成若干组，形成不同层次。同一层次的元素作为准则对下一层次的某些元素起支配作用，同时它又受上一层次元素的支配。这些层次大体上可以分为 3 类。

a. 最高层：这一层次中只有一个元素，一般它是分析问题的预定目标或理想结果，因此也称目标层。

b. 中间层：这一层次包括了为实现目标所涉及的中间环节，它可以由若干个层次组成，包括所需考虑的准则、子准则，因此也称为准则层。

c. 最低层：表示为实现目标可供选择的各种措施、决策方案等，因此也称为措施层或方案层。

上述各层次之间的支配关系不一定是完全的，即可以存在这样的元素，它并不支配下一层次的所有元素而仅支配其中部分元素。

这种自上而下的支配关系所形成的层次结构称为递阶层次结构。一个典型的层次结构如图 7-2 所示。

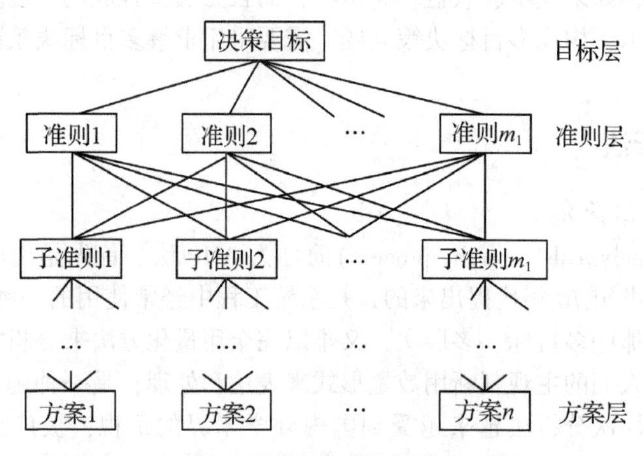

图 7-2　递阶层次结构模型

递阶层次结构中的层次数与问题的复杂程度及所需分析的详尽程度有关，一般可以不受限制，但每一层次中各元素所支配的元素一般不超过 9 个，这是因为支配的元素过多会给两两比较判断带来困难。一个好的层次结构对于解决问题是极为重要的，因而层次结构必须建立在研究者和决策者对所面临的问题有全面深入的认识基础上。如果在层次的划分和确定层次元素间的支配关系上举棋不定，那么最好重新分析问题，弄清各元素间的相互关系，以确保建立一个合理的层次结构。

②构造判断矩阵　判断矩阵是层次分析法的基本信息，也是层次分析法的计算基础，判断矩阵元素的值反映了人们对下层两两元素与上层某一个元素相对重要性的认识，它直接影响决策的效果。

在建立递阶层次结构模型以后，上下层次之间元素的隶属关系被确定了。假定以上一层元素 C 为准则，所支配的下一层次的元素为 u_1，u_2，…，u_n，我们的目的是要按它们对于准则 C 的相对重要性赋予相应的权重 w_1，w_2，…，w_n。当 u_1，u_2，…，u_n 对于 C 的重要性可以直接定量表示时，它们相应的权重可以直接确定。但是对于大多数社会经济问题，特别是比较复杂的问题，元素的权重不容易直接获得，这时就需要通过适当的方法导出它们的权重。AHP 所用的导出权重法就是两两比较的方法。

构造判断矩阵时，专家要反复地回答问题：针对准则 C，两个元素 u_i 和 u_j 哪一个更重要，重要程度多大，并按 1~9 比例标度对重要性程度赋值。表 7-8 中列出 1~9 标度的含义。这样对于准则 C，n 个被比较元素构成了一个两两比较判断矩阵。

$$A=(a_{ij})_{n\times n} \tag{7-14}$$

式中，a_{ij} 就是元素 u_i 和 u_j 相对于 C 的重要性的比例标度。

表 7-8　判断矩阵标度及其含义表

标　度	含　义
1	表示两个因素相比，具有同样重要性
3	表示两个因素相比，一个比另一个稍微重要
5	表示两个因素相比，一个比另一个明显重要
7	表示两个因素相比，一个比另一个强烈重要
9	表示两个因素相比，一个比另一个极端重要
2、4、6、8	表示上述两相邻判断的中值
倒 数	若因素 i 与因素 j 比较得判断 B_{ij}，则因素 j 与 i 比较的判断为 $B_{ji}=1/B_{ij}$

显然判断矩阵具有以下性质：

$$\begin{cases} a_{ii}=1,\ a_{ij}=\dfrac{1}{a_{ji}} \\ a_{ij}=\dfrac{a_{ik}}{a_{jk}} \quad (i,\ j=1,\ 2,\ \cdots,\ n) \end{cases} \tag{7-15}$$

判断矩阵 $\boldsymbol{A}$ 为正互反矩阵。它所具有的性质，使我们对一个 n 个元素的判断矩阵仅需给出其上(或下)三角的 $n(n-1)/2$ 个元素即可，换句话说只需作 $n(n-1)/2$ 个判断。

③层次单排序及其一致性检验　我们首先分析一个简单的例子，以说明层次单排序的基本原理。

通常人们要对几个同类的物品的重量大小进行排序，选出最重的一个。这时，人们总是利用两两比较的方法来达到目的。假设有 n 个物品其真实的重量分别为 w_1，w_2，…，w_n，如果人们可以精确地判断两两物品的重量比，那么就可以得到一个 n 阶物品重量比较矩阵 $\boldsymbol{A}$，即判断矩阵 $\boldsymbol{A}$：

$$\boldsymbol{A}=\begin{bmatrix} w_1/w_1 & w_1/w_2 & \cdots & w_1/w_n \\ w_2/w_1 & w_2/w_2 & \cdots & w_2/w_n \\ \cdots & \cdots & \cdots & \cdots \\ w_n/w_1 & w_n/w_2 & \cdots & w_n/w_n \end{bmatrix} \triangleq (a_{ij})_{n\times n} \tag{7-16}$$

如果用矩阵 $\boldsymbol{A}$ 左乘物品重量向量 $\boldsymbol{W}^{\mathrm{T}}=[w_1 \quad w_2 \quad \cdots \quad w_n]$，则有：

$$\boldsymbol{AW}=\begin{bmatrix} w_1/w_1 & w_1/w_2 & \cdots & w_1/w_n \\ w_2/w_1 & w_2/w_2 & \cdots & w_2/w_n \\ \cdots & \cdots & \cdots & \cdots \\ w_n/w_1 & w_n/w_2 & \cdots & w_n/w_{n1} \end{bmatrix}\begin{bmatrix} w_1 \\ w_2 \\ \cdots \\ w_n \end{bmatrix}=\begin{bmatrix} nw_1 \\ nw_2 \\ \cdots \\ nw_n \end{bmatrix}=n\begin{bmatrix} w_1 \\ w_2 \\ \cdots \\ w_n \end{bmatrix} \tag{7-17}$$

即
$$\boldsymbol{AW}=n\boldsymbol{W}\rightarrow(\boldsymbol{AW}-n\boldsymbol{W})=0\rightarrow(\boldsymbol{A}-n\boldsymbol{I})\,\boldsymbol{W}=0$$

式中，n 是 $\boldsymbol{A}$ 的特征根，$\boldsymbol{W}$ 是 $\boldsymbol{A}$ 的特征向量。每个的重量是 $\boldsymbol{A}$ 应于特征根 n 的特征向量的各个分量。

很自然我们会提出一个相反的问题，如果事先不知道每个物品的重量，也没有衡器称量，我们如能设法得到判断矩阵，能否导出物品的相对重量，进行物品的重量排序呢？显然比较每两个物品的重量是容易的，这就告诉我们可以利用求重量比判断矩阵的特征向量的方法来求得物品真实的重量向量 $\boldsymbol{W}$。同样对于复杂的社会、经济、科技等问题，通过建立层次分析结构模型，构造出判断矩阵，利用特征值方法即可确定各种方案和措施的重要性排序权值。

所谓层次单排序是指本层次各因素对上层某一因素的重要性次序。它由判断矩阵的特征向量表示。判断矩阵 $\boldsymbol{A}$ 的特征问题 $\boldsymbol{AW}=\lambda_{\max}\boldsymbol{W}$ 的解 $\boldsymbol{W}$，经规一化处理后即为同一层次相应因素对于上一层某因素相对重要性的排序权值，这种排序计算称为层次单排序。

构造好判断矩阵后，AHP 方法的定量计算一般分为三步，即计算特征向量、计算最大特征根、一致性检验。对于复杂问题，判断矩阵的最大特征根及对应的特征向量求法很复杂，这里只介绍方根法和求和法(近似解)。

a. 最大特征根和特征向量的计算

(i)方根法：方根法计算最大特征根及特征向量的方法步骤：

首先计算每行元素乘积的 n 次方根的 $\overline{\boldsymbol{W}}_i$：

$$\overline{\boldsymbol{W}}_i=\sqrt[n]{\prod_{j=1}^{n}B_{ij}} \tag{7-18}$$

然后对向量 $\overline{\boldsymbol{W}}_i$ 作规一化处理，公式如下：

$$\boldsymbol{W}_i=\frac{\overline{\boldsymbol{W}}_i}{\sum_{i=1}^{n}\overline{\boldsymbol{W}}_i} \tag{7-19}$$

用 $\boldsymbol{A}$ 代表打分的判断矩阵，$\boldsymbol{W}$ 为经过正规化处理后的列向量，计算指标排序 $\boldsymbol{A}\times\boldsymbol{W}$，并计算最大特征根 $\boldsymbol{\lambda}_{\max}$。

$$\lambda_{\max}=\sum_{i=1}^{n}\frac{(\boldsymbol{AW})_i}{nw_i} \tag{7-20}$$

(ii)和积法：和积法计算最大特征根及特征向量的方法步骤：

将判断矩阵每一列正规化(即使列和为 1)：

$$b'_{ij}=\frac{b_{ij}}{\sum_{k=1}^{n}b_{kj}} \quad (i,\ j=1,\ 2,\ \cdots,\ n) \tag{7-21}$$

每一列经正规化后的判断矩阵按行相加：

$$\boldsymbol{W}'_i=\sum_{j=1}^{n}b'_{ij} \qquad (i=1,\ 2,\ \cdots,\ n) \tag{7-22}$$

对向量 $\boldsymbol{W}'=[\boldsymbol{W}'_1,\ \boldsymbol{W}'_2,\ \cdots,\ \boldsymbol{W}'_n]^{\mathrm{T}}$ 正规化：

$$\boldsymbol{W}_i=\frac{\boldsymbol{W}'_i}{\sum_{j=1}^{n}\boldsymbol{W}'_j} \qquad (i=1,\ 2,\ \cdots,\ n) \tag{7-23}$$

所得到的 $\boldsymbol{W}=[\boldsymbol{W}_1,\ \boldsymbol{W}_2,\ \cdots,\ \boldsymbol{W}_n]^{\mathrm{T}}$ 即为所求特征向量。

计算判断矩阵最大特征根：

$$\lambda_{max} = \sum_{i=1}^{n} \frac{(AW)_i}{nW_i} \quad (7\text{-}24)$$

式中，$(AW)_i$ 同样表示向量的第 i 个元素。

b. 一致性检验：应用层次分析法，判断矩阵的一致性非常重要。所谓判断矩阵的一致性，即判断矩阵是否满足如下关系：

$$a_{ij} = \frac{a_{ik}}{a_{jk}} \quad (i,\ j = 1,\ 2,\ \cdots,\ n) \quad (7\text{-}25)$$

上式完全成立，则称判断矩阵具有完全一致性，此时比值矩阵的最大特征值 $\lambda_{max} = n$，其余的特征值均为0，即 $AW = \lambda W$。但在一般情况下，由于客观事物的复杂性和人们认识上的多样性，要求每一判断矩阵都具有完全的一致性是不可能的，A 只是近似值，故有 $\lambda_{max} > n$，因此可以用 λ_{max} 与 n 的误差来判断 A 的准确性。当判断矩阵具有满意的一致性时，λ_{max} 稍大于 λ_{max} 阶数(n)，其余特征值接近于0，这时基于层次分析法得出的结论才是基本合理的。因此，我们要求一定程度上的判断一致，应对构造的判断矩阵需要进行一致性检验。其具体方法如下：

(i)定义计算一致性指标：

$$CI = \frac{\lambda_{max} - n}{n - 1} \quad (7\text{-}26)$$

(ii)根据 n 查平均随机一致性指标 RI。平均随机一致性指标是设计的一系列参数，用以衡量在什么条件下，判断矩阵可以被认为基本上满足一致性。故引入平均随机一致性指标 RI，见表7-9所列。

表7-9　平均随机一致性指标 *RI* 表

判断矩阵阶数(n)	1	2	3	4	5	6	7	8	9	10
RI	0	0	0.58	0.9	1.12	1.24	1.32	1.41	1.45	1.49

(ii)计算随机一致性比例：

$$CR = \frac{CI}{RI} \quad (7\text{-}27)$$

$CR=0$ 时，判断具有完全一致性；

$0<CR<0.1$，判断具有满意一致性；

$CR>0.1$，判断不具有满意一致性。

④层次总排序及其一致性检验

a. 计算层次总排序：利用同一层中所有层次单排序的结果以及上层次所有元素的权重来计算针对总目标，本层次所有因素的权重值的过程(由最高层次到最低层次逐层进行)，称为层次总排序。

假定上一层所有元素 A_1，A_2，…，A_m 的总排序已完成，权值分别为 a_1，a_2，…，a_m，与 a_i 对应的本层次元素 B_1，B_2，…，B_n 单排序的结果为：b_1^i，b_2^i，b_3^i，…，b_n^i（若 B_j 与 A_i 无联系，则 $b_j^i=0$），我们有如下的层次总排序表(表7-10)：

表 7-10　层次总排序计算表

层次 B	层次 A				B 层次总排序
	A_1 a_1	A_2 a_2	…	A_m a_m	
B_1	b_1^1	b_1^1	…	b_1^m	$\sum_{i=1}^{m} a_i b_1^i$
B_2	b_2^1	b_2^{21}	…	b_2^m	$\sum_{i=1}^{m} a_i b_2^i$
⋮	⋮	⋮	⋮	⋮	⋮
B_n	b_n^1	b_n^1	…	b_n^m	$\sum_{i=1}^{m} a_i b_n^i$

显然：

$$\sum_{j=1}^{n} \sum_{i=1}^{m} a_i b_j^i = 1 \qquad (\because \sum_{j=1}^{n} b_j^i = 1,\ \sum_{i=1}^{m} a_i = 1)$$

b. 总一致性检验：为评价层次总排序的计算结果的一致性如何，需要计算与层次单排序类似的检验量。与层次单排序的一致性检验一样，该步骤也是从高到低逐层进行的。

计算层次总排序一致性指标 CI：

$$CI = \sum_{i=1}^{m} a_i CI_i \tag{7-28}$$

式中，CI_i 为与 a_i 对应的层次 B 判断矩阵的一致性指标。

计算层次总排序随机一致性指标 RI：

$$RI = \sum_{i=1}^{m} a_i RI_i \tag{7-29}$$

式中，RI_i 为与 a_i 对应的层次 B 判断矩阵的随机一致性指标。

计算层次总排序随机一致性比例 CR：

$$CR = \frac{CI}{RI} = \frac{\sum_{i=1}^{m} a_i CI_i}{\sum_{i=1}^{m} RI_i} \tag{7-30}$$

同样，当 $CR < 0.1$ 时，我们认为层次总排序计算结果具有满意的一致性；否则需要重新调整判断矩阵的元素取值。

(3) *层次分析法应用案例*

【例 7-1】某大型林业企业在扩大企业自主权后，有一笔企业留成利润要由企业领导和职工代表大会决定如何使用。可供选择的方案有：

①作为奖金发给职工。

②扩建职工宿舍、食堂、托儿所等福利设施。

③办职工业余技术学校。

④建图书馆、俱乐部、文工团与体工队。

⑤引进技术设备进行企业技术改造。

这些方案都有其合理性，但哪一个方案更能调动职工的积极性，更能促进企业快速发展呢？这是企业领导和职工代表大会所面临的需要进行系统分析、系统决策的问题。

经过分析后，以上 5 个方案可以归结为 3 个方面的准则和 1 个总目标，形成多级递阶层次结构模型，共分为 3 层。

最高层为目标层：合理使用企业利润，促进企业发展。

中间层为准则层：即各种使用企业留成利润方案所应当考虑的准则，包括进一步调动职工的劳动积极性、大力提高企业技术水平、尽力改善职工物质文化生活。

最低层为方案层：即选择最优方案所考虑的五种备选方案。

形成的多级递阶层次结构模型可用图 7-3 表示。

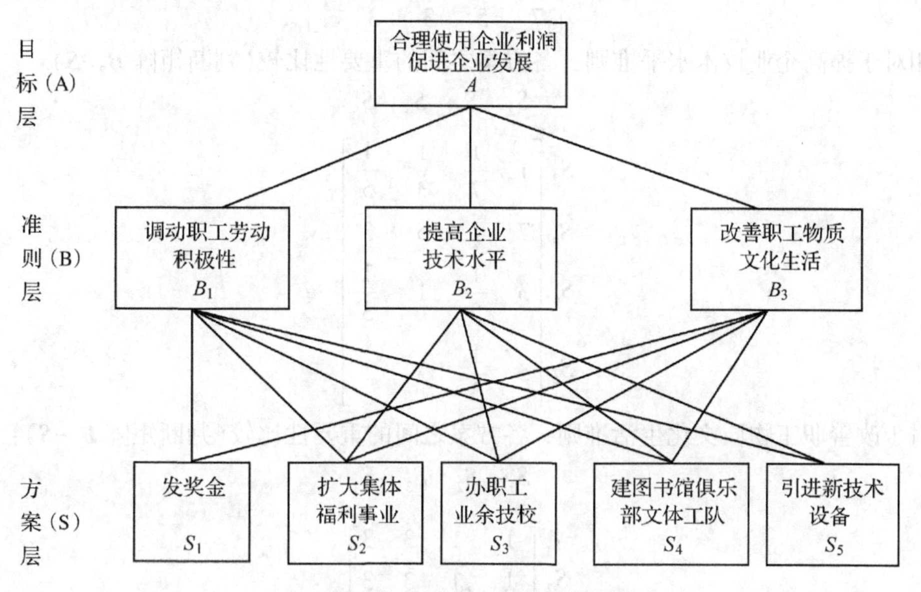

图 7-3　多级递阶层次结构分析模型

该企业领导和职工代表大会根据实际情况构造的数值判断矩阵如下：

相对于“合理使用企业利润，促进企业发展”的总目标，各考虑准则之间的相对重要性比较（判断矩阵 $\boldsymbol{A}$-$\boldsymbol{B}$）：

$$
\begin{array}{c} \\ B_1 \\ B_2 \\ B_3 \end{array}
\begin{array}{c} \begin{array}{ccc} B_1 & B_2 & B_3 \end{array} \\ \begin{bmatrix} 1 & \frac{1}{5} & \frac{1}{3} \\ 5 & 1 & 3 \\ 3 & \frac{1}{3} & 1 \end{bmatrix} \end{array}
$$

矩阵中的数值为两个准则相对总目标重要性比较的数值判断。例如，第二行第一列元素 $B_{21}=5$ 表示相对于企业发展来说，提高企业技术水平准则 B_2 同调动职工劳动积极性准则（B_1）相比，前者比后者明显重要。其余类推。

相对于调动职工劳动积极性准则，各方案之间的重要性比较(判断矩阵 $\boldsymbol{B}_1$-$\boldsymbol{S}$)：

$$\begin{array}{c} \\ S_1 \\ S_2 \\ S_3 \\ S_4 \\ S_5 \end{array}\begin{array}{c} \begin{array}{ccccc} S_1 & S_2 & S_3 & S_4 & S_5 \end{array} \\ \begin{bmatrix} 1 & 3 & 5 & 4 & 7 \\ \frac{1}{3} & 1 & 3 & 2 & 5 \\ \frac{1}{5} & \frac{1}{3} & 1 & \frac{1}{2} & 3 \\ \frac{1}{4} & \frac{1}{2} & 2 & 1 & 3 \\ \frac{1}{7} & \frac{1}{5} & \frac{1}{3} & \frac{1}{3} & 1 \end{bmatrix} \end{array}$$

相对于提高企业技术水平准则，各方案之间的重要性比较(判断矩阵 $\boldsymbol{B}_2$-$\boldsymbol{S}$)：

$$\begin{array}{c} \\ S_2 \\ S_3 \\ S_4 \\ S_5 \end{array}\begin{array}{c} \begin{array}{cccc} S_2 & S_3 & S_4 & S_5 \end{array} \\ \begin{bmatrix} 1 & \frac{1}{7} & \frac{1}{3} & \frac{1}{5} \\ 7 & 1 & 5 & 3 \\ 3 & \frac{1}{5} & 1 & \frac{1}{3} \\ 5 & \frac{1}{3} & 3 & 1 \end{bmatrix} \end{array}$$

对于改善职工物质文化生活准则，各方案之间的重要性比较(判断矩阵 $\boldsymbol{B}_3$-$\boldsymbol{S}$)：

$$\begin{array}{c} \\ S_1 \\ S_2 \\ S_3 \\ S_4 \end{array}\begin{array}{c} \begin{array}{cccc} S_1 & S_2 & S_3 & S_4 \end{array} \\ \begin{bmatrix} 1 & 1 & 3 & 3 \\ 1 & 1 & 3 & 3 \\ \frac{1}{3} & \frac{1}{3} & 1 & 1 \\ \frac{1}{3} & \frac{1}{3} & 1 & 1 \end{bmatrix} \end{array}$$

如果采用方根法计算 $\boldsymbol{A}$-$\boldsymbol{B}$ 的特征向量和特征根见表 7-11 所列。

表 7-11　方根法计算表

指标	B_1	B_2	B_3	$\prod_{j=1}^{3} B_{ij}$	$\overline{W}_j = \sqrt[3]{\prod_{j=1}^{3} B_{ij}}$	$W_i = \frac{\overline{W}_i}{\sum_{i=1}^{3} \overline{W}_i}$
B_1	1	1/5	1/3	1/15	$\sqrt[3]{1/15}$ = 0. 405	0. 105
B_2	5	1	3	15	$\sqrt[3]{15}$ = 2. 466	0. 637
B_3	3	1/3	1	1	$\sqrt[3]{1}$ = 1	0. 258
					$\sum_{j=1}^{3} \overline{W}_j$ = 3. 871	

计算判断矩阵的最大特征根：

$$\lambda_{\max} = 3.037$$

$$\begin{bmatrix} 1 & \frac{1}{5} & \frac{1}{3} \\ 5 & 1 & 3 \\ 3 & \frac{1}{3} & 1 \end{bmatrix} \begin{bmatrix} 0.105 \\ 0.637 \\ 0.258 \end{bmatrix} = \begin{bmatrix} 0.318 \\ 1.936 \\ 0.785 \end{bmatrix}^{T}$$

$$\lambda_{\max} = \sum_{i=1}^{3} \frac{(\boldsymbol{AW})_i}{n \cdot w_i} = \frac{0.318}{3 \times 0.105} + \frac{1.936}{3 \times 0.637} + \frac{0.785}{3 \times 0.257} = 3.037$$

如果采用和积法计算 $\boldsymbol{A}-\boldsymbol{B}$ 的特征向量和特征根过程如下：

$$\begin{array}{c} \\ B_1 \\ B_2 \\ B_3 \end{array} \begin{array}{c} \begin{array}{ccc} B_1 & B_2 & B_3 \end{array} \\ \begin{bmatrix} 1 & \frac{1}{5} & \frac{1}{3} \\ 5 & 1 & 3 \\ 3 & \frac{1}{3} & 1 \end{bmatrix} \end{array}$$

将判断矩阵每一列正规化（即使列和为 1）：

$$\sum_{k=1}^{n} b_{k1} = 1 + 5 + 3 = 9$$

$$b'_{11} = \frac{b_{11}}{\sum_{k=1}^{n} b_{k1}} = \frac{1}{9} = 0.111$$

$$b'_{21} = \frac{b_{21}}{\sum_{k=1}^{n} b_{k1}} = \frac{5}{9} = 0.556$$

$$b'_{31} = \frac{b_{31}}{\sum_{k=1}^{n} b_{k1}} = \frac{3}{9} = 0.333$$

$$\sum_{k=1}^{n} b_{k2} = \frac{1}{5} + 1 + \frac{1}{3} = 1.533$$

$$b'_{12} = \frac{0.2}{1.533} = 0.130$$

$$b'_{22} = \frac{1}{1.533} = 0.652, \quad b'_{32} = \frac{0.333}{1.533} = 0.217$$

$$\sum_{k=1}^{n} b_{k3} = \frac{1}{3} + 3 + 1 = 4.333$$

$$b'_{13}=\frac{0.333}{4.333}=0.077,\quad b'_{23}=\frac{3}{4.333}=0.692,\quad b'_{33}=\frac{1}{4.333}=0.231$$

则：

$$\boldsymbol{B}'=\begin{bmatrix}0.111 & 0.130 & 0.077\\0.556 & 0.652 & 0.692\\0.333 & 0.217 & 0.231\end{bmatrix}$$

每一列经正规化后的判断矩阵按行相加：

$$\boldsymbol{W}'_1=\sum_{j=1}^{n}b'_{1j}=0.111+0.130+0.077=0.317$$

$$\boldsymbol{W}'_2=0.556+0.652+0.692=1.900$$

$$\boldsymbol{W}'_3=0.333+0.217+0.231=0.781$$

则：

$$W'=[0.317\quad 1.900\quad 0.781]^{\mathrm{T}}$$

对向量 $\boldsymbol{W}'$ 正规化：

$$\sum_{j=1}^{n}\boldsymbol{W}'_j=0.371+1.900+0.781=2.998$$

$$\boldsymbol{W}_1=\frac{\boldsymbol{W}'_1}{\sum_{j=1}^{n}\boldsymbol{W}'_j}=\frac{0.371}{2.998}=0.106$$

$$\boldsymbol{W}_2=\frac{1.900}{2.998}=0.634$$

$$\boldsymbol{W}_3=\frac{0.781}{2.998}=0.261$$

得特征向量：

$$\boldsymbol{W}=[0.106\quad 0.634\quad 0.261]^{\mathrm{T}}$$

计算判断矩阵最大特征根：

$$\boldsymbol{AW}=\begin{bmatrix}1 & \frac{1}{5} & \frac{1}{3}\\5 & 1 & 3\\3 & \frac{1}{3} & 1\end{bmatrix}\begin{bmatrix}0.106\\0.633\\0.261\end{bmatrix}=\begin{bmatrix}0.320\\1.941\\0.785\end{bmatrix}$$

$$\lambda_{\max}=\sum_{i=1}^{n}\frac{(\boldsymbol{AW})_i}{n\boldsymbol{W}_i}=\frac{0.320}{3\times0.106}+\frac{1.941}{3\times0.634}+\frac{0.785}{3\times0.261}=3.036$$

判断矩阵 $\boldsymbol{A}$-$\boldsymbol{B}$ 的一致性检验如下：

计算一致性指标：

$$CI=\frac{\lambda_{\max}-n}{n-1}=\frac{3.036-3}{3-1}=\frac{0.036}{2}=0.018$$

查 $n=3$ 平均随机一致性指标表得：

$$RI=0.58$$

计算随机一致性比例：

$$CR = \frac{CI}{RI} = \frac{0.018}{0.58} = 0.031 < 0.1$$

A*-*B 单排序计算（和积法）结果见表 7-12 所列。

表 7-12 单排序（和积法）计算结果表

判断矩阵	判断矩阵						W_i	λ_{max}, CI, RI, CR
A*-*B	A	B_1	B_2	B_3				$\lambda_{max}=3.036$
	B_1	1	1/5	1/3			0.106	$CI=0.018$
	B_2	5	1	3			0.633	$RI=0.58$
	B_3	3	1/3	1			0.261	$CR=0.031$
B*$_1$-*S	B_1	S_1	S_2	S_3	S_4	S_5		
	S_1	1	3	5	4	7	0.487	$\lambda_{max}=5.126$
	S_2	1/3	1	3	2	5	0.231	$CI=0.032$
	S_3	1/5	1/3	1	1/2	3	0.096	$RI=1.12$
	S_4	1/4	1/2	2	1	3	0.138	$CR=0.028$
	S_5	1/7	1/5	1/3	1/3	1	0.048	
B*$_2$-*S	B_2	S_2	S_3	S_4	S_5			
	S_2	1	1/7	1/3	1/5		0.057	$\lambda_{max}=4.1137$
	S_3	7	1	5	3		0.558	$CI=0.0379$
	S_4	3	1/5	1	1/3		0.122	$RI=0.90$
	S_5	5	1/3	3	1		0.263	$CR=0.042$
B*$_3$-*S	B_3	S_1	S_2	S_3	S_4			
	S_1	1	1	3	3		0.375	$\lambda_{max}=4$
	S_2	1	1	3	3		0.375	$CI=0$
	S_3	1/3	1/3	1	1		0.125	$RI=0.90$
	S_4	1/3	1/3	1	1		0.125	$CR=0$

并求层次总排序计算结果见表 7-13 所列。

表 7-13 各方案总排序权值计算结果表

层次 B 对层次 A 的排序 / 层次 S 对层次 B 的排序	B_1	B_2	B_3	S 层次总排序权值 W	序号
	3	1	2		
	0.106	0.633	0.261		
S_1	0.487	0.000	0.375	$w_1=0.150$	4
S_2	0.231	0.057	0.375	$w_2=0.158$	3
S_3	0.096	0.558	0.125	$w_3=0.396$	1
S_4	0.138	0.122	0.125	$w_4=0.124$	5
S_5	0.048	0.263	0.000	$w_5=0.172$	2

层次总排序一致性检验计算结果见表 7-14 所列。

表 7-14　层次总排序一致性检验计算结果表

a_i	0.106	0.633	0.261	
CI_i	0.032	0.0379	0	$CI=\sum_{i=1}^{m}a_iCI_i=0.024$
RI_i	1.12	0.90	0.90	$RI=\sum_{i=1}^{m}a_iRI_i=0.92332$
$CR=\dfrac{CI}{RI}=\dfrac{0.024}{0.92332}=0.026<0.10$				

从表 7-14 中结果可知，$CR=\dfrac{CI}{RI}=0.026<0.100$，总排序具有满意一致性。

根据用层次分析法进行系统分析的结果，例 7-1 中应优先考虑第 3 方案。

(4) 层次分析法的基本思想讨论

①系统分析与系统综合思路的体现　层次分析法较完整地体现了系统工程的系统分析和系统综合的思路，即将一个复杂问题看成一个系统，根据系统内部因素之间的隶属关系，将一个复杂的问题转化为有条理的有序层次，以一个层次递阶图直观地反映系统内部因素之间的相互关系(即系统分析阶段)。这样就把对复杂系统的求解，分解为对简单得多的各个子系统的求解，然后逐级地进行综合(即系统综合阶段)。层次分析法是一种适应于无结构、定性与定量相结合的多准则(多目标)问题的系统分析方法，具有模型简单、计算方便、能够刻画人的思维过程的特点。因此，层次分析法也是一种有效的系统结构分析方法。

②比例标度的确定　实验心理学表明，普通人在对一组事物的某种属性同时作比较，并使判断基本保持一致性时，所能够正确辨别的事物个数在 5~9 个。心理学的这一结论意味着在保持判断具有大体一致性条件下，普通人同时辨别事物能力的极限个数是 9。这也说明每一个判断矩阵的阶数不应该超过 9，同时又说明对 9 个事物采用 1~9 的 9 个标度是适当的。除此以外，采用 1~9 的整数值简单。作为离散的标度值，相邻标度相差为 1 是符合人们的习惯的。

③对于多个准则层的层次结构模型　对于多个准则层的层次结构模型，其层次大于 3 层，这种情况可以自上而下地逐层计算各层元素对于总目标的总排序。

(5) 层次分析法辅助软件 yaahp 功能概述

yaahp 是一款层次分析法辅助软件，为使用层次分析法的决策过程提供模型构造、计算和分析等方面的帮助。主要功能如下：

①层次模型绘制　使用 yaahp 绘制层次模型非常直观方便，用户能够把注意力集中在决策问题上。通过便捷的模型编辑功能，用户可以方便地更改层次模型，为思路的整理提供帮助，还可以将层次模型导出。

②判断矩阵生成及两两比较数据输入　确定层次模型后，软件将生成判断矩阵。判断矩阵数据输入时可以选择多种输入方式，并且非常方便。

③判断矩阵一致性比例及排序权重计算　使用 yaahp，在输入判断矩阵数据时，软件能根据数据变化实时显示判断矩阵的一致性比例，方便用户掌握情况作出调整。

④不一致判断矩阵自动修正　yaahp提供了不一致性判断矩阵自动修正功能。该功能考虑人们决策时的心理因素，在最大程度上保留专家决策数据的前提下修正判断矩阵，使之满足一致性比例。标记需要修正的判断矩阵并自动完成整个修改过程。

⑤总目标/子目标排序权重计算　无论是备选方案对总目标的排序权重，还是备选方案对层次结构中其他非方案层要素的排序权重，都可以快速地计算完成；并且能够查看详细的判断矩阵数据、中间计算数据以及最终计算结果。

⑥根据总目标/子目标排序权重的加权分数计算　计算出总目标/子目标排序权重之后，还可以计算加权分数，也就是根据备选方案的权重和备选方案的实际得分，计算最终的加权得分。

⑦灵敏度分析　通过灵敏度分析，能够确定某个要素权重发生变化时，对某个备选方案权重产生什么样的影响，从而引导用户在更高的层次作出决策。

利用yaahp提供的灵敏度分析功能，能够动态地观察要素权重变化对备选方案权重的影响，还可以查看某个要素权重从0~1变化时备选方案权重的变化曲线。所有分析需要的操作仅仅是简单地拖动要素权重条或选择分析对象。

⑧导出计算结果　为了方便用户对数据的进一步分析或撰写报告，可以将计算结果导出为PDF、HTML、纯文本、Excel格式的文件。

具体使用操作可参考相关资料。

7.3.5　模糊综合评价法

模糊评价法是利用模糊集理论进行评价的一种方法。由于模糊的方法更接近于中国人的思维习惯和描述方法，因此，它更适应于对社会经济系统及工程技术的问题进行评价。

(1) 模糊的概念及度量

日常生活中，中国人描述某人的身高时常用“高个子”或“矮个子”等语言来描述，虽然描述中并未指明该人身高有多少厘米，但听众已大致了解该人的身高状况，并且很容易依据这些模糊的特征找到此人。这种描述的不精确性就是模糊性。为了定量地刻画这种模糊概念，我们常用隶属函数$\underset{\sim}{A}$来表示。如对身高而言，$\underset{\sim}{A}=(1/180,\ 0.5/175,\ 0.2/170,\ 0/165)$表示身高180厘米为高个子，175厘米身高者为高个子的程度仅为0.5等，依此类推。显然隶属度表征了模糊性。

(2) 模糊变量的运算

由于模糊变量是用隶属度描述的，因此其运算称为模糊运算。设有模糊矩阵：

$$\underset{\sim}{\boldsymbol{R}}=\begin{pmatrix}0.5 & 0.3\\ 0.4 & 0.8\end{pmatrix}\qquad \underset{\sim}{\boldsymbol{S}}=\begin{pmatrix}0.8 & 0.5\\ 0.3 & 0.7\end{pmatrix}$$

则$\underset{\sim}{\boldsymbol{R}}$与$\underset{\sim}{\boldsymbol{S}}$的并与交运算的规则与集合运算相似，并运算为两中取大，交运算为两中取小。

$$\underset{\sim}{\boldsymbol{R}}\cup\underset{\sim}{\boldsymbol{S}}=\begin{pmatrix}0.5\cup 0.8 & 0.3\cup 0.5\\ 0.4\cup 0.3 & 0.8\cup 0.7\end{pmatrix}=\begin{pmatrix}0.8 & 0.5\\ 0.4 & 0.8\end{pmatrix}$$

$$\underset{\sim}{\boldsymbol{R}}\cap\underset{\sim}{\boldsymbol{S}}=\begin{pmatrix}0.5\cap 0.8 & 0.3\cap 0.5\\ 0.4\cap 0.3 & 0.8\cap 0.7\end{pmatrix}=\begin{pmatrix}0.5 & 0.3\\ 0.3 & 0.7\end{pmatrix}$$

模糊矩阵的乘积定义如下：记 $\underset{\sim}{C} = \underset{\sim}{R} \cdot \underset{\sim}{S}$，则有：

$$C_{ij} = \bigcup_k r_{ik} \cap S_{kj}$$

$$\underset{\sim}{R} \cdot \underset{\sim}{S} = \begin{pmatrix} (0.5 \cap 0.8) \cup (0.3 \cap 0.3) & (0.5 \cap 0.5) \cup (0.3 \cap 0.7) \\ (0.4 \cap 0.8) \cup (0.8 \cap 0.3) & (0.4 \cap 0.5) \cup (0.8 \cap 0.7) \end{pmatrix}$$

$$= \begin{pmatrix} 0.5 & 0.5 \\ 0.4 & 0.4 \end{pmatrix}$$

（3）模糊综合评价

设一个评价问题有评判因素集 $U = (u_1, u_2, \cdots, u_n)$，评价集 $V = (v_1, v_2, \cdots, v_n)$，各评价指标的权重分别为 $w_1, w_2, \cdots, w_m$。则综合评价问题可描述为计算模糊乘积 $U \cdot V$。下面通过一个例子加以说明。

【例 7-2】某家具厂对某一新产品进行评判：

评判因素集=｛款式颜色，木材品质，价格费用｝，评价集 V=｛很好，较好，不太好，不好｝。并请若干专家与顾客进行评判，若对款式颜色有20%的人很喜欢，70%的人比较喜欢，10%的人不太喜欢，则可以得出对款式颜色评价的隶属度：

$\underset{\sim}{A}_{款式颜色}$=(0.2/很喜欢，0.7/比较喜欢，0.1/不太喜欢，0.0/不喜欢)

类似地，木材品质有：

$\underset{\sim}{A}_{木材品质}$=(0.0/喜欢，0.4/比较喜欢，0.5/不太喜欢，0.1/不喜欢)

价格费用有：

$\underset{\sim}{A}_{价格费用}$=（0.2/很合理，0.3/较合理，0.4/不太合理，0.1/不合理）。

由以上可得模糊矩阵：

$$\underset{\sim}{R} = \begin{pmatrix} 0.2 & 0.7 & 0.1 & 0.0 \\ 0.0 & 0.4 & 0.5 & 0.1 \\ 0.2 & 0.3 & 0.4 & 0.1 \end{pmatrix}$$

假设已知顾客考虑三项因素的权重为：

$$a = (0.2 \quad 0.5 \quad 0.3)$$

则顾客对该新款家具的综合评判为：

$$b = a \cdot \underset{\sim}{R} = (0.2 \quad 0.4 \quad 0.5 \quad 0.1)$$

即综合评价介于不太欢迎与较欢迎之间。

有时为了方便可以将 b 标准化得 b' =（0.17　0.34　0.40　0.09）。如果给各评价级一个尺度，如 c=（1.0　0.7　0.4　0.1），则可将综合评价模糊值转换为一个确定的标量值：

$$d = cb^{\mathrm{T}} = (1.0 \quad 0.7 \quad 0.4 \quad 0.1)(0.2 \quad 0.4 \quad 0.5 \quad 0.1)^{\mathrm{T}} = 0.69$$

这样便于与其他方案比较。

思考题与习题

1. 系统评价的重要性是什么？

2. 系统评价的任务是什么？
3. 系统评价的步骤是什么？
4. 如何使定性指标数量化？
5. 指标综合的基本方法是什么？
6. 试设计一个评价三好学生的指标体系(包括指标及其权重)。
7. AHP 的主要思路和基本步骤是什么？
8. AHP 为什么要进行一致性检验？
9. 1~9 标度法的一般意义是什么？

第8章

决策分析

决策(decision making)是指人们在改造世界过程中，以对事物发展规律及主客观条件的认识为依据，寻求某种最优化目标行动方案的活动和行为。决策是决策科学(decision science)的基本概念。决策是人们在政治、经济、技术和日常生活中普遍存在的一种选择方案的行为，决策是管理中经常发生的一种活动。决策就是决定的意思，在人们的日常生活中，在企业的经营活动中，在国家政府的政治活动中作决定的情况是常有的。决策的正确与否会给人们、企业或国家带来受益或损失。若一个企业在生产中发生一次执行的错误，造成可能几百或几千元产品报废的损失。而在新产品试制中一项错误的决策，可能造成几万元甚至更大的损失。在国际市场的竞争活动中一个错误决策就可能造成几亿元或几十亿元的损失，甚至可能导致企业破产。在一切失误中，决策的失误是最大的失误，一着不慎，损失重大。

诺贝尔奖获得者西蒙有一句名言："管理就是决策"，这就是说管理的核心是决策。决策是一种选择行为，最简单的选择是回答是与否。例如，选择生产某种新产品还是不生产，较为复杂的决策是从多种方案中选择。需要指出的是决策不等于决策科学。研究决策的学问，并将现代科学技术成就应用于决策，称为决策科学。决策科学是在决策历史的基础上形成的，决策科学的成熟是以定量工具的应用为标志的。决策科学包括：决策心理学，决策的数量化方法，决策的评价以及决策支持系统，决策自动化等，内容十分广泛。

8.1 决策分类与决策过程

8.1.1 决策的分类

从不同的角度出发可得不同的决策分类。

(1)按决策重要性分类

①战略决策是涉及某组织发展和生存有关的全局性、长远性问题的重大决策。例如，厂址的选择、新产品开发方向、新市场的开发、原料供应地的选择等。

②策略决策是为完成战略决策所规定的目的而进行的短期的、具体的决策。例如，对一个企业来讲，产品规格的选择、工艺方案和设备的选择、厂区和车间内工艺路线的布置等。

③执行决策是根据策略决策的要求对执行行为方案的选择。例如，生产中产品合格标准的选择，日常生产调度的决策等。

(2)按决策结构分类

按决策的结构可将决策分为程序化决策、非程序化决策和半程序化决策。

①程序化决策　指经常重复出现，可按一定制度或程序反复进行的决策，这类决策问题可用线性规划、网络分析等数量化分析方法来解决。

②非程序化决策　指不经常重复出现，或从未见过的因素，或对不断涌现的新问题的处理进行的决策，这类决策问题一般是无章可循，需要更多地依靠人的智慧、经验、直觉和判断力，单一的数学模型和方法常常无能为力。

③半程序化决策　介于以上二类决策中间的决策类型，这类决策需要将定性和定量方法结合起来，并最后由决策者的判断来决定。计算机的应用，为半程序化决策开辟了新的途径，这就是决策支持系统。

由于决策的结构不同，解决问题的方式也不同，现归纳于表 8-1。

表 8-1　不同结构的决策解决问题的方式表

解决问题的方式	程序决策	非程序决策	半程序决策
传统方式	习　惯 标准规程	直观判断，创造性能力 测定选拔人才	定性与定量 方法相结合
现代方式	运筹学 管理信息系统	培训决策者 人工智能，专家系统	决策支持系统

(3) 按定量和定性分类

按定量和定性可将决策分为定性决策和定量决策。

①定性决策　描述决策对象的指标都不能量化时，只能用定性决策。

②定量决策　描述决策对象的指标都可以量化时，可用定量决策，总的趋势是尽可能地把决策问题定量化。

(4) 按决策环境分类

按决策环境可将决策问题分为确定型决策、风险型决策和不确定型决策 3 种。

①确定型决策　指决策环境是完全确定的，人们可以获得精确、可靠的数据作为决策基础，作出的选择的结果也是确定的。

②风险型决策　指决策的环境不是完全确定的，未来环境有几种可能的状态和相应后果，可以观测每种状态和后果出现的概率(是已知的)，人们得不到充分可靠的有关部门未来环境的信息。

③不确定型决策　指决策者对未来环境出现某种状态的概率难以估计，甚至连可能出现的状态和相应的后果都不知道，对将发生结果的概率也一无所知，只能凭决策者的主观倾向进行决策，越是高层和越关键的决策往往是不确定型决策。

确定型的决策是指不包含有随机因素的决策问题。每个决策都会得到一个唯一的事先可知的结果。从决策论的观点来看，前面讨论的规划论等都是确定型的决策问题，本章讨论的决策问题都是具有不确定因素和有风险的决策。

(5) 按决策过程的连续性分类

按决策过程的连续性可将决策分为单项决策和序贯决策。

①单项决策　指整个决策过程只作一次决策就得到结果。

②序贯决策　指整个决策过程由一系列决策组成。一般来讲，管理活动是由一系列决策组成的，但在这一系列决策中往往有几个关键环节要作决策，可以把这些关键的决策分别看作单项决策。

(6) 按决策范围分类

按决策范围可将决策分为宏观决策和微观决策。

①宏观决策　指对宏观现象即社会现象中的全局、总体等问题所作的决策。

②微观决策　指对微观现象一般为单个单位和单个活动所作的决策。

(7)按决策的主体分类

按决策的主体可将决策分为集体决策和个人决策。

①集体决策　指依靠集体的经验和集体的智慧所进行的决策，可防止和减少片面性，避免个人包办或者无人负责的不良倾向。

②个人决策　指依靠个人的经验和智慧所进行的决策，一般个性化明显，难免带有片面性和倾向性。

(8) 按决策的目标分类

按决策的目标可将决策分为单目标决策和多目标决策。

①单目标决策(single objective decision)　指仅有一个目标的决策问题。

②多目标决策(multi-objective decision)　指有两个或两个以上目标的决策问题。

8.1.2　决策的过程

(1) 决策阶段

构建人们决策行为的模型主要有两种方法：一种是面向决策结果的方法；另一种是面向决策过程的方法。面向决策结果的方法认为：若决策者了解了决策过程，掌握了过程和能控制过程，他就能正确地预见决策的结果。对于面向决策结果的方法的程序比较简单，如图 8-1 所示。

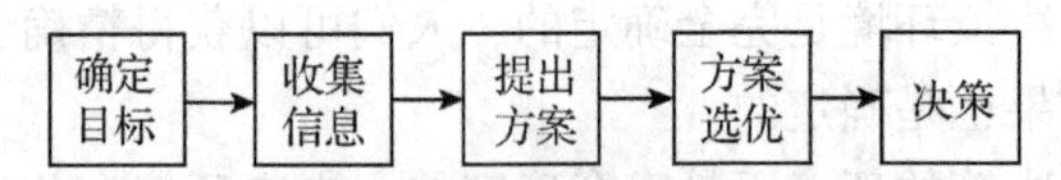

图 8-1　面向决策结果的方法的程序

由上图可知，任何决策都有一个过程和程序，绝非决策者灵机一动拍板就行。面向决策过程的方法一般包括“预决策→决策→决策后”三个互相依赖的阶段。

①预决策阶段是指当要决策的问题摆在决策者面前时，决策者能立即想到各种可能方案，并意识到没有理想方案时，就会产生矛盾。他开始试图寻找减少矛盾的方案，针对这个目标扩大线索时，就需要收集信息。收集信息时刚开始比较客观，无倾向性，以后逐渐变得主观和有倾向性。当预决策进行得较顺利，可以进行局部决策。

②决策阶段可分为分部决策和最终决策两个阶段。分部决策包括对决策处境作方向性

的调整，如排除劣解，重新考虑已放弃的方案，增加和去掉一些评价准则；在合并一些方案后，减少了变量数和方案数。决策者按主观倾向重新评估各方案，并保留倾向的少数方案，以便进行最终决策。

③决策后阶段，这时主要考虑的问题是：决策后看法不一致，这时决策者倾向于解释和强调已选方案的优点，并寻找更多的信息来证明已选方案的优点和正确性；一般愿听取相同的意见，不愿听取不同的意见；决策后阶段要对决策实施进行了解，这是十分重要的，决策实施是决策的继续，决策后阶段往往是下次决策的预决策阶段。

(2) 决策模型的构成要素

任何决策问题都由以下要素构成决策模型：

①决策者。决策者是决策的主体，他的任务是进行决策，决策者可以是个人、委员会或某个组织，一般指领导者或领导集体。

②可供选择的方案(替代方案)、行动或策略，参谋人员的任务是为决策者提供各种可行方案。这里包括了解研究对象的属性，确定目的和目标。

属性是指研究对象的特性。它们是客观存在的，是可以客观量度的，并由决策者主观选定的，如选拔飞行员时，按身高、年龄、健康状况等数值来表明其属性。

目的是表明选择属性的方向。如选择大的还是小的，反映了决策者的要求和愿望。

目标是给出了参数值的目的。如目的是选择一种省油的汽车时，那么以每升能行驶60 km为目标。

③准则是衡量选择方案，包括目的、目标、属性、正确性的标准，在决策时有单一准则和多准则。

④事件是指不为决策者所控制的、客观存在的、将发生的状态。

⑤ 每一事件的发生将会产生某种结果，如获得收益或损失。

⑥ 决策者的价值观，如决策者对货币额或不同风险程度的主观价值观念。

8.2 不确定型决策

根据决策者的主观态度不同，不确定型决策可分为4种准则，即悲观主义决策准则、乐观主义决策准则、等可能性决策准则、最小机会损失准则。

【例8-1】设某家具厂是按批生产某家具并按批销售，每件家具的成本为3万元，批发价格为每件3.5万元，若每月生产的产品当月销售不完，则每件损失1千元。工厂每生产一批是10件，最大月生产能力是40件，决策者可选择的5种生产方案为0，10，20，30，40。假设决策者对其产品的需求情况一无所知，试问这时决策者应如何决策？

这个问题可用决策矩阵来描述。决策者可选的行动方案有5种，这是他的策略集合，记作$\{S_i\}$，$i=1, 2, \cdots, 5$。经分析他可断定将发生5种销售情况：即销量为0，10，20，30，40，但不知它们发生的概率。这就是事件集合，记作$\{E_j\}$，$j=1, 2, \cdots, 5$。每个“策略—事件”对都可以计算出相应的收益值或损失值。如当选择月产量为20件时，而销售出售量为10件，这时收益额为：

$$10\times(3.5-3.0)-1\times(20-10)=4(\text{万元})$$

可以计算出各“策略—事件”对应的收益值或损失值，记作 a_{ij}。将这些数据汇总在矩阵中，见表 8-2 所列。

表 8-2 “策略—事件”数据表

策略 S_i	事件 E_j				
	0	10	20	30	40
0	0	0	0	0	0
10	-10	50	50	50	50
20	-20	40	100	100	100
30	-30	30	90	150	150
40	-40	20	80	140	200

这就是决策矩阵，根据决策矩阵中元素所表示的含义不同，可称为收益矩阵、损失矩阵、风险矩阵、后悔值矩阵等。

下面讨论决策者是如何应用决策准则进行决策的。

8.2.1 悲观主义决策准则

悲观主义(maxmin)决策准则也称保守主义决策准则。当决策者面临着各事件的发生概率不清楚时，决策者考虑到可能由于决策错误而造成重大经济损失。由于自己的经济实力比较脆弱，他在处理问题时比较谨慎，他会分析各种最坏的可能结果，从中选择最好的，以它对应的策略为决策策略。用符号表示为 maxmin 决策准则，在收益矩阵中先从各策略所对应的可能发生的“策略—事件”的结果中选出最小值，将它们列于表的最右列，再从此列的数值中选出最大者，以它对应的策略为决策者应选的决策策略，计算结果见表 8-3。

表 8-3 悲观主义决策准则计算表

策略 S_i	事件 E_j					min
	0	10	20	30	40	
0	0	0	0	0	0	0←max
10	-10	50	50	50	50	-10
20	-20	40	100	100	100	-20
30	-30	30	90	150	150	-30
40	-40	20	80	140	200	-40

根据悲观主义决策准则有：

max(0，-10，-20，-30，-40)＝0

它对应的策略为 S_1，即为决策者应选的策略，在这里是“什么也不生产”，这结论似乎荒谬，但在实际中表示先看一看，以后再作决定，上述计算公式可表示为：

$$S_k^* \to \max_i \min_j (a_{ij}) \tag{8-1}$$

8.2.2　乐观主义决策准则

持乐观主义(maxmax)决策准则的决策者对待风险的态度与悲观主义者不同，当他面临情况不明的策略问题时，他决不放弃任何一个可获得最好结果的机会，以争取好中求好的乐观态度来选择他的决策策略，决策者在分析收益矩阵各策略的“策略—事件”的结果中选出最大者，记在表的最右列，再从该列数值中选择最大者，以它对应的策略为决策策略，见表 8-4 所列。

表 8-4　乐观主义决策准则计算表

策略 S_i	事　件　E_j					max
	0	10	20	30	40	
0	0	0	0	0	0	0
10	-10	50	50	50	50	50
20	-20	40	100	100	100	100
30	-30	30	90	150	150	150
40	-40	20	80	140	200	200←max

根据乐观主义决策准则有：

max (0，50，100，150，200) = 200

它对应的策略为 S_5，用公式表示为：

$$S_k^* \to \max_i \max_j (a_{ij}) \tag{8-2}$$

8.2.3　等可能性准则

等可能性准则(laplace)是 19 世纪数学家拉普拉斯(Laplace)提出的。他认为：当一人面临着某事件集合，在没有什么确切理由来说明这一事件比那一事件有更多发生机会时，只能认为各事件发生的机会是均等的，即每一事件发生的概率都是 1/事件数。决策者计算各策略的收益期望值，然后在所有这些期望值中选择最大者，以它对应的策略为决策策略，见表 8-5 所列。

$$S_k^* \to \max_i \{E(S_i)\} \tag{8-3}$$

在本例中 $\max\{E(S_i)\} = \max\{0, 38, 64, 78, 80\} = 80$，它对应的策略 S_5 为决策策略。

表 8-5 等可能性决策准则计算表

策略 S_i	事件 E_j					$E(s_i)=\sum_j Pa_{ij}$
	0	10	20	30	40	
0	0	0	0	0	0	0
10	-10	50	50	50	50	38
20	-20	40	100	100	100	64
30	-30	30	90	150	150	78
40	-40	20	80	140	200	80←max

注：$P=\frac{1}{5}$

8.2.4 最小机会损失准则

最小机会损失决策准则又称最小遗憾值决策准则或 savage 决策准则。首先将收益矩阵中各元素变换为每一“策略—事件”对的机会损失值(遗憾值，后悔值)，其含义是：当某一事件发生后，由于决策者没选用收益最大的策略而形成的损失值，若发生 k 事件，各策略的收益为 $a_{ik}(i=1, 2, 3, 4)$，其中最大者为：

$$a_{ik}=\max_i(a_{ik}) \tag{8-4}$$

这时各策略的机会损失值为：

$$a'_{ik}=\{\max_i(a_{ik})-a_{ik}\} \quad (i=1, 2, 3, 4, 5) \tag{8-5}$$

计算结果见表 8-6 所列。

表 8-6 最小机会损失决策准则计算表

策略 S_i	事件 E_j					$\max_j a'_{ij}$
	0	10	20	30	40	
0	0	0	0	0	0	200
10	-10	50	50	50	50	150
20	-20	40	100	100	100	100
30	-30	30	90	150	150	50
40	-40	20	80	140	200	40←min
a_{ik}	0	50	100	150	200	

从所有最大机会损失值中选取最小者，它对应的策略为决策策略，用公式表示为：

$$S_k^* \to \min_i \max_j a'_{ij} \tag{8-6}$$

本例的决策策略为：

min (200, 150, 100, 50, 40) = 40→S_5

在分析产品废品率时，应用本决策准则就比较方便。

8.2.5 折衷主义准则

当用悲观主义决策准则或乐观主义决策准则来处理问题时，有的决策者认为这样太极端了，于是提出把这两种决策准则进行综合，令 α 为乐观系数，且 $0\leqslant \alpha \leqslant 1$。并用以下关系式表示：

$$H_i = \alpha a_{i_{\max}} + (1-\alpha) a_{i_{\min}} \tag{8-7}$$

式中，$a_{i_{\max}}$，$a_{i_{\min}}$ 分别表示第 i 个策略可能得到的最大收益值与最小收益值。设 $\alpha = \frac{1}{3}$，将计算得的 H_i 值记在表 8-7 的右端，见表 8-7 所列。

表 8-7 折衷主义决策准则计算表

策略 S_i	事件 E_j					H_i
	0	10	20	30	40	
0	0	0	0	0	0	0
10	-10	50	50	50	50	10
20	-20	40	100	100	100	20
30	-30	30	90	150	150	30
40	-40	20	80	140	200	40←max

然后选择：

$$S_k^* \to \max_i \{H_i\}$$

本例的决策策略为：

max（0，10，20，30，40）= 40→S_5

在不确定性决策中是因人因地因时选择决策准则的，但在实际中当决策者面临不确定性决策问题时，他首先是获取有关各事件发生的信息，使不确定性决策问题转化为风险决策，风险决策将是决策分析讨论的重点。

8.3 风险决策方法

在风险决策中一般采用期望值作为决策准则，常用的有最大期望收益决策准则和最小机会损失决策准则。

8.3.1 最大期望收益决策准则

最大期望收益决策准则(expected monetary value，EMV)是指在风险决策中采用最大期望值作为决策准则。

决策矩阵的各元素代表“策略—事件”对的收益值，设各事件发生的概率为 p_i，先计算各策略的期望收益值：

$$\sum_i p_i a_{ij} \quad (i = 1, 2, \cdots, n) \tag{8-8}$$

然后从这些期望收益值中选取最大者，它对应的策略为决策应选策略，即

$$\max_i \sum_j p_j a_{ij} \rightarrow S_k^* \tag{8-9}$$

以例 8-1 的数据进行计算，见表 8-8 所列。

表 8-8　最大期望收益决策准则计算表

策略S_i	事件 E_j					EMV
	0	10	20	30	40	
	0.1	0.2	0.4	0.2	0.1	
0	0	0	0	0	0	0
10	-10	50	50	50	50	44
20	-20	40	100	100	100	76
30	-30	30	90	150	150	84←max
40	-40	20	80	140	200	80

这时：

max(0，44，76，84，80)= 84→S_4

即选择策略 S_4=30。

EMV 决策准则适用于一次决策多次重复进行生产的情况，所以它是平均意义下的最大收益。

8.3.2　最小机会损失决策准则

最小机会损失决策准则(expected opportunity loss，EOL)是指在风险决策中采用最小期望值作为决策准则。

矩阵的各元素代表“策略—事件”对的机会损失值，各事件发生的概率为 p_i，先计算各策略的期望损失值。

$$\sum_j p_j a_{ij}' \quad (i = 1, 2, \cdots, n) \tag{8-10}$$

然后从这些期望损失值中选取最小者，它对应的策略即为决策者所选策略，即

$$\min_i \left(\sum_j p_j a_{ij}' \right) \rightarrow S_k^* \tag{8-11}$$

表上运算与上述相似。

8.3.3　EMV 与 EOL 决策准则的关系

从本质上讲 EMV 与 EOL 决策准则是一样的，它们之间的关系是：设 a_{ij} 为决策矩阵的收益值，因为当发生的事件的所需量等于所选策略的生产量时，收益值最大，即在收益矩

阵的对角线上的值都是其所在列中的最大者。于是机会损失矩阵可通过以下求得，见表8-9所列。

表 8-9　机会损失矩阵

策略S_i	事件 E_j			
	E_1	E_2	…	E_n
	P_1	P_2	…	P_n
S_1	$a_{11}-a_{11}$	$a_{22}-a_{12}$	…	$a_{nn}-a_{1n}$
S_2	$a_{11}-a_{21}$	$a_{22}-a_{22}$	…	$a_{nn}-a_{2n}$
⋮	⋮	⋮	⋮	⋮
S_n	$a_{11}-a_{n1}$	$a_{22}-a_{n2}$	…	$a_{nn}-a_{nn}$

第i策略的机会损失：

$$
\begin{aligned}
EOL_i &= P_1(a_{11}-a_{1i})+P_2(a_{22}-a_{2i})+\cdots+P_n(a_{nn}-a_{ni}) \\
&= P_1a_{11}+P_1a_{22}+\cdots+P_na_{nn}-(P_1a_{1i}+P_2a_{2i}+\cdots+P_na_{ni}) \\
&= K-(P_1a_{1i}+P_2a_{2i}+\cdots+P_na_{ni}) \\
&= K-EMV_i
\end{aligned}
$$

故当EMV为最大时，EOL便为最小。所以在决策时用这两个决策准则所得结果是相同的。

8.3.4　全情报的价值

全情报的价值(EVPI)是指当决策者耗费了一定经费进行调研，获得了各事件发生概率的信息，应采用“随机应变”的战术。这时所得的期望收益称为全情报的期望收益，记作$EPPL$。这收益应当大于或等于最大期望收益，即$EPPL \geq EMV^*$，则：

$$EPPL-EMV^*=EVPI \tag{8-12}$$

这就是说明获取情报的费用不能超过$EVPI$值；否则就没有增加收入。

实际应用时，要考虑的费用构成很复杂，这里仅说明全情报价值的概念和其意义。

8.3.5　主观概率

风险决策时决策者要估计各事件出现的概率，而许多决策问题的概率不能通过随机试验去确定，根本无法进行重复试验。如估计某企业倒闭的可能性，只能由决策者根据他对这事件的了解来确定。这样确定的概率反映了决策者对事件出现的信念程度，称为主观概率。客观概率论者认为概率如同重量、容积、硬度等一样，是研究对象的物理属性。而主观概率论者则认为概率是人们对现象的知识的现状的测度，而不是现象本身的测度，因此不是研究对象的物理属性。主观概率论者不是主观臆造事件发生的概率，而是依赖于对事件做周密的观察，去获得事前信息。事前信息越丰富，则确定的主观概率越准确。主观概率论者并不否认实践是第一性的观点，所以主观概率是进行决策的依据，确定主观概率时，一般采用专家估计法。

(1) 直接估计法

直接估计法是要求参加估计者直接给出概率的估计方法。

例如，推荐三名大学生考研究生时，请五位任课教师估计他们得第一的概率，各任课教师作出如下的估计，见表 8-10 所列。

表 8-10　任课教师估计表

教师代号	权数	学生 1	学生 2	学生 3	Σ
1	0.6	0.6	0.6	0.1	
2	0.7	0.4	0.5	0.1	
3	0.9	0.5	0.3	0.2	
4	0.7	0.6	0.3	0.1	
5	0.8	0.2	0.5	0.3	
归一化后		1.67	1.31	0.55	3.53
		0.47	0.37	0.16	1

由表 8-10 的末行得到学生 1 的概率是 0.47，他是最高者。

(2) 间接估计法

参加估计者通过排队或相互比较等间接途径给出概率的估计方法。

例如，五个球队(A_i，$i=1, 2, 3, 4, 5$)比赛谁得第一的问题，请十名专家作出估计，每位都给出一个优胜顺序的排列名单，排队名单汇总在表 8-11。

表 8-11　球队优胜顺序的排列表

专家号	名 次 q_i					评定者
	1	2	3	4	5	权数 w_i
1	A_2	A_5	A_1	A_3	A_4	0.7
2	A_3	A_1	A_5	A_4	A_2	0.8
3	A_5	A_3	A_2	A_1	A_4	0.6
4	A_1	A_2	A_5	A_4	A_3	0.7
5	A_5	A_2	A_1	A_3	A_4	0.9
6	A_2	A_5	A_3	A_1	A_4	0.8
7	A_5	A_1	A_3	A_2	A_4	0.7
8	A_5	A_2	A_4	A_1	A_3	0.9
9	A_2	A_1	A_5	A_4	A_3	0.7
10	A_5	A_2	A_3	A_1	A_4	0.8

分别从表 8-11 查得每队被排的名次的次数。

如 A_1 所处各名次的意见为：

名次 q_i	次数 n_i	评定权数 w_i
1	1	$w_4=0.7$
2	3	$w_2=0.8$，$w_7=0.7$，$w_9=0.7$
3	2	$w_1=0.7$，$w_5=0.9$
4	4	$w_{10}=0.8$，$w_3=0.6$，$w_6=0.8$，$w_8=0.9$
5	0	

然后计算加权平均数：

$$w(A_1)=\frac{1\times w_4+2(w_2+w_7+w_9)+3(w_1+w_5)+4(w_3+w_6+w_8+w_{10})}{\sum w_i}$$

$$=3$$

采用同样方法得到：

$w(A_2)=2.26$；$w(A_3)=3.43$；$w(A_4)=4.56$；$w(A_5)=1.78$

这就可以按此加权平均数给出各队的估计名次，即

$$A_5>A_2>A_1>A_3>A_4$$

下面再将各队的估计名次转换成概率，这时需假设各队按估计名次出现的概率是等可能的。$(A_5\rightarrow 1)$表示 A_5 的估计名次为 1，其余类推。那么

$(A_5\rightarrow 1):(A_2\rightarrow 2):(A_1\rightarrow 3):(A_3\rightarrow 4):(A_4\rightarrow 5)=1:1:1:1:1$

因所有事件发生的概率和为 1，即

$$\sum_i p_i=1$$

于是各队按估计名次出现的主观概率为：

$P(A_5\rightarrow 1)=\frac{1}{5}$；$P(A_2\rightarrow 2)=\frac{1}{5}$；$P(A_1\rightarrow 3)=\frac{1}{5}$；$P(A_3\rightarrow 4)=\frac{1}{5}$；$P(A_4\rightarrow 5)=\frac{1}{5}$

当然决策者还可根据了解的情况，作出其他的假设，这样就能得到另外的结果。

8.3.6　修正概率的方法——贝叶斯公式的应用

前面曾提到决策者常常碰到的问题是没有掌握充分的信息，于是决策者通过调查及做试验等途径去获得更多的更确切的信息，以便掌握各事件发生的概率。这可以利用贝叶斯公式来实现，它体现了最大限度地利用现有信息，并加以连续观察和重新估计，其步骤为：

①先由过去的经验或专家估计获得将发生事件的事前（先验）概率。

②根据调查或试验计算得到条件概率，利用贝叶斯公式：

$$P(B_i|A)=\frac{P(B_i)P(A|B_i)}{\sum P(B_i)P(A|B_i)}\quad(i=1,\ 2,\ \cdots,\ n)\tag{8-13}$$

计算出各事件的事后(后验)概率。

【例 8-2】某钻探大队在某地区进行石油勘探，主观估计该地区有油的概率为 $P(O)=0.5$；无油的概率为 $P(D)=0.5$。为了提高钻探的效果，先做地震试验。根据积累的资料得知：凡有油地区做试验结果好的概率为 $P(F\mid O)=0.9$；做试验结果不好的概率为 $P(U\mid O)=0.1$。凡无油地区做试验结果好的概率为 $P(F\mid D)=0.2$；做试验结果不好的概率为 $P(U\mid D)=0.8$。问在该地区做试验后，有油与无油的概率各是多少？

解：先计算做地震试验好与不好的概率。

做地震试验好的概率：

$$P(F)=P(O)P(F\mid O)+P(D)P(F\mid D)$$
$$=0.5\times0.9+0.5\times0.2=0.55$$

做地震试验不好的概率：

$$P(U)=P(O)\cdot P(U|D)+P(D)\cdot P(U|D)$$
$$=0.5\times0.8+0.5\times0.1=0.45$$

利用贝叶斯公式计算各事件的事(后验)概率。

做地震试验好的条件下有油的概率：

$$P(O|F)=\frac{P(O)\,P(F|O)}{P(F)}=\frac{0.45}{0.55}=\frac{9}{11}$$

做地震试验好的条件下无油的概率：

$$P(D|F)=\frac{P(D)\times P(F|D)}{P(F)}=\frac{0.10}{0.55}=\frac{2}{11}$$

做地震试验不好的条件下有油的概率：

$$P(O|U)=\frac{P(O)\,P(U|O)}{P(U)}=\frac{0.05}{0.45}=\frac{1}{9}$$

做地震试验不好的条件下无油的概率：

$$P(D|U)=\frac{P(D)\,P(U|O)}{P(U)}=\frac{0.40}{0.45}=\frac{8}{9}$$

以上计算可在图上进行，如图 8-2 所示。

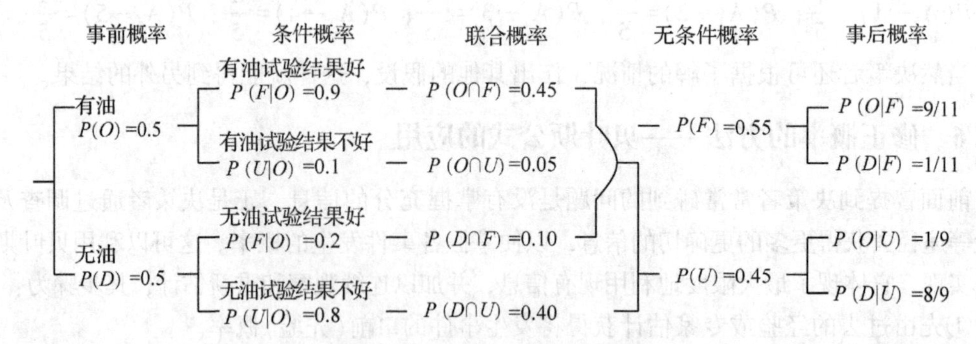

图 8-2　有油、无油概率计算图

【例 8-3】某厂生产电子元件，每批的次品率的概率分布见表 8-12，该厂不进行 100% 的检验，现抽样 20 件，次品为 1 件，试修定事前概率。

表 8-12 次品率概率分布表

	次品率 p				
	0.02	0.05	0.10	0.15	0.20
事前概率 P_0	0.40	0.30	0.15	0.10	0.05

解：为了便于计算，将表 8-12 的数据填入表 8-13 的(1)、(2)列中。

表 8-13 修正概率计算表

次品率 p	事前概率 $P_0(p)$	条件概率 $P(x=1\mid 20,\ p)$	联合概率 $P(x=1\cap p)$	事后概率 $P(p\mid x=1)$
(1)	(2)	(3)	(4)	(5)
0.02	0.40	0.2725	0.109 00	0.390 30
0.05	0.30	0.3774	0.113 19	0.405 31
0.10	0.15	0.2701	0.040 52	0.145 09
0.15	0.10	0.1368	0.013 68	0.048 99
0.20	0.05	0.0577	0.002 88	0.010 31
合 计	1.00		$P(x=1)=0.279\ 27$	1.000 0

③列的数字表示在次品率为 P 的母体中抽 20 个检验，有 1 个次品的概率。因产品抽样检验的次品率是服从二项分布，这概率可用以下计算公式得到：

$$P(x\mid n,\ p)=\frac{n!}{x!\ (n-x)\ !}p^{x}q^{n-x}$$

可用计算或查表得到：

$P(x=1\mid 20,\ 0.02)=0.2725$

$P(x=1\mid 20,\ 0.05)=0.3774$

…

④列的数字是按(4) = (2)×(3)求得的。然后求：

$P(x=1)=\sum P(x=1\cap p_i)=0.279\ 27$

事后概率按 $(5)=\dfrac{(4)}{0.279\ 27}$ 求得。

由以上两例可见，在求修正概率时，可采用树形图或表格计算。

8.4 效用函数方法

8.4.1 效用及效应曲线

效用这个概念首先是由伯努利(D. Bernoulli)提出的。他认为人们对其钱财的真实价值的考虑与他的钱财拥有量之间有对数关系。如图 8-3 所示，这就是伯努利的货币效用函数。经济管理学家将效用作为指标，用它来衡量人们对某些事物的主观价值、态度、偏爱、倾向等。如在风险情况下进行决策，决策者对风险的态度是不同的，用效用这个指标

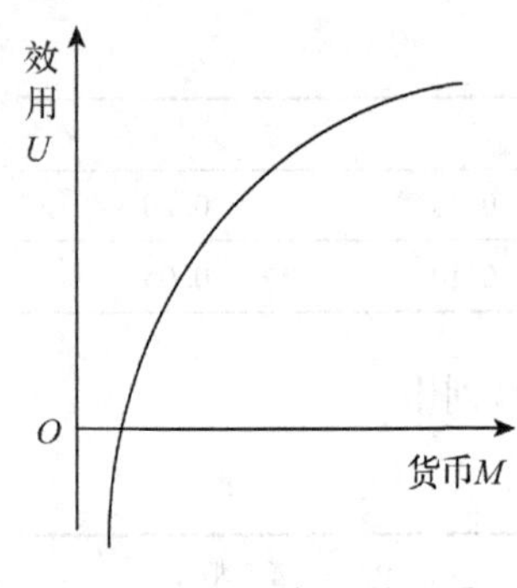

图 8-3 贝努利的货币效用函数

来量化决策者对待风险的态度，可以给每个决策者测定他对待风险的态度的效用曲线(函数)。效用值是一个相对的指标值，一般可规定：凡对决策者最爱好、最倾向、最愿意的事物(事件)的效用值赋予 1；而最不爱好的事物(事件)的效用值赋予 0；也可以用其他数值范围，如(0~100)。这如同水的冰点可以用 0℃表示或用 32°F 表示，但效用无量纲指标。通过效用这个指标可将某些难于量化有质的判别的事物(事件)进行量化。如某人面临多种方案的选择工作时，要考虑地点、工作性质、单位福利等。可将要考虑的因素都折合为效用值，得到各方案的综合效用值，然后选择效用值最大的方案，这就是最大效用值决策准则。

在风险情况下，只作一次决策时，再用最大期望值决策准则，就不那么合理了。表 8-14 是各方案及按最大收益期望值的计算结果。表 8-14 的三个方案的 *EMV* 都相同，但显然这三个方案并不是等价的；另外，因 EMV^* 给出的是平均意义下的最大，当决策后只实现一次时，用 EMV^* 决策准则就不恰当了，这时可用最大效用值决策准则来解决这个矛盾。

表 8-14 最大收益期望值计算结果

方案 S_i	事件 E_i				*EMV*
	E_1	E_2	E_3	E_4	
	0.35	0.35	0.15	0.15	
A	418.30	418.30	-60	-60	275
B	650	-100	650	-100	275
C	483	211.30	480	-267	275

8.4.2 效用曲线的确定

确定效用曲线的基本方法有两种：一种是直接提问法；另一种是对比提问法。

(1) 直接提问法

该方法是向决策者提出一系列问题，要求决策者进行主观衡量并作出回答的方法。如向某决策者提问：“今年你企业获利 100 万元，你是满意的，那么获利多少，你会加倍满意?”该决策者回答 200 万元。这样不断提问与回答，可绘制出该决策者的获利效用曲线。显然这种提问与回答是十分含糊的，很难确定，所以应用较少。

(2) 对比提问法

设决策者面临两种可选方案 A_1，A_2。A_1 表示他可无任何风险地得到一笔金额 x_2；A_2 表示他可以概率 p 得到一笔金额 x_1，或以概率 $(1-p)$ 损失金额 x_3；且 $x_1>x_2>x_3$。设 $U(x_1)$ 表示金额 x_1 的效用值。则在此条件下，该决策者认为 A_1、A_2 两方案等价时，可表示为：

$$pU(x_1)+(1-p)U(x_3)=U(x_2) \tag{8-14}$$

确切地讲，这决策者认为 x_1、x_3 的效用期望值最大。于是可用对比提问法来测定决策者的风险效用曲线。从式(8-14)可见，其中有 x_1、x_2、x_3、p 4个变量，若其中任意3个为已知时，向决策者提问第四个变量应取何值，并请决策者主观判断第四个变量应取的值是多少。提问的方式大致有3种：

①每次固定 x_1、x_2、x_3 的值，改变 p，问决策者："p 取何值时，认为 A_1 与 A_2 等价"。

②每次固定 p、x_1、x_3 的值，改变 x_2，问决策者："x_2 取何值时，认为 A_1 与 A_2 等价"。

③每次固定 p、x_2、x_3(或 x_1)的值，改变 x_1(或 x_3)，问决策者："x_1(或 x_3)取何值时，认为 A_1 与 A_2 等价"。

一般采用改进的V-M(Von Neumann-Morgenstern)法。即每次取 $p=0.5$，固定 x_1、x_3，利用改变 x_2 三次，提问三次，确定三点，即可绘出这决策者的效用曲线，下面用数字说明。

设 $x_1=1\ 000\ 000$，$x_3=-500\ 000$

取 $U(1\ 000\ 000)=1$，$U(-500\ 000)=0$

$$0.5U(x_1)+0.5(x_3)=U(x_2) \tag{8-15}$$

第一问："你认为 x_2 取何值时，式(8-15)成立?"若回答为"在 $x_2=-250\ 000$ 时"，那么 $U(-250\ 000)=0.5$，那 x_2 的效用值为0.5。在坐标系中给出第一点，如图8-4所示。利用：

$$0.5U(x_1)+0.5(x_3)=U(x_2') \tag{8-16}$$

提第二问："你认为 x_2' 取何值时，式(8-16)成立?"若回答为"在 $x_2'=75\ 000$ 时"，那么

$$U(75\ 000)=0.5\times1+0.5\times0.5=0.75$$

即 x'_2 的效用值为0.75，在坐标系中给出第二个点，利用：

$$0.5U(x_1)+0.5(x_3)=U(x_2'') \tag{8-17}$$

提第三问："你认为 x''_2 取何值时，式(8-17)成立?"若回答为"在 $x_2''=-420\ 000$ 时，那么：

$$U(-420\ 000)=0.5\times0.5+0.5\times0=0.25$$

即 x''_2 的效用值为0.25，在坐标系中给出第三点，这样就可以绘制出该决策者对风险的效用曲线，如图8-4所示。

从以上向决策者提问及回答的情况来看，不同的决策者会选择不同的 x_2、x'_2、x''_2 的值，式(8-15)~式(8-17)成立。这就能得到不同形状的效用曲线，并表示了不同决策者对待风险的不同态度。一般可分为：保守型、中间型、冒险型3种，其对应的曲线如图8-5所示。具有中间型效用曲线的决策者，他认为他的收入金额的增长与效用值的增长呈等比关系；具有保守型效用曲线的决策者，他认为他对损失金额越多越敏感，相反地对收入的增加比较迟钝，即他不愿承受损失的风险；具有冒险型效用曲线的决策者，他认为他对损失金额比较迟钝，相反地对收入的增加比较敏感，即他可以承受损失的风险。这是3种典型决策者类

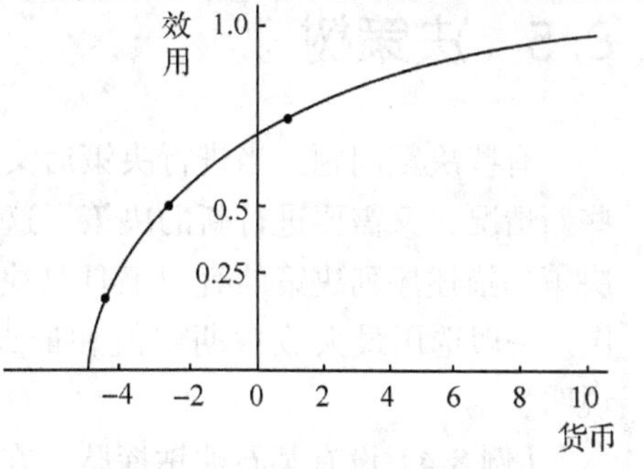

图8-4　决策者对风险的效用曲线

型，某一决策者可能兼有 3 种类型的综合类型，如图 8-6 所示。

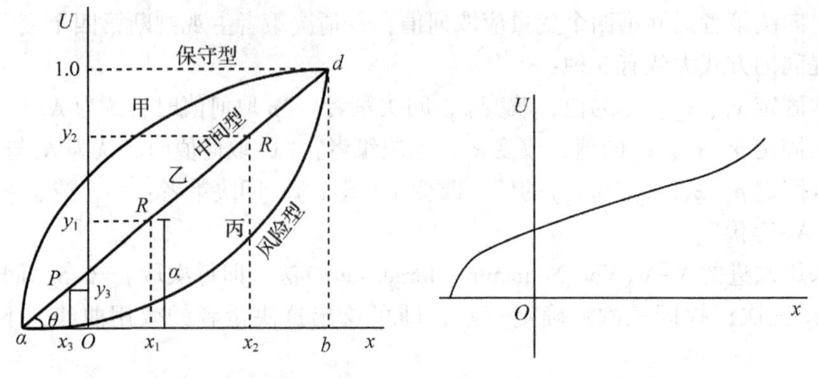

图 8-5　三种决策者的效用曲线　　**图 8-6　综合类型效用曲线**

8.4.3　效用曲线的拟合

当用计算机时需用解析式来表示效用曲线，并对决策者测得的数据进行拟合，常用的关系有以下 6 种。

①线性函数：

$$U(x)=c_1+a(x-c_2) \tag{8-18}$$

②指数函数：

$$U(x)=c_1+a_1[1-e_2^{a_2(x-c_2)}] \tag{8-19}$$

③双指数函数：

$$U(x)=c_1+a_1(2-e_2^{a_2(x-c_2)}-e^{a_3(x-c_2)}) \tag{8-20}$$

④指数加线性函数：

$$U(x)=c_1+a_1(1-e_2^{a_2(x-c_2)})+a_3(x-c_3) \tag{8-21}$$

⑤幂函数：

$$U(x)=c_1+a_1[a_2(x-a_3)]a_4 \tag{8-22}$$

⑥对数函数：

$$U(x)=c_1+a_1\log(a_2x-c_2) \tag{8-23}$$

8.5　决策树

有些决策问题，当进行决策后又产生一些新情况，并需要进行新的决策，接着又有一些新情况，又需要进行新的决策。这样决策、情况、决策……构成一个序列，这就是序列决策。描述序列决策的有力工具是决策树，决策树是由决策点、事件点及结果构成的树形图。一般选用最大收益期望值和最大效用期望值或最大效用值为决策准则，下面用例子说明。

【例 8-4】设有某石油钻探队，在一片估计能出油的荒田钻探。可以先做地震试验，然后决定钻井与否，或不做地震试验，只凭经验决定钻井与否。做地震试验的费用为每次

3000 元，钻井费用为 10 000 元。若钻井后出油，钻井队可收入 40 000 元；若不出油就没有任何收入。各种情况下出油的概率已估计出并标在图 8-7 上。问钻井队的决策者如何作出决策可使收入的期望值为最大。

解：上述决策问题用决策树来求解，并将有关数据标在图上，如图 8-7 所示。

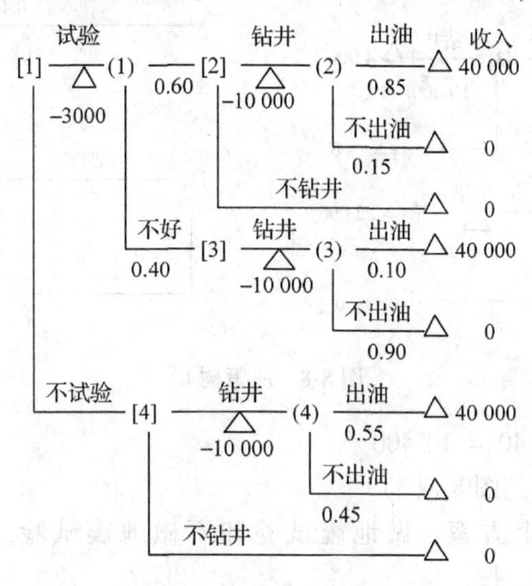

图 8-7　决策树 I

图 8-7 表明这是两级随机决策问题，采用逆决策顺序方法求解。计算步骤是：

①计算各事件点的收入期望值。

事件点	收入期望值
[2]	40 000×0. 85+0×0. 15 = 34 000
[3]	40 000×0. 10+0×0. 90 = 40 000
[4]	40 000×0. 55+0×0. 46 = 22 000

将收入期望值标在相应的各点处，这时可将原决策树Ⅰ(图 8-7) 简化为决策树Ⅱ(图 8-8)。

②按最大收入期望值决策准则在图 8-8(a) 上给出各决策点的抉择。在决策点[2]，按：

max [(34 000-10 000), 0] = 24 000

所对应的策略为应选策略，即钻井。在决策点[3]，按：

max [(4000-10 000), 0] = 0

所对应的策略为应选策略，即不钻井，在决策点[4]，按：

max [(22 600-10 000), 0] = 12 000

所对应的策略为应选策略，即钻井。

③在决策树上保留各决策点的应选方案，把淘汰策略去掉，得到图 8-8(b)，这时再计算事件点(1)的收入期望值。

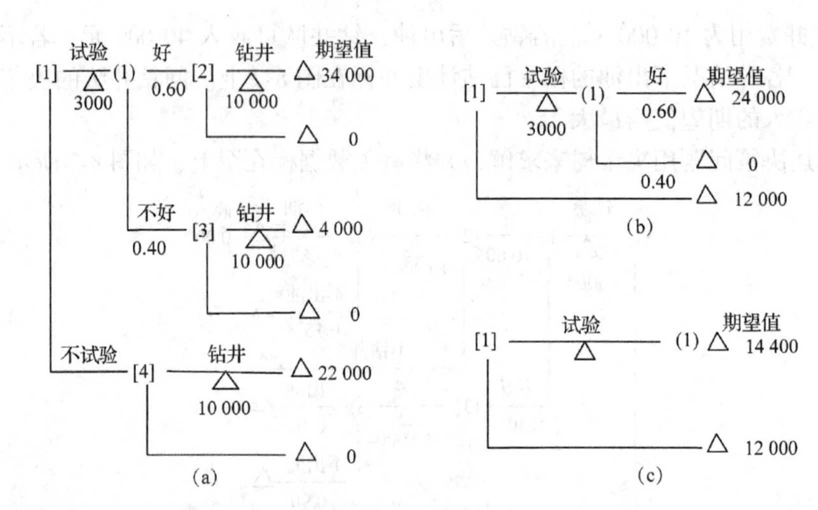

图 8-8　决策树Ⅱ

$24\ 000\times0.60+0\times0.40=14\ 400$

将它标在(1)旁，得到图 8-8(c)。

④决策点[1]有两个方案：做地震试验和不做地震试验，各自的收入期望值为(14 400−3000)和12 000。按：

$\max[(14\ 400-3000),\ 12\ 000]=12\ 000$

所对应的策略为应选策略，即不做地震试验。

空虚决策问题的决策序列为：选择不做地震试验，直接判断钻井，收入期望值为12 000元。

【例 8-5】假设决策的效用曲线如图 8-9 所示，试以最大效用期望值为决策准则，对例 8-4 进行决策。

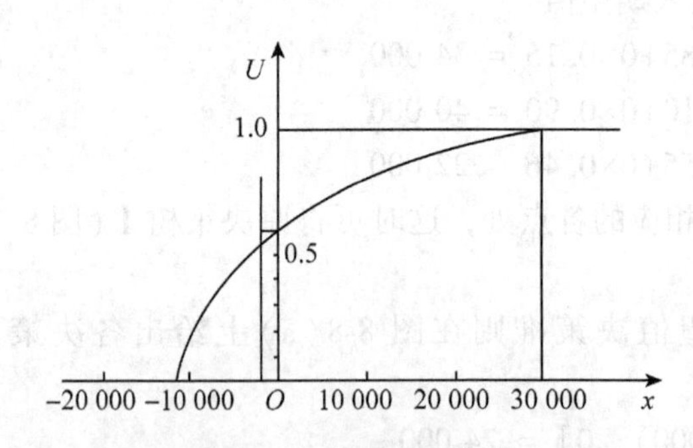

图 8-9　决策者效用曲线

解：如同例 8-4 一样采用决策树为工具，在决策树的右端标上纯收入。

纯收入 = 收入 − 支出

然后由决策者的效用曲线查得各纯收入相应的效用值，并将此值记在相应的纯收入旁，如图 8-10 所示。

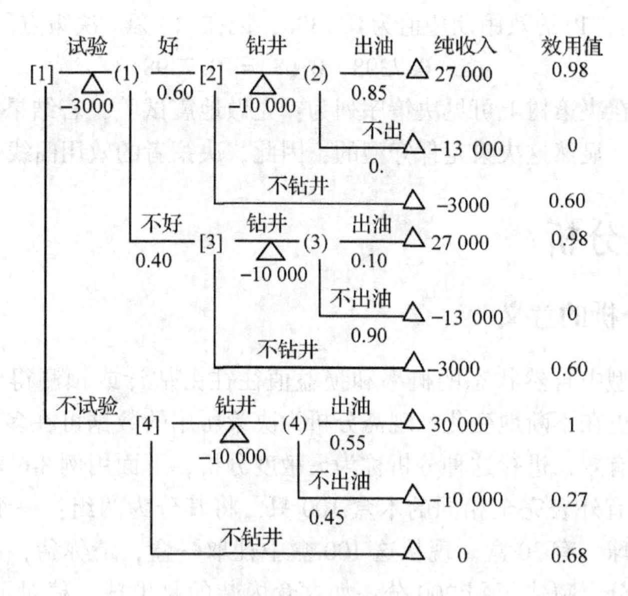

图 8-10　决策树Ⅲ

决策分析可在图上进行，如图 8-11 所示。以下按逆序选计算事件点(2)、(3)、(4)的效用期望值分别为 0. 833、0. 60、0. 68，并标在相应各点旁。然后在各决策点[2]、[3]、[4]进行选择，其计算结果为：

$\max_2(0.833, 0.60) = 0.833$

$\max_3(0.098, 0.60) = 0.60$

$\max_4(0.672, 0.68) = 0.68$

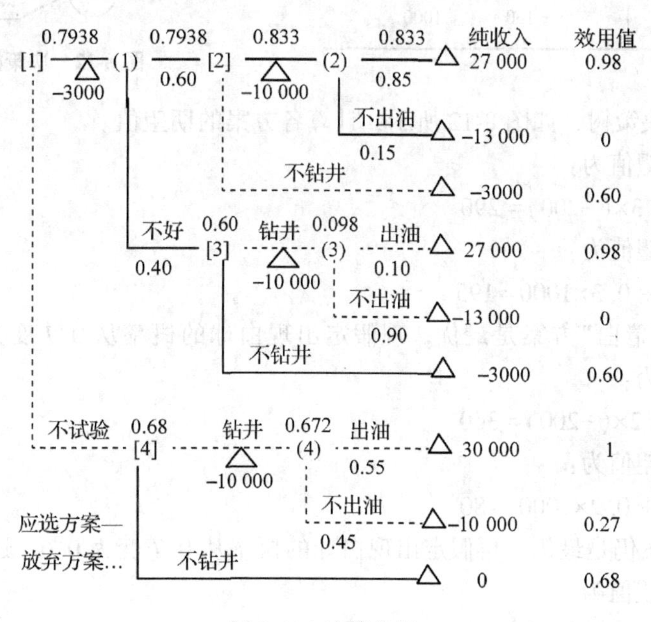

图 8-11　决策分析

接着计算事件点(1)的效用期望值为 0.7398，记在(1)旁。决策点[1]的选择为：

$$\max(0.7398,\ 0.68)=0.7398$$

根据以上计算在决策树上可见决策序列为：先做地震试验，若结果好，则钻井；若结果不好，则不钻井。显然这决策是保守型的，因此，决策者的效用曲线是保守型的。

8.6 灵敏度分析

8.6.1 灵敏度分析的意义

通常在决策模型中自然状态的概率和损益值往往由估计或预测得到，不可能十分正确，此外实际情况也在不断地变化。现需分析为决策所用的数据可在多大范围内变动，原最优决策方案继续有效，进行这种分析称为灵敏度分析，下面用例 8-6 来说明。

【例 8-6】假设有外表完全相同的木盒 100 只，将其分为两组：一组内装白球，有 70 盒；另一组内装黑球，有 30 盒。现从这 100 盒中任取一盒，请你猜，如这盒内装的是白球，猜对了得 500 分，猜错了罚 200 分；如这盒内装的是黑球，猜对了得 1000 分，猜错了罚 150 分。为使期望得分最多，应选哪种方案，有关数据见表 8-15 所列。

表 8-15 数据表

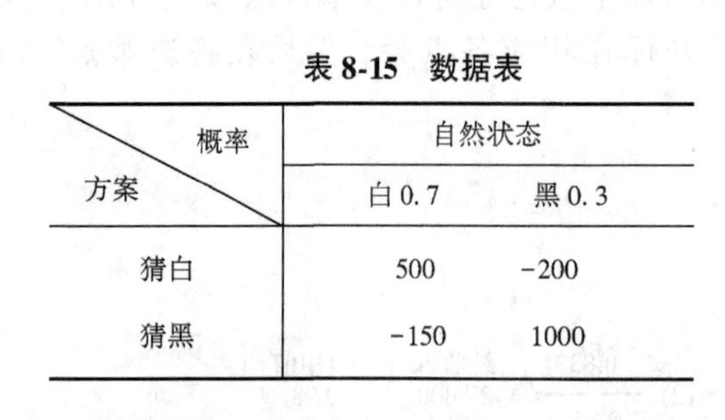

方案 \ 概率	自然状态	
	白 0.7	黑 0.3
猜白	500	-200
猜黑	-150	1000

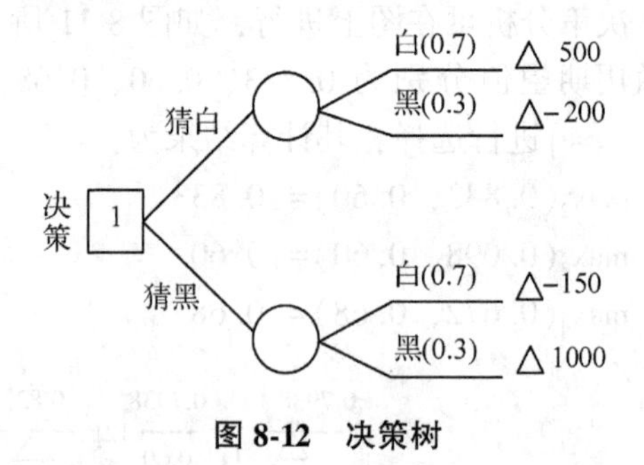

图 8-12 决策树

解：先画出决策树，如图 8-12 所示，计算各方案的期望值。

“猜白”的期望值为：

$0.7\times500+0.3\times(-200)=290$

“猜黑”的期望值为：

$0.7\times(-500)+0.3\times1000=195$

经比较可知“猜白”方案是最优。现假定出现白球的概率从 0.7 变为 0.8。这时各方“猜白”的期望值为：

$0.8\times500+0.2\times(-200)=360$

“猜黑”的期望值为：

$0.8\times(-500)+0.2\times1000=80$

可见猜白方案仍是最优。再假定出现白球的概率从 0.7 变为 0.6。这时各方案的期望值为“猜白”的期望值为：

$0.6\times500+0.4\times(-200)=220$

“猜黑”的期望值为：

$0.6\times(-500)+0.4\times1000=310$

现在的最优方案不是猜白，而是猜黑了。可见由于各自然状态发生的概率的变化，会引起最优方案的改变。那么转折点如何确定?

8.6.2 转折概率

设 p 为出现白球的概率，$(1-p)$ 为出现黑球的概率，当这两个方案的期望值相等时，即

$p\times500+(1-p)\times(-200)=p\times(-150)+(1-p)\times1000$

求得 $p=0.65$，称它为转折概率。即当 $p>0.65$，猜白是最优方案；当 $p<0.65$，猜黑是最优方案。p 可表示为：

$$p=\frac{a_{12}-a_{22}}{a_{12}-a_{22}+a_{21}-a_{11}} \tag{8-24}$$

若这些数据在某允许范围内变动，而最优方案保持不变，这方案就是比较稳定的；反之，若这些数据在某允许范围内稍加变动，最优方案发生变化，这方案就是不稳定的。由此可以得出那些非常敏感的变量、那些不太敏感的变量，以及最优方案不变条件下，这些变量允许变化的范围。

8.7 决策支持系统

8.7.1 引言

决策支持系统(decision support system，DSS)是应用计算机进行管理的过程中而诞生的决策支持。在 20 世纪 50 年代，计算机主要用于记账型的数据处理，即电子数据处理(EDP)。人们当时考虑的主要是提高工作效率，减轻工作负担，降低人工费用。绝大多数企业在建立 EDP 部门时，所期望的主要目标是节省人力。20 世纪 60 年代初，美国学者提出建立基于计算机的管理信息系统(management information system，MIS)的设想。其基本思想在于，切实了解系统中信息处理的实际情况，在这一基础上合理地改善信息处理的组织方式与技术手段。在管理信息系统的实践过程中，人们又发现它并不像预期的那样会带来巨大的社会经济效益，从而导致了 20 世纪 70 年代初国外产生“管理信息系统为什么失败”的讨论反思。讨论结果发现，这一时期的管理信息系统没有注意将信息系统与管理决策控制联系在一起，即没有对领导决策提供支持作用。因此，管理信息系统虽然贮存了大量信息，生成了大批的报表，但带来的实际效益很少。进一步地讨论，使人们认识到，完成例行的日常信息处理任务，只是计算机在管理中发挥作用的初级阶段，要想对管理工作有实质性的贡献，必须直接面向决策及控制，面向不断变化的环境中出现的不那么固定的信息要求，从而导致决策支持系统(DSS)概念的产生。

决策支持系统最初被定义为：决策支持系统是一种能够帮助决策者利用数据和模型，解决半结构化问题的以计算机为基础的交互作用系统。

定义中的半结构化问题，是根据美国管理学者西蒙在 1960 年提出的观点定义的。西蒙认为，决策问题可以分为两个极端大类，即结构化(程序化)和非结构化(非程序化)的

问题。结构化问题是指在决策过程开始前能够准确识别，可用计算机实现全部自动化求解的问题。对于结构化问题，决策者关心的只是决策制定的效率。非结构化问题至今仍然没有统一的定义。比较具体的定义是斯塔贝尔(Stabell)于1979年给出的，他认为非结构化问题具有下列3个方面的特征：

①目标不明确且为非操作的，或者目标尚可操作但目标多且相互矛盾。

②事后难于确定决策效益变化的原因，而事前也很难预测决策者采取的措施对于决策效益的影响。

③决策者采取什么措施会影响决策效益也是不确定。

对于非结构化问题，决策者首先关心的是决策的效能，只有在保证决策合理的基础上，才能再寻求提高效率。

结构化与非结构化是两个极端，大多数决策问题介于两者之间，称为半结构化问题。经过一定的分析，非结构化问题可以转化为半结构化问题。

经过多年的发展，决策支持系统已有许多种类，其代表方向是智能决策支持系统(intelligent decision support system，IDSS)和群体决策支持系统(group decision support system，GDSS)。其研究内容和成果则包括决策支持理论和信息组织技术两个方面。

8.7.2 决策支持理论

(1) 决策、决策者和决策分析人员

决策就是作出决定。任何个人和组织在其成长和发展的过程中，都将完成大大小小无数个决策，以便适应环境，改善内部结构，不断发展。也就是说，在社会生活中，每个人都是自己成长发展的决策者，只是不同的人所具有的能力和所面对的环境有所差异。而一个组织的发展则是由该组织的管理人员或杰出代表决定的，这些管理人员或杰出代表构成了组织的决策者。组织的决策者可以是一个人，也可以是一群人。根据决策者所作决策的范畴不同，可将决策者分成3类：专业决策者、管理决策者和公共决策者。

专业决策者指各类专业人员，如工程师、会计师、审计师、教师、教练员、导演、医生等。专业人员在其职业范围内根据自身或别人提供的经验和专门知识完成相应的决策任务。

管理决策者指企业、事业单位的管理人员，尤其是高层管理者，他们的职能可以归纳为计划、组织、人事、领导和控制。

公共决策者指政府和公共事务的行政管理人员。公共决策者所要制定的决策涉及面宽，影响范围大。因此，决策者要多从全局着想，考虑整体利益。

决策作为人类生产和生活过程中非常重要的智能活动，因其事关重大，影响久远，往往颇费决策者的心智和精力。为了使决策产生的后果尽可能地达到理想的预期目的，比较高明的决策者往往要自觉或不自觉地利用前人的知识积累，征询对决策能够提供帮助的人的意见并亲自考察了解，经过深思熟虑才作出最后的决策。在这种决策过程中，决策支持作为一种为决策者提供帮助的社会现象或多或少地存在于决策活动中。这里决策支持分量的差别主要决定于决策者的风格特点、知识积累的程度以及对实际状况的掌握情况。例如，我国古代三国鼎立时期，魏主曹操有勇有谋，筹划统兵经常超乎谋士幕僚所料；相比之下，蜀主刘备如没有诸葛孔明这样的军师恐怕难以成大业。这种借助参谋人员的智慧和力量支持决策者决策的现象，在现代社会更加普遍，如政府的智囊团、决策咨询机构和企业的研究部门等都有许多为决策人员提供决策支持的研究分析人员。

自从计算机诞生以来，计算机作为一种工具使得人脑的能力得到了延伸和扩展。研究决策的参谋人员通过将一些复杂的决策问题求解指令化，交给计算机执行，避免了很多重复性的脑力劳动，也减少了大量枯燥无味的手工分析计算工作，从而提高了决策支持的科学性，并使得许多决策者也能随时获得这种高级工具的决策支持。

但是，在计算机上建立的决策支持系统还不能像决策分析人员那样通过与决策者多次交谈接触，按照决策者的爱好和需要提供决策服务。决策支持系统的建造者在设计、开发系统的过程中，必须预先考虑到使用者(决策分析人员或决策者)的特点与爱好。正是这种需要促进了决策支持理论的产生和发展。

(2) 决策过程中决策者和决策分析人员的任务分工

根据西蒙的观点，任何一项决策过程都要包括4个阶段：情报、设计、抉择和实施。即收集现状信息，并进行系统分析；研究可能方案以供决策参考；选择候选方案中的满意方案付诸实施；进行实施决策并注意收集反馈信息用于下一轮决策。显然决策过程的不同阶段所需的决策支持是不同的。

在情报阶段，决策者希望能够得到系统翔实的资料。对于专业决策者来说，他们往往和助手一起阅读文献资料，赴实地勘察了解，从而掌握问题的全貌，抓住问题的实质。而对于管理决策者和公共决策者来说，由于他们日常工作的繁忙，正在进行的决策较多，往往需要其决策分析人员会同其他下属人员查清现状，取得资料并分析整理成系统性的情报分析报告提交给决策者参考。决策者通过阅读情报分析报告，并结合自己了解掌握的情况，形成对问题的总体把握。

在设计阶段，决策者希望有一批较可行的候选方案。为了寻找尽可能多的候选方案，专业决策者会充分运用自己的经验和知识，通过严密的计算分析和思考形成可供选择的候选方案。在其中，专业决策者的助手也会积极参与寻找方案，但更主要地是帮助分析计算各个方案的重要参数及其优劣特征。同样，管理决策者和公共决策者在此阶段也会积极思考，不过他们往往是给出构造可行方案的原则性意见，具有全局的指导意义。其决策分析人员则往往需要进一步认真研究，才能形成比较可行的具体方案。在这中间，决策分析人员也需要定期适时征询决策者的动态想法和意见，使得最后提交给决策者抉择的候选方案能够较好地得到认可。

在抉择阶段，决策者希望每一个候选方案均有一个清晰完整的优劣描述，并按照不同的标准进行排序。一般情况下，抉择主要是决策者的事，决策分析人员根据需要进行必要的协助和补充，如帮助对多方案进行排序。

在实施阶段，决策者希望反映决策实施效果的关键信息能够有选择地及时反馈回来，从而为酝酿新的决策提供信息情报。实施阶段的反馈信息是通过有组织的信息沟通渠道传递的，送达决策者的反馈信息是由决策者和决策分析人员共同确定的。

因此，决策者所需的支持大致有：

①决策者在决策中要依靠概念、目标，决策支持系统应提供决策者熟悉的表示方式，

如图、表等协助概念的产生。

②决策者在决策过程中，要完成情报、设计及选择活动，因此决策支持系统应提供支持这些活动的操作。

③决策者需要记忆援助，决策支持系统应提供信息查询，支持完成决策过程。

④决策者具有多种技能、风格与知识，决策支持系统应支持决策者以自己习惯的方式进行决策。

⑤决策者希望对其决策支持按个人的意愿进行控制，因此，决策支持系统应提供援助，帮助决策者进行直接的个人控制。

(3) 决策支持系统中人机任务的分工

在决策过程中，不管是决策者还是决策分析人员都愿意使用决策辅助工具，小到工具书、计算尺、计算器，大到现代计算机。显然，对于简单的手工工具来说，人和工具的分工已由工具制造商规定的功能确定，决策中的所有工作必须由人来做。到了20世纪70年代以后，决策支持系统的出现，才使得利用计算机辅助决策出现了多种多样的人机任务分工。其决策支持过程中人机任务分工经历了下述过程：

①利用机器指令建立完成决策分析所需计算的指令系统，可以重复地进行多方案模拟计算。由于技术要求高，决策支持范围仅限于需要复杂计算的少数专业决策分析人员。计算机的任务就是按照人所建立的指令系统和给定的初始条件计算得出一系列数值结果。决策分析人员需要建立算法，完成编码，输入计算机，进而驱动指令，最后打印输出结果，再脱机分析，解释形成可为专家理解的结果报告。在这种情况下，计算机无法为专业决策者提供直接的决策支持，只能支持善于运用指令编程并通晓专业问题求解方法的决策分析人员的工作。

②利用高级程序设计语言求解问题的程序系统，既可重复进行问题的求解，也可以对求解结果加上简单的注释。决策支持范围则限于决策分析人员和少部分专业决策者。计算机的任务则是将用户建立的程序翻译成机器指令并执行得到程序的运行结果。而决策分析人员所要做的工作则是建立求解方法，编写程序，调试并驱动执行，打印输出结果，再脱机分析，解释成决策者能够参考的决策支持报告。少数情况下，专业决策者也有兴趣参与这种计算机支持的问题求解工作，尤其是通过改变初始条件和约束条件重复执行程序，获得多个解的工作。

③有组织地存储管理信息，利用简明的命令表示决策支持的要求，决策支持系统驱动执行得到求解的结果。其适用的决策支持范围既包括所有的决策分析人员，也包括专业决策者和中下层管理决策者。计算机的任务则是先将用户给出的命令表达式处理译成信息，然后调用、运行求解、执行指令，进而执行得到命令表达式的求解结果。决策分析人员的任务是将决策支持的需求形式化，变成决策支持系统可以接受的标准范式，再通过交互给定初始条件和约束条件，确认执行后，根据屏幕显示的信息决定打印结果或重新给定条件再次执行。打印输出的结果同样需要分析整理形成决策支持报告，提交决策者决策参考。而对于专业决策者和部分管理决策者来说，往往先要其决策分析人员将他的决策支持需求翻译成规范形式的命令表达式并输入计算机，然后亲自操纵决策支持系统的求解执行过程，获得更加直观的决策支持。

④可视对象构造问题求解方案。决策支持系统在用户的不断交互过程中实现求解方案的执行。其适用的范围包括所有决策分析人员、专业决策者、管理决策者和少部分中下层公共决策者。计算机的任务包括支持用户建立求解方案，根据用户的交互选择完成求解过程，并为用户提供一个可将求解结果集成起来的编辑环境，从而通过简单编辑形式直接提供给决策者决策支持报告。决策分析人员的任务则是在决策支持系统的支持下建立问题求解方案，选择求解的算法，并根据提示给定初始条件和约束条件，然后选择执行功能，形成求解的系列结果。再通过编辑环境集成求解结果，形成简单的决策支持报告。专业决策者愿意采用这种任务分配。但对于公共决策者来说，由于所要完成的决策涉及面宽，影响范围大，构造求解方案需要花费较多的时间和精力，只有少部分中下层公共决策者可以做到。

⑤ 用户可控、问题驱动的柔性动态适应的决策支持。其适用的范围包括所有的决策分析人员、专业决策者、管理决策者及中下层公共决策者。决策分析人员和时间富裕的决策者可能自己组织问题求解方案，也可以通过问题链、模型链及交互选择机构控制决策支持的过程。而时间较紧的决策者则可以直接调出分析人员的问题求解结果，并根据需要修改方案，重新求解，获得更新的支持。

(4) 决策人员认知适应的智能支持过程理论

为了区别于不能提供决策人员认知适应的一般决策支持，我们将能够提供决策人员认知适应的决策支持称为智能决策支持。

智能决策支持过程理论将规定决策支持系统为决策人员提供适应性问题求解支持的过程、步骤及方法。按照决策者、决策分析人员及决策群体的不同特点展开。

①面向决策者的智能支持过程　对于任一决策者来说，如果在他或她的办公室里的计算机上安装了个人工作之用的决策支持系统，那么获得决策支持的人机关系都是一人一机结合的，但是由于不同类型的决策者完成一项决策任务的知识结构、时间分配等都是不同的，使得不同类型的决策者所需的智能支持过程也有较大的差异。

a. 高层公共决策者的智能支持过程：现代社会许多国家或地区政府部门行政领导人的工作是很忙的，这些行政领导人往往同时进行多项事关全局的重要决策工作以及其他必要的社会活动。他们所希望的智能支持包括综合的国民经济和社会发展状况信息服务、工作职责范围内的问题发现、原因诊断及对策措施的形成，以及对国家或地区未来发展前景的超前描绘等。面向这类事务很忙的公共决策者的智能支持过程可以分成三步：问题界定、求解运行及结果输出。

问题界定，即决策者和决策支持系统通过信息交流使得决策支持系统确定决策者所要解决的问题。

求解运行，当问题明确后，决策者当然要借助通过决策支持系统进行求解，以形成界定问题的决策支持结果。

结果输出，将求解结果按照决策者期望的方式(文字、图表、音像)综合输出。

b. 中下层公共决策者和管理决策者的智能支持过程：中下层公共决策者和许多管理决策者一样，其工作业务范围内的事务较少，能够集中较多的时间和精力利用决策支持系统求解决策问题。在这种情况下，决策者除了希望利用决策分析人员或其他下属人员预制的求解方案外，还有可能自己直接组织信息资源得到决策支持系统的决策支持。因此，面向这类决策者的智能支持过程可以分为四步：问题界定、求解方案组织、求解运行及结果输出。

问题界定，中下层决策者同样需要与决策支持系统进行交互确定问题。

求解方案组织，决策者可以利用决策分析人员或其他下属人员开发的功能单元按照自己对当前问题的求解认知需要有机地组织起来，形成适应的求解方案。

求解执行，按照决策者认可的求解方案交互执行。

结果输出，将求解结果按照决策者意愿选择输出。

c. 专业决策者的智能支持过程：对于大多数专业决策者来说，他们所需要的智能支持主要是复杂的科学计算和综合判断。因此，面向专业决策者的智能支持过程一般表现为：功能选择、初始条件与边界条件的输入、计算或推理执行以及结果输出。

功能选择，专业决策者可能直接选择功能利用决策支持系统。

初始条件与边界条件输入，在很多情况下，初始条件和边界条件往往是由决策者交互给定的。

计算或推理执行，按照决策者给定条件求解运行。

结果输出，以图表和文字报告形式输出结果。

②面向决策分析人员的智能支持过程　决策分析人员是为决策者服务的，其服务的内容包括重要决策问题的背景材料收集和分析、新问题求解方案的研究和开发、各种决策报告的起草、重大决策的追踪监测与分析等。

决策分析人员研究决策问题一般都结合自己的特长，并且往往都有充足的时间。因此，面向决策分析人员的智能支持过程既要便于分析人员自己获得智能决策支持，也要便于分析人员将研究所得的问题求解新方案或修正方案在智能决策支持系统中开发实现，从而强化决策支持系统支持决策人员求解问题的能力。

根据上述决策分析人员的使用要求，把面向决策分析人员的智能支持过程划分为下列六个阶段：问题界定、求解方案组织、模型生成、求解执行、结果输出及求解学习。

问题界定，即决策分析人员和决策支持系统通过交互确定分析人员所要解决的问题及其结构。

求解方案组织，决策分析人员在决策支持系统的支持环境中规划求解所需的功能单元和信息资源，组织成适合于求解所界定问题的求解方案。

模型生成，决策分析人员需要收集、研究并在决策支持系统中开发生成所组织的求解方案中需要而系统中缺乏的功能单元和信息资源。

求解执行，按照决策分析人员组织的求解方案交互执行。

结果输出，按照决策分析人员的要求组织输出结果。

求解学习，根据决策分析人员的要求保存或消除求解方案、新生成的模型及求解结果，以备决策分析人员自己和决策者直接使用。

③群体决策的智能支持过程　群体决策的特点是多人参与、分阶段推进决策。群体决策的智能支持过程指的是群体会议上智能群体决策支持系统支持决策群体尽快达到会议目标的过程与步骤。对于群体成员在会议之后个人利用决策支持系统所需的智能支持过程与

决策者的智能支持过程相同，这里不再重复叙述。

一般来说，在决策过程的不同阶段，群体会议的目的是不同的，相应地决策群体所需的智能支持过程也是不同的。因此，下面将按照西蒙的决策过程四个阶段分别给出其适应的智能支持过程。

a. 情报分析阶段的群体决策智能支持过程：在情报分析阶段，决策群体会议的目的就是相互沟通信息，了解决策环境、分析决策问题并形成如何完成决策的指导意见（即元决策）。因此，在此阶段，面向决策群体的智能支持过程可以分为信息发布、问题界定、思想沟通及元决策形成四个阶段。

信息发布，就是由熟悉情况的群体成员介绍当前决策任务的基本情况。

问题界定，指决策群体和群体决策支持系统共同分析问题特征、确定问题结构。

思想沟通，指群体成员对于问题解决方案、步骤及意见的相互交流。

元决策形成，指综合群体成员的意见，通过协商确定决策方案设计的基本指南和具体分工。

b. 方案设计阶段的群体决策智能支持过程：在方案设计阶段，可以假设每次群体会议召集之前，总有部分群体成员已有初步的方案（既可能是部分的方案也可能是整体的方案）。在群体会议上，群体成员首先要了解已有的方案，进而要讨论分析这些方案，然后再提出新的方案，以供进一步分析讨论。因此，在方案设计阶段，面向决策群体的智能支持过程可以分为预提方案介绍、预案分析修订、新方案生成、新方案效果分析四个阶段。

预提方案介绍，即由方案的提出成员介绍已作准备并要在会上提出的决策方案。

预案分析修订，即群体成员分析先行所提方案的遗漏和不足之处，并给出可行的补充修改建议。

新方案生成，如果现有方案不能达到元决策期望的目标，决策群体可能要寻求新的方案。

新方案效果分析，新方案生成后，是否能达到预期目标，最好在群体会议上能有一个基本的效果估计。

c. 决策制定阶段的群体决策智能支持过程：在决策制定阶段，群体决策会议的目的就是选择能为所有成员或多数成员接受的最佳方案作为下一步实施的选择。在此阶段，群体成员利益的冲突、权责分布的结构表现得最为明显，决策群体所需要的智能支持过程将包括候选方案评价、群体成员利益协调补偿及实施方案选择三个阶段。

候选方案评价，指对候选方案按单指标进行分列排序，按多指标进行综合评价，从而确定较好的方案。

群体成员利益协调补偿，指决策群体在其成员利益发生冲突的情况下，经相互协商采用可能的补偿手段对实施某一方案不利的成员给予许可数量的补偿，从而为确定各个成员可以接受的方案铺平道路。

实施方案选择，根据候选方案的评价结果和群体成员利益协调补偿的可能方案，综合确定提供实施的方案。

d. 决策实施阶段的群体决策智能支持过程：当决策制定完成后，如何组织实施决策有时也需要专门决策群体开会讨论，确定包括具体任务的分配、职责的划分及进度的安排等。在此阶段，决策群体所需的智能支持过程包括任务承担者现状分析、实施方案生成和实施过程异常处理。

任务承担者现状分析，即群体成员对每个将要承担决策实施任务的实施方案承担者进行必要的介绍。

实施方案生成，根据决策方案和所有实施承担者的状况进行任务划分，明确各自职责和实施进程。

实施过程异常处理，在决策实施过程中，如出现重大异常情况，需要召开群体会议商讨对策措施。

8.7.3 决策支持系统的信息组织技术

(1)结构组成技术

决策支持系统作为一种信息系统，有其特定的结构特征。从框架结构方面来看，决策支持系统由语言、问题处理系统及知识系统三部分组成。根据决策支持系统知识系统的构成特点，斯派奇(R. H. Sprague)提出了具有二库结构的决策支持系统，其中二库为数据库与模型库，并将语言系统与问题处理系统视为对话部件。

在后来的发展中，语言系统逐渐演变为独立的人机接口或人机界面。问题处理系统则分为专用的问题处理系统、数据库管理系统及模型库管理系统。同时随着人工智能、文献检索及计算机绘图等领域研究成果在决策支持系统中的应用，二库结构的决策支持系统也随之不断地增添了新的成员，包括知识库或规则库、方法库、案例库、文本库及图形库等。其相应库资源的维护与查询功能则由各自的库管理系统承担。另外，随着决策支持系统应用范围的扩大，决策支持系统解决问题的规模也呈现增加的趋势，使得问题库逐渐成为决策支持系统多库结构中不可缺少的一员。

决策支持系统的结构由下列几部分组成：

①人机交互界面；

②问题处理系统和信息资源调度系统；

③问题库及其管理系统；

④数据库及其管理系统；

⑤模型库及其管理系统；

⑥知识库及其管理系统；

⑦方法库及其管理系统；

⑧图形库及其管理系统；

⑨案例文本库及其管理系统。

(2)人机接口技术

人机接口是决策支持系统与用户沟通的桥梁。人机接口已经发展了多种形式，有问/答(Q/A)式、命令语言式、菜单式、输入/输出表格式、输入/输出文本式以及受限自然语言式等。人机接口的功能先是按照设计开发可以接受的形式，获取分析用户的指令，传送给决策支持系统其他成员执行，然后，将决策支持系统其他成员执行返回的结果按照用户自适应形式或任务自适应形式显示输出。人机接口的理想方式是自然语言输入与完全自适应输出，但由于自然语言理解还没有彻底解决，完全的自然语言接口也就难以实现。

(3)用户问题界定

从接收用户问题到形成合理的问题求解方案是决策支持过程的关键环节，一般是由问题处理系统完成的。这其中分为两个方面，即问题的界定与方案的形成。正确的问题界定可以避免解决错误的问题。错误问题的最佳答案显然不会好于真实问题的满意答案，因此，系统首先必须获得问题的正确描述。国内学者开发的问题识别环境，利用归约分解方法帮助用户进一步明确问题的结构。越是高深狭窄的专业领域，越是容易把握人类专家的智能活动特征，而对于广博浅显的管理决策领域，要把握人类专家的智能活动模型，即使不是不可能也是比较困难的。因此，利用问题识别环境划分宽面问题的范围，再用结构模型方法确定较窄范围的问题结构，是决策支持系统问题界定的理想途径。

(4)求解方案生成

明确地提出问题，不等于问题就能获得圆满地解决，决策支持系统还要避免采用错误的求解方案去支持真实问题的求解。这里所说的求解方案，包括诸多子问题的排序与每个子问题的求解方案。用户问题的全部求解方案构成了决策支持系统组织内部信息支持用户决策的指令表。目前发展的问题求解方案，既有基于数学模型的定量求解方案，也有基于知识推理模型与案例推理模型的定性求解方案以及定性定量相结合的综合模型求解方案。决策支持系统用户一方面可以利用其模型库、知识库及案例库中存储的模型、知识或案例求解方案获得决策支持；另一方面可以利用模型生成环境构造适宜的模型进行求解，获得决策支持。

在开发 SXSES—DSS 过程中，利用自动排序与用户编辑相结合的方法组织问题链路；利用启发式推理与用户选择相结合的方法确定各个子问题对应的广义求解模型；根据输入输出关系以及用户希望的交互控制确定每个子问题的模型链路与集成关系；对于模型链中的每个模型都规定了输入交互控制、模型执行、结果图表输出及基于知识推理解释结果的求解链路，从而形成了具有递阶结构的问题求解方案。递阶结构的三个层次为：问题链路层、模型链路层及求解链路层。这种求解方案有利于问题驱动型决策支持系统组织信息支持决策。

模型生成需要更加复杂的信息组织技术，这是因为，模型生成既与决策支持系统模型表示与存储方法、知识表示与存储方法、知识推理运用方法、案例表示与推理运用方法，以及数据存储结构与运用方法有着不可分割的关系，而且也取决于决策支持系统中领域知识与建模知识的完备性。由若弗里翁(Geoffrion)等发展的结构模型化方法，对于实际对象系统的已有描述模型所涉及的实体变量关系，通过有限循环图形式表示出来，抽取实体与变量的依赖关系，得到具有递阶分解结构的实体集与变量集，通过编辑普拉赫特(Pracht)提出的问题结构框架，完成用户问题求解模型的生成。另外，如果用户希望生成定性求解模型，则需通过知识获取器或案例获取器输入相应领域的知识与决策案例，以便生成用户问题的定性求解方案。

(5)决策支持系统信息管理技术

问题信息管理近来越来越引起决策支持系统开发应用人员的高度重视。张朋柱等详细阐述了智能决策支持系统中问题管理的信息结构，包括决策任务、决策问题、求解方案、求解结果、决策结果与实施效果等多方面的信息。

决策支持系统数据管理大多数采用关系型数据模型，也有个别决策支持系统采用网状数据模型或演绎数据模型。数据分布存储与网络通信技术已在决策支持系统开发应用中得到了应用，这既扩大了决策支持系统存储处理信息的容量，也使决策支持系统可以从办公自动化系统(OAS)或管理信息系统(MIS)获取实时的实际系统运行动态信息。

模型管理已从管理模型执行的程序段开始，发展到结构模型、关系模型及基于知识表示模型的管理。模型管理系统的功能也由起初的增删改维护模型，发展到模型连接、模型组合、模型集成及模型执行等多个方面。

在决策支持系统中，知识推理已经得到了大量的运用。这其中既包括问题求解的背景知识与建模知识，也包括决策支持系统的决策支持过程控制知识。所用到的知识表示方法遍及框架、产生式规则、概念继承及逻辑系统等人工智能领域的各种知识表示法。知识管理则包括知识获取、修改、删除、求精及一致性检验等。为了便于知识获取，盖瑞(Gary)和普里斯(Price)提出采用以自然语言表达的概念图(一种基于图形的语义网络)作为各种知识表示方法的人机界面媒介，知识库管理系统将由界面获取的知识再转换为各种形式的知识，以便运用。这为获取管理决策人员的经验知识提供了较大的方便。

文本信息与数据信息一样，都是决策支持系统决策支持的基础，文本可以是政策法规文件，也可以是决策案例文本，还可以是过去的决策支持报告。文本以文件形式存储，文本管理则依赖于文本内容的索引，目前发展的索引技术有关键词索引、分类号索引、语义网络索引及超维文本索引等技术。

在决策支持系统的算法与图形信息管理方面，一方面人们应用了计算机科学领域的程序自动设计，实现算法；另一方面又对实际系统图形信息进行编辑存储，以便及时调用显示。

(6)群体决策支持的信息组织技术

无论是集中群体还是分散群体的决策支持系统，在信息的组织上都有其特殊的技术要求。首先，信息的存储在物理上是分散的，通过计算机网络通信共享传送信息，如电子会议系统、互联网等；其次，完成问题求解任务的分解与分布合作求解。

8.7.4 林业决策支持系统

以井晖等人2019年在黑龙江省某重点国有林场为对象所构建的森林抚育决策支持系统为例，探讨决策支持系统在林业中的设计过程及应用。森林抚育是森林资源经营管理的主要方式，森林抚育可以有效促进森林蓄积量的增长。但现阶段森林经营的基层单位对森林的抚育能力较弱，因此我国的森林单位面积蓄积量与国外相比具有较大差距。针对我国东北林区的森林抚育现状，设计构建森林抚育决策支持系统，将专家知识和森林资源数据相结合，构建森林抚育知识库，辅助森林抚育决策。

(1)森林抚育决策支持系统设计

①系统目标　系统的总体目标是开发一个支持林业各组织层级管理者根据森林经营方案进行森林抚育业务决策的决策支持系统。对森林抚育流程进行优化，得到下列流程图，如图8-13所示，明确该系统两个基本功能目标，即：辅助林业局营林部门进行抚育资金

与抚育量分配；辅助林场技术员进行抚育地块及抚育方式的选择，生成森林抚育作业设计预计划。

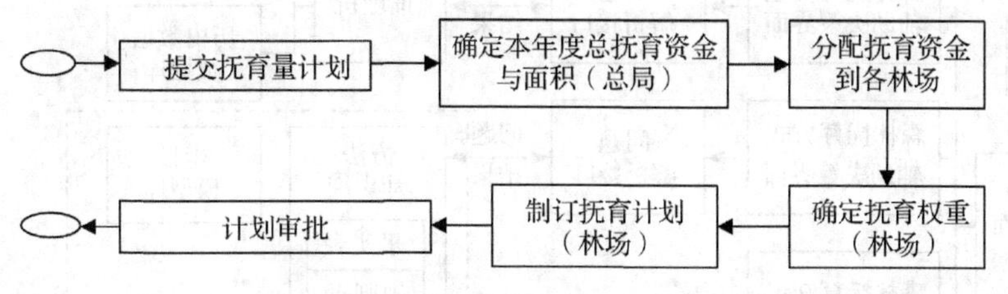

图 8-13　森林抚育作业计划 0 级流程

②系统功能结构设计

a. 系统整体架构设计：本系统以业务流程管理系统 SmartForest(SmartForest 是我国自主研发的解决林业生产问题的业务流程系统，类似于工业界的 ERP 系统)产生的数据作为数据源，同时产生的决策结果直接支持 SmartForest 的开展。系统环境框架如图 8-14 所示。系统采用 B/S 结构，使用 Java 语言，结合 Acitiviti5 流程引擎进行业务流程管理，使用 RESTful 轻架构设计进行组件式开发，提高系统可扩展性和灵活性，实现系统的柔性。系统采用邦杳克(Bonczak)等提出的 3 库结构，自下而上分为数据层，问题解析层，人机交互层。数据层使用 PostgreSQL 和 MySQL 管理业务数据和空间属性数据，为决策支持提供必备的基础数据。系统整体框架图如图 8-15 所示。

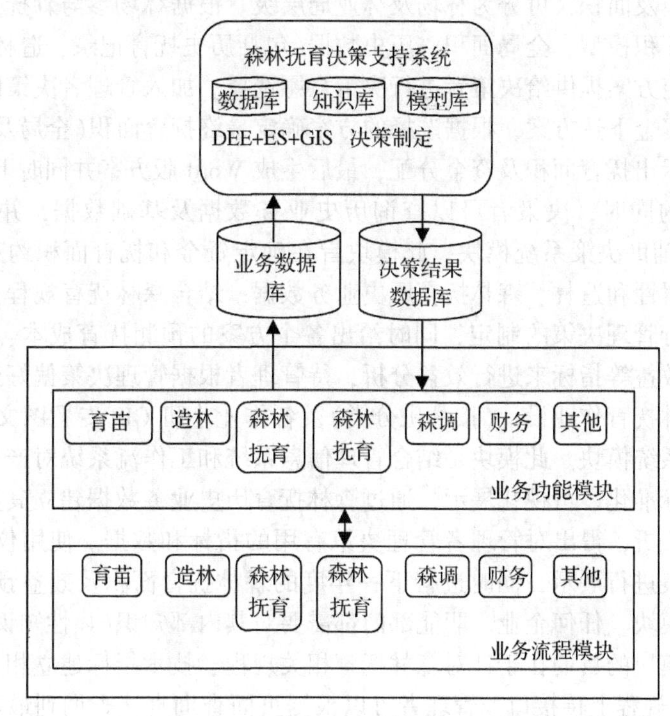

图 8-14　森林抚育决策支持系统环境框架

b. 系统功能设计：根据对林业行业管理需求分析，对森林抚育决策支持系统进行设计，将本系统划分为四大模块，即森林抚育资金计划辅助决策系统模块、森林抚育方式辅

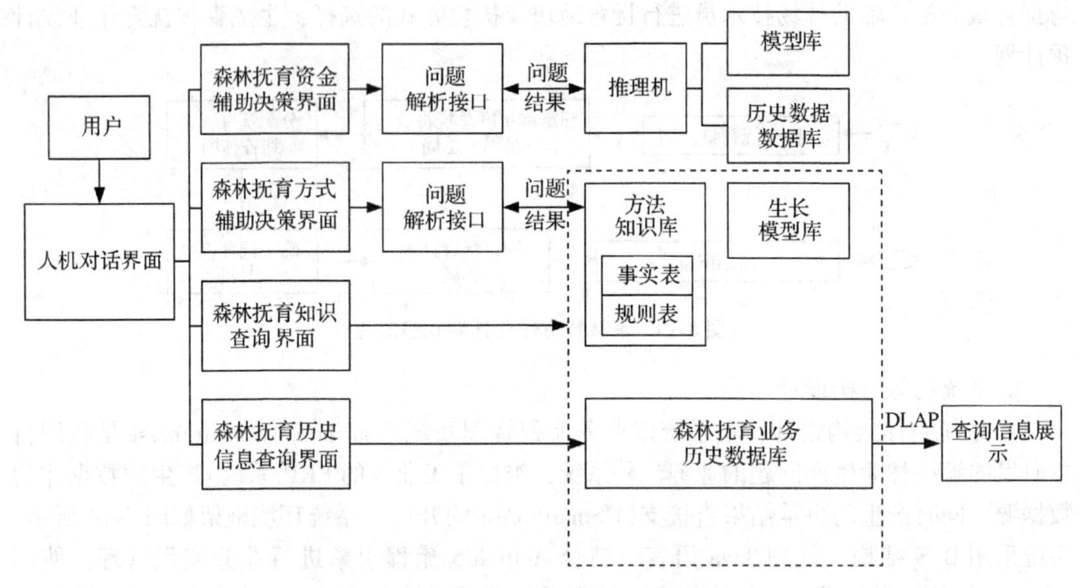

图 8-15 森林抚育决策支持系统框架

助决策系统模块、森林抚育历史信息查询系统模块、森林抚育知识查询系统模块。

四大模块的具体实现功能：i. 森林抚育面积计划辅助系统模块。此模块辅助决策者决策本年度抚育资金及面积，可分为林场及林业局层级。根据林场参与森抚人数、林场施业区面积、人数及面积模型、全局面积、历史数据(包括历史抚育记录、造林历史记录等)确定备选资金并确定方案提供给决策者进行决策意愿选择。加入管理者决策因素以后，确定最终的森林抚育资金下达方案，根据选择的方案确定最终抚育面积(全局及各个林场)，同时，在地图上显示出抚育面积及资金分配，最后生成 Word 版方案并同时下达给各个林场。在进行辅助决策的同时，决策者可以查询历史业务数据及基础数据，并提供 GIS 显示。ii. 森林抚育方式辅助决策系统模块。此模块旨在确定资金和抚育面积约束的情况下，根据二类调查小班属性和造林、森林抚育历史业务数据，结合森林抚育规程推荐抚育方式给决策者，使其进行管理决策的制定，同时给出各个方案的预测抚育成本、森林生态效益、经济效益及社会效益等指标来进行效益分析，待管理者根据管理决策偏好选定抚育方案以后，自动生成森林抚育作业设计(按林班分类)及各作业小班 GIS 专题图文件。iii. 森林抚育历史信息查询系统模块。此模块是结合管理信息系统和工作流系统对产生的历史业务数据进行系统化、标准化、可视化展示，通过森林抚育历史业务数据建立其数据仓库，结合数据挖掘 OLAP 分析，得出对管理者管理决策有用的指标和数据。使用仪表板、直方图、饼图等可视化图表进行展示，同时进行下一年度的森林抚育面积及效益预测。iv. 森林抚育知识查询系统模块。任何企业、职能部门都需要对其内部知识(显性知识及隐性知识)进行知识管理。此模块的目的在于针对森林抚育相关规程、技术指标建立相关知识库，同时提供 Word 版最新规程上传接口，管理者可以根据页面查询直接查询到最新的森林抚育业务规范。使用此模块可以对森林抚育知识进行系统管理。

(2)系统实现的关键技术

①决策模型构建技术　决策流定义为：“决策流是一种反映群体决策时，决策流程的

计算机化的模型，是为了在计算机环境支持下实现问题决策过程柔性控制与管理而建立的由决策流管理系统执行的决策过程模型。”决策流实际上是对决策过程的抽象化及图形化展示，决策流模型通常包括对决策过程的说明：决策目标和内容预计包含哪些决策环节；在决策过程中需要哪些人员的参与；并要指出在流程中存在的决策点及应对的决策方式，如调用哪些模型、采用什么手段、使用哪些数据等。决策流与工作流不同的是，工作流通常是用于业务过程的自动化，通过将消息、文档等通过流程引擎和设计好的规则传递下去帮助使用者完成业务活动；而决策流则是面对复杂问题的群体决策过程的控制，是对决策执行的条件和决策人物之间的衔接进行有效控制，消除决策过程中由于信息孤岛问题导致的决策不合理问题，从而使决策过程进行得更加顺畅，同时也增加了决策过程的柔性和动态性。

a. 决策者模型：决策流中的参与者决定了决策进行的流向，参与者称之为决策者，不同决策者所在的群组和负责的决策内容不尽相同，在决策过程中具有不同的权力和职责，因而会关心不同的决策问题域。为了更好地梳理决策过程，需要首先明确决策过程中涉及的部门以及进行权责界定，然后通过梳理的决策者清单及权责列表将决策者进行群组划分。不同的决策者隶属于不同的群组，涉及不同的数据信息和权力，通过设置多个用户组和用户的方式来建立决策者模型，每个群组具有多个用户和多个权限，其中包括用户ID、所属单位类型和所具备的权力。系统通过建立关系数据库和使用Activiti流程引擎来进行用户权限的控制。

b. 决策过程模型：林业信息化发展目标之一是实现办公自动化，根据森林经营活动的特点，可以使用工作流系统实现林业业务信息化。首先，林业业务多数为审批类工作，并且各项工作之间关联性强，具备前后依赖关系，可以使用工作流系统将各审批活动连接起来，并且实现业务数据共享；其次，林业业务涉及的报表和文件格式固定，功能专一，可以直接转换成结构化的数据库表存储在数据库中；最后，使用工作流技术，可以直接从林业业务中获取大量决策支持所需数据，从业务过程中进行管理决策，而非单纯作为一个功能性系统存在，解决了决策支持系统的数据来源和决策科学性的问题。以林场制定森林抚育计划流程为例，说明决策过程建模，具体如图8-16所示。

如图8-16所示，通过梳理林业业务活动，建立系统工作流程。通过分析优化后的流程找出可重复的决策问题，确定决策问题属性，有针对性地提出决策方法建议。

②资金分配技术　抚育量计划决定了抚育资金分配。所涉及的资金分配决策应综合考虑林场实际森林抚育职工人数、立地条件及历史抚育情况等因素。结合上述因素，森林抚育决策系统提供3种方案供决策者参考。资金分配流程如图8-17所示。

a. 针对林场生产能力因素进行方案提供，是以参与森抚工作职工人数为依据，参考近3年参与森抚工作的职工人数，取平均值，计算每个人可工作的抚育面积量，作为林场生产能力指标，然后根据每个林场的生产能力占比来分配森抚面积计划量。

b. 对于依据林场实际施业区面积因素进行方案提供，是以林场实际施业区面积为标准进行加权平均来分配森抚面积作业量。

c. 对于综合考虑多重因素进行方案提供，是采用以林场生产能力作为约束条件，任何林场实际分配森抚面积计划量不得超过该林场的实际生产能力，即使该林场实际施业区面

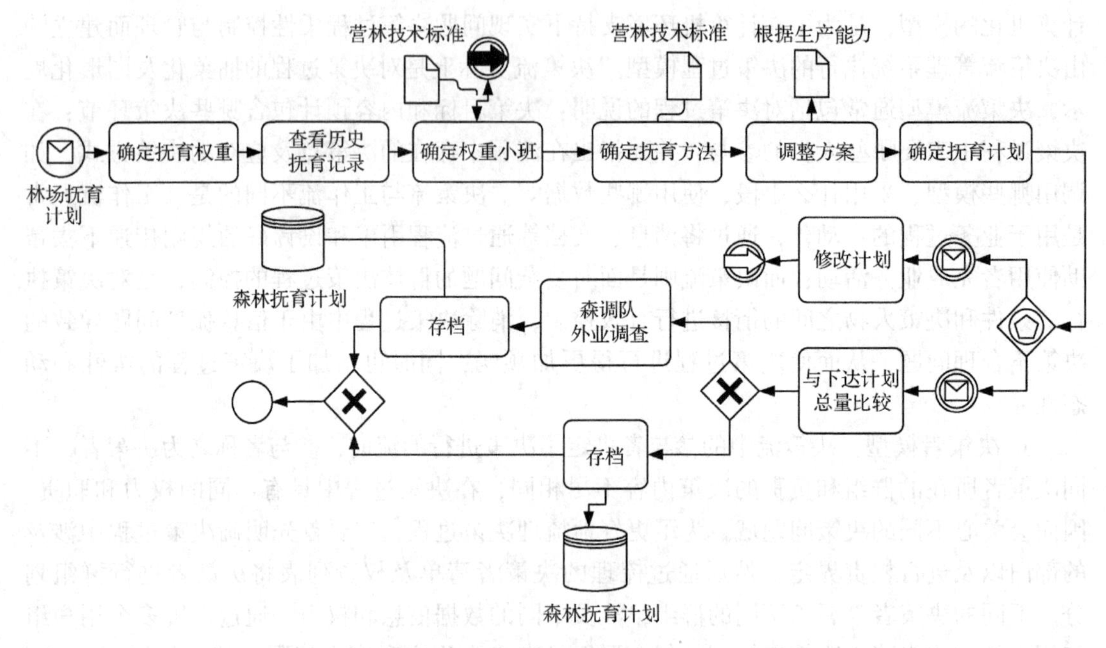

图 8-16　制订森抚预计划流程

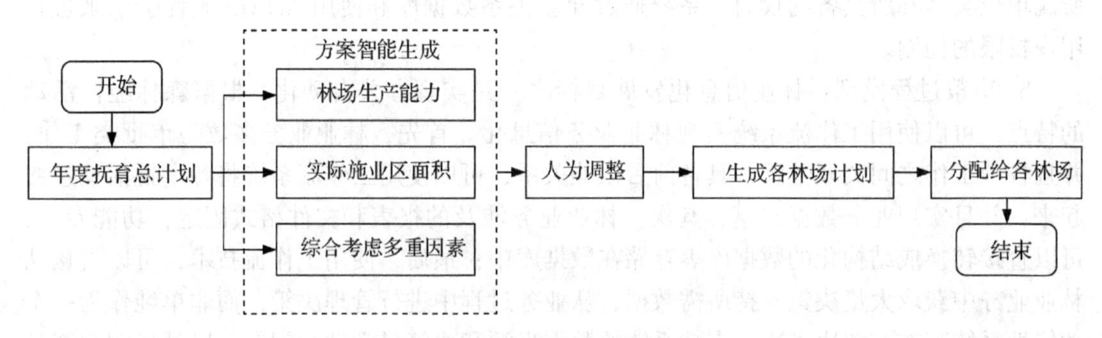

图 8-17　资金分配流程

积很大，但生产能力不足，也不能分配超过其生产能力的计划作业量。因此，分别按照前两种方案进行分配，建立两个集合，即 S_1（根据生产能力分配），S_2（根据施业区面积分配）。将两个集合中同一林场分配的计划作业量值进行相减，记录超过生产能力和没有达到生产能力的林场，进行协调，尽量使每一个林场都达到最大生产水平。

③小班选择和森抚方式选择技术　关系数据库中存储了森林经理二类调查小班数据，使用林分生长模型对二类数据进行更新，更新后的数据作为备选原始数据，作业小班和作业方式的选择主要依据知识库和推理机实现。大致流程如图 8-18 所示。

a. 知识库：知识库用来存放问题求解需要的领域知识，知识一般包括专家推理知识和一般性事实知识，知识的表示形式可以是多样的。根据《森林抚育规程》（GB/T 115781—2015）和龙江森工总局的地方规定《黑龙江省林区营林技术系列标准》，使用表 8-16 确定抚育类型。具体决策时，要根据地块的特点匹配表中的规则编号，进而通过规则编号与抚育类型对应表确定抚育技术模式。

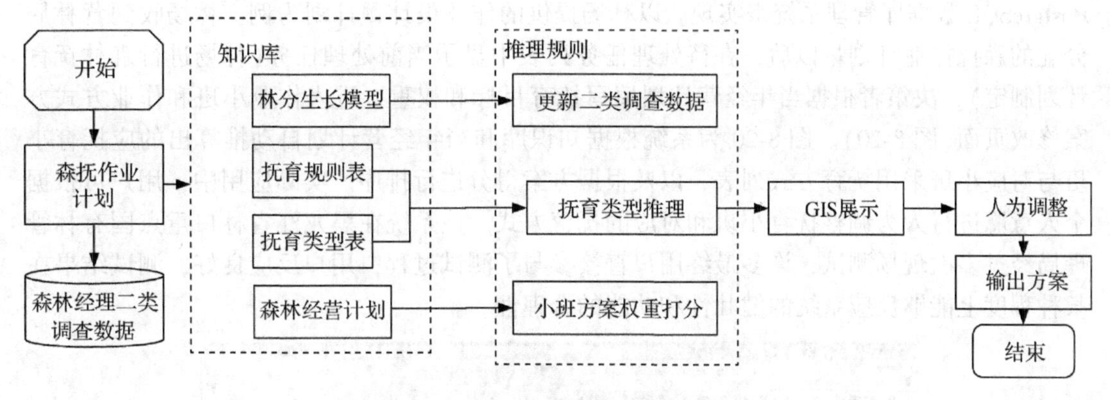

图 8-18　作业小班与作业方式选择

表 8-16　森林类别抚育类型规则表

编号	森林类型	抚育对象	郁闭度	受害木	平均胸径	树种	冠高比	上层林分郁闭度	抚育方式
9101	公益林	防护林	>0.8	≥10%	Null	Null	Null	Null	2
9501	公益林	特种用途林	>0.8	≥5%	Null	Null	Null	Null	2
6201	商品林	人工林	>0.8	Null	<6cm	针叶	≤30%	≥0.6	2
6202	商品林	人工林	>0.8	Null	<6cm	阔叶	≤25%	≥0.6	2，4
6101	商品林	天然林	>0.8	Null	<6cm	针叶	≤30%	≥0.6	2

b. 推理机：决策支持系统的推理是基于知识库中的知识来完成的，一旦知识库中的知识表示完成，就可以使用计算机程序来进行推理。在推理前需要进行数据的清洗与准备，系统使用林分生长模型、单位蓄积生长模型及郁闭度生长模型对已有的森林经理二类调查数据进行实时更新。根据《森林抚育规程》清洗掉不可抚育的小班。本系统的推理搜索方式采取正向推理策略，即按照事实表中林分特征和立地条件匹配规则库中的规则属性，然后提供多个抚育方式供用户选择。根据推理过程，将知识库中各个规则理解为多元统计中主成分的概念，若同一地块满足的规则条数多，那么确定该地块抚育程度越大。推理机工作流程如图 8-19 所示。

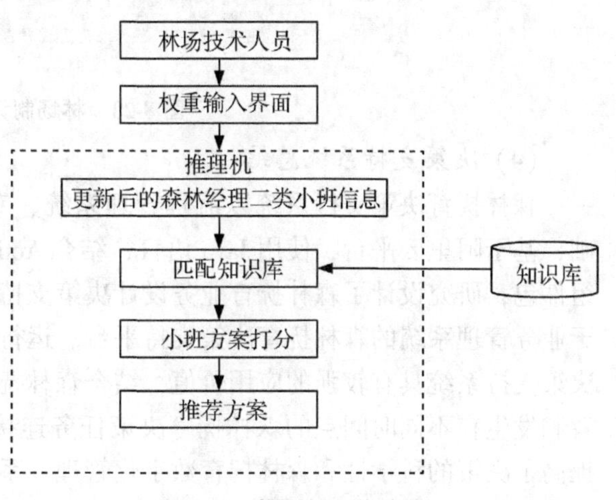

图 8-19　推理机工作流程

（3）系统构建应用实例

以黑龙江省林口重点国有林管理局林业信息化决策支持平台建设项目为例，按照以上技术方法和设计思路，构建了基于流程管理系统的森林抚育业务决策支持系统。系统以云计算 SaaS 形式提供决策计算服务，目前部署在阿里云平台上，客户端用户可使用任意用户机中的 Web 浏览器访问本系统。系统中知识库的管理、存储和维护使用 MySQL 和

PostgreSQL 数据库管理系统来实现。以林场提供的作业设计预计划为例：林场收到营林局分配的森抚作业计划量以后，在待处理任务列表中显示当前处理任务（林场进行森林抚育计划制定），决策者根据当年经营计划填写抚育目标和权重，进入作业小班和作业方式方案修改页面（图 8-20）。图 8-20 为系统根据知识库和当年经营计划自动推算出的应抚育小班与对应小班采用抚育方式列表，以及根据方案得分进行排序。实际应用中，用户可根据个人意愿进行人为调整抚育小班和对应的抚育方式。该系统在黑龙江省林口重点国有林管理局经过多次现场测试，许多最终用户直接参与了测试过程，用户反应良好，测试结果在某种程度上能够反应系统的健壮性和功能的合理性。

反选	编号	林业局	林场	林班	小班	面积	优势树种	建议措施	方案得分	二类数据
	1	林口	曙光	40	19	6.3	人其它亚	综合抚育	10	查看
	256	林口	曙光	32	16	54.6	山杨	透光伐	0.5	查看
	512	林口	曙光	152	24	354.3	灌丼	透光伐	0.5	查看
	768	林口	曙光	141	38	19.05	毛赤杨	补植	0.5	查看
	1024	林口	曙光	159	2	236.4	蒙古栎	透光伐	0.5	查看
	1280	林口	曙光	149	7	14.85	毛赤杨	补植	0.5	查看
	1536	林口	曙光	91	17	70.35	人落叶松	透光伐	0.5	查看
	1792	林口	曙光	59	35	79.2	人红松	透光伐	0.5	查看
	2048	林口	曙光	57	3	660.9	枫桦	透光伐	0.5	查看
	2304	林口	曙光	124	45	8.4	白桦	补植	0.5	查看

选择	编号	年度	林业局	林场	林班	小班	面积	林地所有权	林木所有权	地类	保护等级	森林类别
	43204	2019	林口林业局	曙光	154	20	0.58	国有	国有	国土耕地	Ⅱ级	生态公益林
	43205	2019	林口林业局	曙光	154	27	1.06	国有	国有	林业耕地	Ⅱ级	生态公益林
	43212	2019	林口林业局	曙光	168	2	16.35	国有	国有	国土耕地	Ⅱ级	生态公益林
	43217	2019	林口林业局	曙光	173	27	1.12	国有	国有	国土耕地	Ⅲ级	商品林
	43218	2019	林口林业局	曙光	173	14	1.82	国有	国有	国土耕地	Ⅲ级	商品林
	43224	2019	林口林业局	曙光	173	8	1.75	国有	国有	国土耕地	Ⅱ级	生态公益林
	43226	2019	林口林业局	曙光	160	18	1.28	国有	国有	国土耕地	Ⅱ级	生态公益林
	43228	2019	林口林业局	曙光	158	21	1.32	国有	国有	国土耕地	Ⅱ级	生态公益林
	43229	2019	林口林业局	曙光	158	29	0.25	国有	国有	国土耕地	Ⅱ级	生态公益林
	43231	2019	林口林业局	曙光	152	25	0.66	国有	国有	宜林荒山荒地	Ⅲ级	商品林

图 8-20　林场制订计划页面

（4）决策支持系统总结

森林抚育决策支持系统以流程管理系统、专家系统和决策支持系统等信息技术为基础，基于阿里云平台，使用 Java 语言，结合 Activiti 流程引擎和 OpenLayer 地理信息可视化组件包，研究设计了森林抚育业务设计决策支持系统，为林业局和林场管理人员提供了基于业务管理系统的森林抚育决策支持平台。运行实例表明，基于流程管理系统的森林抚育决策支持系统具有较强的应用价值，结合森林抚育业务流程，可以将不同地理位置的决策者和发生在不同时间点的森林抚育决策任务连接起来，并且从业务系统中自动抽取数据，提高了决策的科学性和森林抚育数字化管理。系统的研究和应用，将林业业务管理与决策统一到同一平台，填补了智慧林业业务决策平台研究的空白，可有效推动林业信息化和智能化的发展。

思考题与习题

1. 说明决策树法与期望值法的区别和联系。
2. 效用理论的实质是什么？如何确定出某个人的效用曲线？在实践中怎样应用？
3. 不确定性决策的特点与条件是什么？各种准则的选取依据？

4. 某林业局有一种新产品，其推销策略有 S_1、S_2、S_3 3 种可供选择，但各方案所需的资金、时间都不同，加上市场情况的差别，因而获利、亏损各不相同。而市场情况也有 3 种：Q_1(需要量大)，Q_2(需要量一般)，Q_3(需要量低)。市场情况的概率并不知道，其益损矩阵见表 8-17 所示。①用悲观主义决策准则进行决策；②用乐观主义决策准则进行决策；③用等可能性准则进行决策。

表 8-17　益损矩阵表

推销策略	市场情况		
	Q_1	Q_2	Q_3
S_1	50	10	-5
S_2	30	25	0
S_3	10	10	10

参考文献

杜纪山，唐守正，王洪良，2000. 天然林区小班森林资源数据的更新模型[J]. 林业科学，36(2)：26-32.

顾凯平，霍再强，侯宁，2008. 系统科学与工程导论[M]. 北京：中国林业出版社.

郝鹏宇，王秀兰，冯仲科，2011. 专家系统与地理信息系统一体化发展的现状和展望[J]. 林业调查规划，36(1)：51-54.

井晖，王武魁，张靖然，2019. 森林抚育作业计划决策支持系统设计与应用[J]. 林业资源管理(5)：136-144.

李际平，黄山如，李立辉，2006. 林业系统工程基础[M]. 长沙：国防科技大学出版社.

刘海燕，王宗水，王寿阳，2017. 我国系统科学与工程研究的演化与发展[J]. 系统工程学报(3)：289-304.

刘佳，王先甲，2020. 系统工程优化决策理论及其发展战略[J]. 系统工程理论与实践(8)：1945-1960.

钱颂迪，2005. 运筹学[M]. 北京：清华大学出版社.

孙东川，朱桂龙，2010. 系统工程基本教程[M]. 北京：科学出版社.

谭跃进，2010. 系统工程原理[M]. 北京：科学出版社.

唐培培，戴晓霞，谢龙汉，2012. MATLAB 科学计算及分析[M]. 北京：电子工业出版社.

吴又成，谢知信，杨益生，1986. 林业系统观与发展阶段论[J]. 林业经济问题(4)：13-17.

汪应洛，1998. 系统工程理论、方法与应用[M]. 北京：高等教育出版社.

王承义，李晶，姜树鹏，1996. 运用动态规划法确定长白落叶松人工林最优密度的初步研究[J]. 林业科技(01)：20-22.

王洪利，冯玉强，2007. 基于决策流的面向非结构化决策的 DSS 研究[J]. 哈尔滨工业大学学报(10)：1638-1641.

肖人彬，樊政，1997. 基于系统结构建模分析的固件矩阵代数求法[J]. 华中科技大学学报(07)：46-48.

谢金星，薛毅，2005. 优化建模与 LINDO/LINGO 软件[M]. 北京：清华大学出版社.

徐国祯，黄山如，2010. 林业系统工程[M]. 北京：中国林业出版社.

徐国祯，1995. 森林的系统观与整体管理[J]. 系统辩证学学报，3(2)：61-65.

徐国祯，1988. 森林的系统观与林业系统工程[J]. 林业资源管理(4)：16-22.

徐国祯，2008. 试论森林是一类复杂适应性系统[J]. 世界林业研究，21(3)：6-10.

薛惠锋，2014. 系统工程思想史[M]. 北京：科学出版社.

薛惠锋，杨景，李琳斐，2016. 钱学森智库思想[M]. 北京：人民教育出版社.

郑新华，曲晓东，2018. 钱学森系统工程思想发展历程[J]. 科学导报(20)：6-9.

张华英，梁思明，2009. 基于 WSR 系统方法论的森林系统观和林业系统观[J]. 广东林业科技，25(3)：64-67.

张维明，唐九阳，2019. 钱学森系统工程教育思想在专业建设中的应用[J]. 高等教育研究学报(4)：20-23.

张运锋，1986. 用动态规划方法探讨油松人工林最适密度[J]. 北京林业大学学报(2)：20-29.